U0172452

清华大学风景园林设计研究理论丛书

Derelict Quarries:

Morphology,Aesthetic and Restoration

废弃 采石矿山：

形态、审美与修复再生

崔庆伟 著

中国建筑工业出版社

序

　　首先要祝贺崔庆伟老师的著作《废弃采石矿山：形态、审美与修复再生》出版付梓，这本书改写自他就读清华大学期间的博士论文《基于审美价值识别的采石废弃地风景园林修复改造再利用》。一晃已是5年光阴掠过，崔老师在后面北京林业大学的教学和科研工作中始终在这个方向上坚守、践行并积累着经验。在这期间中国业界关于棕地的概念和观念都发生了深刻的转变，而今天再来回看这个成果仍具有相当坚实的基础研究的意义，实在是值得欣慰的。

　　崔庆伟老师以常规无法纳入审美范畴的采石废弃地作为审美识别的研究对象，试图建构一套适用于风景园林学主导修复的理论方法体系，用以应对、治愈采石这一具有悠久历史的行业给地球表面所带来的愈来愈大的创伤，而这一创伤规模之大，触目惊心。在生态建设、生态修复主导的21世纪，关于采石废弃地的系统研究应该成为一门显学，这也正是此篇论文立题研究的意义。

　　中国高速经济发展让我们付出了惨痛的环境代价，而对待这些日益严重的环境问题我们通常的态度是回避或者遮掩，直到问题发展到无可回避。其实我们只有去正视它，才能获得真正解决问题甚至是优劣转换的可能途径。采石废弃地就是这样一种棕地类型，已经被作为第四自然的一种基底，长期被作为与美对立的事物存在，尤其是近代工业文明作用下所对应的采石空间，而恰恰是这些表象的背后往往隐藏着无穷的可能。但随着人类文明的演进，审美范畴的认知拓展是必然趋势，正如后工业文明的当代性一般。崔庆伟老师的研究展示了采石废弃地中可能的风景审美、生态审美与废墟审美的美学价值，关键是如何识别。对于采石场的审美价值识别必须是批判性的，但一旦人类获得新的认知，采石废弃地的重生将潜力无穷。

　　崔庆伟老师的研究是我国第一篇从设计学视角系统梳理采石场形成机制与形态特征的学术论文。对于规划设计而言形态问题不可也不应避之不谈，关键是知晓形式背后的逻辑，才可能真正认知"象"的价值，作为价值识别的一部分，并且获得珍贵的价值转换的基础条件。而这部分的类型总结归纳研究工作相当繁杂，成果也最为扎实。如果每种类型的采石场都可以发现实现价值转换的途径，那将是人类对于自然掠夺之后的最佳补偿。当然研究的最终目的是建构针对采石废弃地风景园林途径的修复改造利用方法理论体系，该体系涵盖了思想理念、基本策略、设计方法与工程技术4个层面，并将采石废弃地的修复改造利用归纳为土地复垦、生态修复、风景游憩、艺术创作、遗址保护、文化设施、开发建设和基础设施8种基本的类型，展示了功能和学科的开放性。

　　最后祝崔庆伟老师可以持续精进，在棕地再生设计研究领域获得更大的学术突破。

朱育帆

一语书舍

2020年12月16日

　　2010年4月26日，选择继续读博的我陪同导师朱育帆教授参加上海辰山植物园开园典礼。绵绵细雨中，我们先于人群进入园区，直奔刚刚建成的矿坑花园。当我一头钻入崖顶倾斜的钢筒，缘岩壁栈道下至坑底并流连沉迷于眼前的潭中幽境之时，全然不知自己已和废弃矿山就此结下了不解之缘——2011年6月在第二次"设计研究"（designerly research）清华大学-柏林工业大学博士论坛（柏林）中以辰山矿坑花园作为案例提出关于"负景观"（subtractive landscape）的设计思考，继而选定采石废弃地作为博士研究对象，并终于在2015完成学位论文——《基于审美价值识别的采石废弃地风景园林修复改造再利用研究》。

　　恍惚之间，距离那次初见已10载有余，而我回到母校北京林业大学任教也已过了5个年头。如今博士论文作为朱门子弟风景园林设计研究理论丛书付梓出版，内心确感惶恐不安。一方面，较之师兄妹们直击"设计研究""过程性""透明性"以及"留白"等设计学核心概念开展理论钻研，自己只是针对采石废弃地景观这一实体对象进行了粗浅的田野调查、资料收集和文献整理，深感理论深度不足且与真正意义的设计研究范式存在不小差距。另一方面，这篇论文以识别采石废弃地之美作为基本论点，试图发掘这种带有明显自然属性的后工业景观类型蕴藏的潜在审美、生态和社会价值，而这无疑受到个人主观判断或者说风景园林师群体趣味的影响，不免存在"以偏概全"和"强词夺理"之嫌——毕竟在人们的普遍认知中，露天矿山是破坏山林自然美景的最大元凶，它使得大地景观变得千疮百孔、贫瘠荒凉并且充满危险。

　　然而在不安之余，我又不断感慨于当下如火如荼的废弃矿山生态修复和土地复垦工作，由于长期固化的价值观念、管理部门的惯性思维以及难以打破的行业壁垒，目前依然大量重复着简单机械的"清除式"修复方式。因为缺少风景园林、生态学等专业人员参与开展更加细致深入的场地分析和综合全面的规划设计，越来越多弥足珍贵的采石风景、矿业遗存与地质遗迹资源正在因为不尽合理的地形平整、边坡绿化工程惨遭破坏，令人惋惜——其实它们本可以通过更加紧密的多专业合作与更加精细的管理设计施工得到妥善保存并加以利用，从而在传承地域文化、丰富大地景观、创新社会服务和发展地方经济等方面为人们提供更加多元的物质和精神财富！

　　如此想来，我便无暇踌躇论文鄙陋与否，只希望通过分享自己的浅薄拙见，在废弃矿山修复领域多发出一丝风景园林师的声音，从而期企不同专业同仁的更多共鸣，也为我们学科在废弃矿山研究与实践方面的深入融合贡献自己的绵薄之力！

为了让读者更加清晰地了解我博士当年所做的工作，以下援引部分论文摘要作为本书内容简述。

风景园林学作为协调人与自然关系、管理营造户外自然和人工境域的应用型学科，因其在物质空间、自然生态与社会人文方面的全方位涉及，一直以来在采石废弃地改造实践中发挥着不可替代的作用。本书针对采石废弃地修复再生领域的风景园林设计理论，开展了以下三个方面的探索：

（1）从设计学视角系统梳理了采石废弃地的形成机制与景观形态特征

不同于通常的数据统计分析，本研究侧重利用图示（Mapping）方法解析采石废弃地景观的形成机制与形态特征，通过将采矿专业的工程学语言转译为风景园林专业的设计学语言帮助人们更直观地认识采石景观。

（2）从美学视角剖析了采石废弃地作为"第四自然"的审美价值组成

基于田野调查和问卷访谈，结合风景园林学认知，本书提出采石废弃地可能蕴含有风景审美、生态审美与废墟审美三种审美价值组成，分别论述了其基本概念、源流表征与思想内涵，以及它们在风景园林学领域的识别、评价与发掘情况。

（3）初步构建了采石废弃地风景园林修复改造再利用规划设计方法体系

该体系涵盖了思想理念、基本策略、设计方法与工程技术四个层面的内容，尤其形成了采石废弃地修复改造项目的场地调查与资源评价清单，并对其功能定位、风景营造、生态修复与文化表达等方法进行了归纳总结。

可以说，本书从空间形态、审美价值和景观再生视角探讨采石废弃地生态修复与土地复垦问题，旨在拓展风景园林、城乡规划、水土保持、林业生态、国土资源管理与地质灾害防治等专业人士对于矿业景观的认知维度，引发人们关注废弃矿山潜在的生态服务与风景游憩等再利用价值，从而希望实现未来矿山修复实践更为密切的学科交流、部门互通与专业协作！当然必须承认，废弃矿山生态修复与土地复垦作为一项复杂系统，涉及众多学科专业。囿于知识局限，本书难免有偏颇疏失之处，还望读者涵容指正。

崔庆伟

2020年8月18日于北京

目录

8 7 6 5 4 3 2 第1章

绪论

1.1 研究缘起

1.1.1 我国石材产业的快速发展与环境影响

经过数十年来的改革开放与快速城市化建设，目前中国已成为世界上石材产量和消费量最大的国家。在规格石材市场，根据意大利大理石机械协会2011年会员企业指南《1995年至2009年世界石材行业发展综述》统计，中国、印度和土耳其3个国家的石材产量从1995年到2009年增长迅猛，其2009年的合计出口量占世界总出口量的53.4%。在骨料石材市场，水泥用灰岩已成为我国开采规模最大的非金属矿种，而"十一五"期间的水泥产量较"十五"增长76.1%（图1-1、图1-2）。

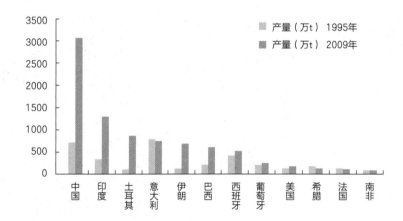

（图1-1）

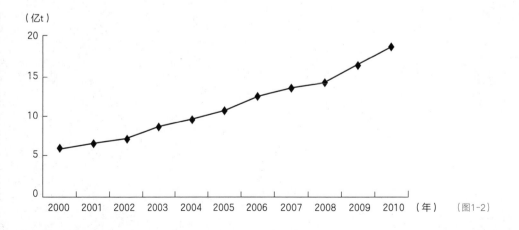

（图1-2）

废弃采石矿山：
形态、审美与修复再生

伴随石材产量的增长，中国大地上已出现越来越多的采石矿场与采石废弃地。许多地区，采石获取的巨大经济利益驱使人们对自然环境资源进行肆意破坏和掠夺——采石生产活动处于一种无节制蔓延的失控状态[①]。数以万计的采石矿场密集分布在我国众多地区，造成严重的自然生态破坏和地质安全隐患，极大地影响了人们生产生活和人居环境面貌（图1-3）。

（图1-3）

（a）广西南宁武鸣地区采石场　　（b）河北廊坊三河县连为一体的采石场破坏约
30km² 范围的山体

1.1.2　日益增多的采石废弃地修复改造再利用实践

目前，越来越多的地区着手实施废弃采石矿山的生态修复与土地复垦工程，表现为以下几个方面：

首先，在加快生态文明建设的时代背景下，旨在减弱采石废弃地环境影响的水土保持、地质防护与边坡绿化等生态修复项目逐渐增多。20世纪90年代以来，应对国内采掘工业及交通基础设施建设造成的自然山体破坏，地质防护与边坡绿化产业得到迅速发展。此类项目通过人工措施快速恢复植被覆盖，减小滑坡、崩塌与泥石流等地灾隐患，同时减弱裸露山体造成的视觉干扰。可以说，在绿色生态产业推动作用下，人工主导的生态修复工程因其快速有效的环境整治作用已成为目前国内采石废弃地最为主要的修复方式。

---

① 在我国，根据《中华人民共和国矿产资源法实施细则》第四十条内容，石材未被列入大宗矿产资源名录，属于允许个体开采的主要类型。加之许多山地土地归农村集体所有，因此目前大部分乡镇级别的采石矿场都是以土地承包形式运行。在经济利益驱动下，地方政府对非法采石活动多采取默许、放纵甚至欢迎的态度，从而导致采石生产呈现"无组织无纪律"的混乱发展局面。

图1-1　1995～2009年石材荒料产量
（图片来源：根据论文《世界石材业在竞争与不稳定中发展》提供数据信息绘制）
图1-2　2000～2010年中国水泥产量长势图
（图片来源：《2011年中国矿产资源公报》，44页）
图1-3　千疮百孔的采石矿场及废弃地景观
（图片来源：a Kacper Kowalski 摄；b 谷歌地图）

其次，在土地资源日益紧张的城市化发展背景下，旨在利用采石废弃土地创造经济效益的土地复垦及开发建设项目逐渐增多。靠近城市的许多采石废弃地被用作住宅、商业、工厂以及仓储等建设用地，也有一些分布集中、规模较大的废弃矿区被复垦为农田和经济林地等。以辽宁省为例，截至2013年年底治理完成的28335亩（1亩≈666.7m²）废弃矿山土地中，已提供工商业用地18748亩，已开发利用4491亩，土地出让收入3.2亿元，落地企业46个，投资39.3亿元。2018年11月，选址在上海松江区一处废弃采石矿坑内的世贸天坑酒店正式建成，以期带动周边旅游业发展。同样南京市政府曾就幕府山主峰的白云石矿区进行了数轮改造方案征集——从2003年的人工"天池"方案到2009年的商业酒店公寓开发建设，再到后来拟建设550亩的安徒生主题乐园项目方案。由此可见，面对形态独特的采石矿坑，地方政府及社会公众开始逐渐意识到它们隐藏的巨大潜力。

再次，旨在满足公众风景游憩及休闲娱乐需求的修复改造项目逐渐增多。2000年以来陆续建成开放的山东日照银河公园、河南焦作缝山针公园、江苏徐州金龙湖宕口公园、江苏溧阳燕山公园以及浙江湖州潜山公园等项目都是由采石废弃地改造而成。伴随改革开放以来旅游业的快速发展，浙江省在绍兴东湖、柯岩等传统风景区基础上，利用古代采石遗地得天独厚的景观资源形成发展了以温岭市长屿洞天为代表的多处旅游胜地。此外，经过极富创造力的修复改造，一些现代技术开采形成的小型废弃宕口也被转变成令人流连忘返的风景游憩地。例如，东南大学杜顺宝教授的新昌大佛风景名胜区般若谷景点、清华大学朱育帆教授的上海辰山植物园矿坑花园、北京林业大学王向荣和林箐教授的南宁2019国际园林博览会矿坑花园以及张唐景观事务所的南京汤山矿坑公园都基于采石废弃地景观塑造了优美舒适的户外游憩场所与独特的空间体验。

1.1.3 修复改造再利用实践存在问题

尽管我国目前在采石废弃地修复治理领域已取得快速发展，但许多实践项目仍存在一些问题和不足。从风景园林学视角审视，这些问题集中体现在以下方面：

一方面，某些修复实践盲目过度使用农林复垦、边坡绿化等人工修复方式，从而阻碍了废弃地的自我演替进程，甚至对已恢复形成的野生动植物群落和生物多样性造成破坏（图1-4）。许多修复项目罔顾采石场地已经恢复形成的野生动植物群落，通过地形整理将其全面铲除并再

（图1-4）

（图1-5）

（a）北京门头沟区石佛村某采石废弃地经场地　　　（b）临近某采石宕口在无人干预条件下经自然
　　　平整和人工修复形成的单一植物群落　　　　　　　　恢复形成的种类丰富的植物群落

造一个脆弱单一的人工生态系统（图1-5）。因此有研究指出，我国目前采石场生态恢复工作"注重短期效果，缺乏长期定位研究；过分注重人工恢复与重建，甚至把生态恢复当作一种绿化手段，忽视生态系统的自我恢复作用"。许多发达国家已经认识到这一问题的严重性，例如有研究指出加拿大安大略省在制定砂石和黏土矿坑土地利用规划过程中忽略了周围景观环境对于场地生态恢复的重要作用："对于砂石矿坑的修复工作——包括已经停采或若干年的场地——可能会摧毁和破坏自然恢复的植被（其中一些对当地生态非常重要），降低边坡的生态复杂程度以及生境多样性，扰乱土层剖面结构，以及引入非本土的土壤与入侵植物。"（Robert C. Corry 等，2008）

　　另一方面，部分修复治理项目过分夸大崖壁边坡造成的地质隐患与视觉干扰，对一些具有较佳观赏价值的坑体岩壁进行生硬的填埋、削坡或遮蔽处理，从而导致修复成本巨大，甚至因为不恰当的处理措施造成更严重的景观破坏。例如山东威海某采石废弃地位于远离城市和交通要道的偏僻野外。相关部门为恢复其良好生态面貌，采取堆植生袋和鱼鳞

图1-4　甘肃省某矿区的林地复垦形成单一的人工植物群落
（图片来源：Hans-Joachim Mader）

图1-5　北京某矿区植物群落重建比较

穴等方法进行人工"复绿",甚至使用绿色油漆粉刷崖壁表面（图1-6左）。天津蓟县某采石矿山修复项目由于缺少审美认知，试图利用填充渣土和堆砌植生袋的方式遮蔽数百米长的陡峭岩壁，结果却因施工难度过大出现土方坍塌事故（图1-6右）。由此可见，在生态修复产业巨大经济利益驱动下，此类修复工程对废弃地环境影响的认识过于以偏概全，缺少对崖壁风景特性、视觉污染程度及地质安全隐患的充分评价，从而导致修复措施过于简单粗暴，盲目对所有岩壁进行人工干预而未做到有所取舍。

另一方面，许多采石废弃地改造再利用实践项目无视矿坑场地独特的空间、自然与人文条件，盲目进行碎石清理、陡坡削减以及坑体填埋等地形整理工作，从而导致采石废弃地的风景资源破坏、场地文脉断裂与景观特色丧失。以福建泉州市为例，作为我国重要的花岗岩生产基地，该市拥有一千多个废弃矿洞和采坑。面对这些采石废弃地，当地探寻出了六种治理模式[①]，其中第一条便是"对单个采坑体积在10000m³以下的，采用建筑垃圾回填，改造为绿地、园地、休闲场所，或者作为其他集体建设用地"。这一思路指导下的改造再利用项目很容易破坏场地特性，同时将耗费更多的人力物力，结果却事倍功半。例如，国内某地基于矿坑建设的公园项目，通过外运土方回填了60多个石窟、平整了300多亩范围的矿坑地形，投资达4000多万元。场地原来充满特色的宕口景观及石材开采的历史记忆荡然无存，取而代之的是在一块平地上建

（图1-6）

废弃采石矿山：
形态、审美与修复再生

（图1-7）

造的亭台楼阁、小桥流水等与普通公园别无二致的园林小品（图1-7）。此外，国内某些地区虽然提出了绿化、美化和景观化设计模式，但其建设思路依然是土地平整基础上再进行景观绿化，强调"对于城市近郊的（采石场）尾矿坝和取土场，土地平整后，结合城市绿化进行治理，建设绿化景观带"（佟涵，2012）。

1.1.4 研究问题的提出

上述修复改造实践运用简单粗暴的人工干预措施全面清除场地原有信息——本书称其为"抹除式"方法策略。笔者认为除了缺少科学整体规划和部门专业协作以及经济利益驱使之外，造成这一"抹除式"思维模式的一个关键原因是社会公众与管理人员缺少对采石废弃地景观形态特征的深入了解，尤其对其审美价值缺乏充分识别。长期以来，由于采石矿场在废弃之后往往成为垃圾填埋场、死水坑或荒野地等消极场所，使得人们避而远之，大面积裸露的灰白色崖壁也与周围环境格格不入。这些生活经验致使采石废弃地在人们心中更多是一种肮脏、混乱、危险、丑陋的印象，从而导致人们在开展修复改造工作时更多关注于其负面环境影响，而忽略其可能存在的其他价值。秉持如此负面的审美认知，项目决策者们便很容易采取全面清除的修复改造策略。

---

① 具体包括：①对单个采坑体积在10000m³以下的，采用建筑垃圾回填，改造为绿地、园地、休闲场所，或者作为其他集体建设用地；②对缓坡式挂白，开发林地、茶园、果园、花卉苗圃园；③对重要景观地带的高陡岩石边坡，采取V形槽治理和滴灌养护；④对废石场弃石统一承包给石子场回收利用，消除安全隐患，释放压覆土地；⑤对煤矸石、尾矿砂，鼓励用于生产新型加气砖或者水泥配料；⑥对严重损毁的山体进行整治性开采削平，改造为可供进一步利用的土地。（陈丽娟、谢杨，2014）

图1-6　不恰当的采石废弃地修复措施导致岩壁风景资源的破坏
（图片来源：申新山）

图1-7　福建泉州市泉港区南浦镇公园建成照片，丝毫不见采石矿坑的踪迹
（图片来源：闽南网http://qz.fjsen.com/2014-02/27/content_13583166.htm）

风景园林学作为人居环境科学的重要组成部分，营造美丽健康的自然境域是该学科的主要目的与核心任务之一。针对上述矿山修复改造实践在认识论层面的不足和方法论层面的误区，本书以审美价值作为切入点，希望对我国采石废弃地在风景园林途径的修复改造再利用规划设计方法进行理论探索，并致力于探讨以下一些问题：

首先，现代开采技术形成的采石废弃地具有哪些规律性的形态特征？不同形态特征分别对应于怎样的形成机制和作用因素？其次，采石废弃地具有怎样的审美价值组成？这些价值组成与其物质空间、自然生态与人文历史特性具有怎样的联系？人们应该如何对这些外显或潜藏的审美价值进行识别与评价？最后，人们在采石废弃地修复改造再利用领域做过哪些尝试？那些成功的修复改造案例是如何在减弱废弃地负面影响的同时充分利用和发掘其外显或潜藏的审美价值的？针对特定的采石废弃地，应当如何基于审美价值识别与评价进行合理有效的功能定位，需要坚持什么样的指导思想与原则，又具体可使用哪些风景营造、生态修复与文化表达方法？

1.2 相关概念释义

1.2.1 采石废弃地

采石废弃地是指因人类开采石材资源而形成并伴随开采活动结束而废弃的土地。

根据《中华人民共和国矿产资源法实施细则》矿产资源分类细目，矿产资源被划分为能源矿产、金属矿产、非金属矿产与水气矿产。本书中"采石"对象属于非金属矿产中用作建造材料和工业原料的岩石类矿产资源[①]。建造材料包括建筑、园林、道路、堤坝等一切建设项目所用的碎石骨料和岩石块料，例如石灰岩、砂岩、页岩、玄武岩、花岗岩、大理岩和板岩等。工业原料包括一切工业生产所需要的岩石类原材料。石灰、水泥、化肥、玻璃以及冶金等工业生产都需要多种岩石类原料，例如石灰岩、白云岩、白垩岩、天然石英砂、页岩和凝灰岩等（图1-8）。

1.2.2 风景园林

本书是从风景园林学视角思考采石废弃地的修复改造问题，因此其研究对象限定于采石废弃地风景园林途径的修复改造再利用。风景园林学（Landscape Architecture）"是规划、设计、保护、建设和管理户外自然和人工境域的学科。其核心内容是户外空间营造，根本使命是协调人和自然之间的关系。风景园林与建筑及城市构成图底关系，相辅相成，是人居学科群支柱性学科之一"（增设风景园林学为一级学科论证报告，2011）。因此，风景园林途径的修复改造再利用围绕自然生态与社会人文展开，一方面可以为野生动植物提供栖息场所，另一方面

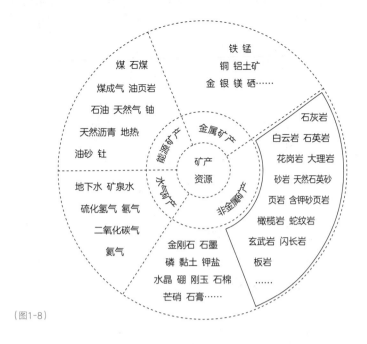

铁 锰
铜 铝土矿
金 银 镁 硒……

煤 石煤
煤成气 油页岩
石油 天然气 铀
天然沥青 地热
油砂 钍

能源矿产

金属矿产

矿产
资源

石灰岩
白云岩 石英岩
花岗岩 大理岩
砂岩 天然石英砂
页岩 含钾砂页岩
橄榄岩 蛇纹岩
玄武岩 闪长岩
板岩
……

地下水 矿泉水
硫化氢气 氦气
二氧化碳气
氮气

水气矿产

非金属矿产

金刚石 石墨
磷 黏土 钾盐
水晶 硼 刚玉 石棉
芒硝 石膏……

(图1-8)

也可以为人们观赏游憩、休闲娱乐、运动健身或者科研教育等户外活动提供场所。

风景园林的概念范围没有严格的边界，因此很难对该途径的修复改造实践类型进行限定。但在此可使用排除法进行大致说明，以下废弃地修复改造项目实践类型不作为本书研究对象：①单纯的居住、商业和工业建筑开发建设；②作为垃圾填埋场、纯工程性蓄水池等市政基础建设；③以农田和经济林为主的土地复垦。

1.2.3 审美价值

不同于生态学、地质学与水土保持等学科有关生态系统结构、植被恢复、岩石构造等方面的科学性研究，本书是以采石废弃地的审美价值作为核心内容，因此会不可避免地掺杂笔者的主观判断。所谓审美价值，是指采石废弃地具有为人们带来良好审美体验的能力和潜质。伴随人类思想文化意识与价值观体系的发展，社会主流对于特定事物的审美认知和判断也在不断发生变化。本研究所讨论的采石废弃地审美价值属于自然审美范畴，并受到尊重自然生态、注重场所精神和文化多样性等价值观的影响。

---

① 石墨、磷、钾盐、水晶、玉以、制砖用黏土以及（从河流海洋直接获取的建筑用细沙）等非金属矿产资源类型因其开采方式和矿场形态特征的不同，不作为本研究的研究对象。

图1-8 "采石"废弃地开采矿产范围界定

8　7　6　5　4　3　2

第2章

采石废弃地的形成机制与形态特征

在对我国采石生产与采石场基本概况进行介绍的基础上，本章着重探究不同类型采石废弃地的形成机制及其形态特征。石材开采的场地条件、应用的开采技术、特定社会环境下的管理状况以及自然作用力共同构成了采石废弃地的形成作用因素。对于形态特征的描述将从区域分布、基本形态等空间形态以及动植物要素、群落生境等自然形态两个方面展开。

2.1 我国采石生产及采石场基本概况

2.1.1 定义与类型

1. 岩石、石材

"岩石"是指构成地壳矿物的集合体。它是石材开采的物质基础与主要对象，根据成因可分为火成岩、沉积岩和变质岩三大类。火成岩包括花岗岩、流纹岩与玄武岩等；沉积岩包括石灰岩、砂岩、页岩与白云岩等；变质岩包括大理岩、硅岩、板岩、石英岩与片麻岩等。

"石材"是指供建筑、筑路、雕刻等用的石料。这一概念强调岩石矿体的生产生活用途。按照国际惯例，通常将石材分为骨料石材（aggregate stone）和规格石材（dimension stone）两大类。前者是指碎石或细砂类石材产品，用于建筑、道路、桥梁、水利堤坝等工程建设或者用于混凝土、水泥、玻璃等工业生产；后者指一般呈规则六面体形状的石材产品，多用作地面铺装、建筑饰面以及制作石质雕塑等。

骨料石材来自两种岩石资源类型：天然砂石（sand and gravel）和机制碎石（crushed stone）。前者是由基岩在侵蚀之后经历搬运、磨损和沉积形成的，多分布在河流冲击和旧时冰川地区，岩石矿床结构松软，可使用手工或机械直接采掘。后者来自较为坚硬稳定的基岩矿体（bed rock），需要通过轧石机破碎形成不同粒径的碎石产品。规格石材，又称为"饰面石材"或"装饰石材"，多采自组分构成均匀的岩石矿体，需运用手工或机械方式将其从母岩中成块状分离出来。

2. 采石场

顾名思义，采石场是指人类通过一定技术途径开采岩石矿体以获取石材的场所。其英文"quarry"作为实体名词在牛津词典中的含义是"通过切割、爆破等方式获得用于建筑或其他功能石材的一个露天采掘地；是石材正在或已经被获取的地方"。

按照不同标准，采石场可被分成不同类型：首先，根据矿坑形态可分为露天采石场与地下采石场，其中露天采石场又分为山坡露天与凹陷露天两种类型；其次，根据开采石材形态类型，可分为骨料石材采石场与规格石材采石场；再次，根据石材所述岩石类型，可分为大理石采石场、花岗岩采石场、石灰岩或砂岩采石场等。

2.1.2　发展历程

1．世界采石发展历程

从旧石器时期开始，人类采石活动经历了漫长的发展历程。据称，人类开始有目的和成规模地实施采石活动应当追溯到古埃及的金字塔建造时期。古埃及第三王朝（公元前2686~前2613年）早期的乔赛尔（Djoser）梯形金字塔被认为是第一个用石材替代土砖建造的金字塔，因此其设计者伊姆荷泰普（Imhotep）又被称为"唤醒石头的人（the one who opens the stone）"。目前，埃及、希腊以及意大利等国依然存在许多古采石遗迹，并成为西方考古学研究对象。但在自然风化作用下，这些考古遗址的采石痕迹多已模糊不清，只保留了大致的空间结构与石材残体（图2-1）。

在近代工业革命之前的漫长岁月里，人类主要依靠手工与简单工具获取各类石材产品以满足生产生活需要。例如法国东南部Savoie地区的Vouan山地成为当地农业文明时期石磨的主要产地；又例如英国威尔士地区是用作屋顶材料的板岩主要产区。这一时期的采石场尺度规模一般比较小，距离城市较近。尽管它们多已随自然与社会演替而湮没，但仍然不乏一些采石废弃地保留着当时的开采痕迹（图2-2）。

（a）吉萨金字塔旁边的古采石矿坑遗址　　　　　　　（b）斑岩山区Mons Porphyrites古罗马石柱采石遗址

（图2-1）

图2-1　古代采石场遗址

（图片来源：a Dierich Klemm and Rosemarie Klemm，2010；b David Peacock and Valerie A. Maxfield，2007）

（a）法国东南部Savoie地区Vouan山地的　　　（b）法国某手工采石矿坑遗址　　　（c）广州番禺莲花山砂岩手工采石遗址
　　　　　　石磨开采遗址

（图2-2）

18世纪以来，工业革命中出现的蒸汽机等设备极大促进了采石技术变革，使其从开凿到运输都逐渐实现机械化。同时，伴随建造技术的改变，水泥混凝土成为房屋、桥梁、堤坝等工程的主要材料，致使骨料石材需求急剧增长。自此以后，现代采石场的尺度规模、形态特征与分布范围都发生了巨大变化。

2．中国采石发展历程

古代中国开采石材的数量、规模和技术都无法同西方社会相比。其主要原因是西方长久以来使用石材作为主要建造材料，而我国则以木材和砖瓦为主。我国古代石料多应用在建筑基础、道路、拱桥、陵墓以及堤坝水利等设施，因此采石活动多分布在经济发达地区。这也是如今江浙地区存在大量古采石遗址的原因。唐宋以来，江浙一带经济发展迅速，石材需求量不断增加。同时，该地区"七山一水二分田"的地貌格局为石材开采和运输提供了便利条件。两宋时期，钱塘江海岸开始修筑石质海塘，激增的石材需求促使新增大批采石场；其后明清时期浙江地区经济持续繁荣，各项水利工程与城镇建设一直促进着采石产业的发展。此外，珠江三角洲地区伴随岭南地区经济发展也成为集中采石地区。莲花山古采石场自西汉初年一直开采至清道光年间，其砂岩石料远运至广东各地；台州燕岭的红砂岩古采石场同样为周边地区提供大量建筑石料。

传统采石多依靠水路运输，采石宕口群与河流湖潭交织分布，很容易形成"残山剩水"的别样景致。此外，采石活动也会因造成山体环境或宗族坟茔破坏而受到百姓抗阻与政府限禁[①]，但巨大需求带来的经济效益使得这种博弈一直没有停止过。在此过程中，这些地区形成了悠久丰富的采石文化，并形成大量采石遗迹保存至今。

鸦片战争之后，采石活动伴随近代中国的工业化与城市化进程变得更加活跃。使用炸药爆破与机械开采的现代开采技术逐渐取代传统手工开采方式。与此同时，水泥与混凝土开始成为主要建筑材料，并随之出现大量骨料石材矿场。例如1893年由英国人始建的杭州獐山石矿很长时间作为上海、杭州及附近地区的重要碎石供应基地。

中华人民共和国成立之后，尤其改革开放以来，大规模城市与基础设施建设导致石材需求

废弃采石矿山：
形态、审美与修复再生

量急剧上升。利益驱动下，乡镇企业和小规模私营企业如雨后春笋般出现。以北京地区的砂石企业为例，1978年前为数不多，主要为北京大灰厂、南口采石场、西郊砂石厂等数家国营企业，而截至2003年，当北京要求全面关闭天然砂生产企业时，砂石厂的数量已达到400家左右（商志坤、张国民，2009）。与此同时，国内外采石行业交流日益频繁。我国石材开采技术和设备在20世纪90年代之后得到快速提高，生产效率成倍增长。此外，我国各类石材产品（尤其是规格石材）也被大量出口至其他国家和地区。

如今，采石生产成为我国重要的矿产采掘工业类型，极大改变着我国的景观面貌。水泥与混凝土用灰岩已成为开采规模最大的非金属矿种，而这也是我国分布最为广泛、数量最多的采石场类型。采石生产的快速发展造成采石场无序扩张，资源破坏和环境污染异常严重。为此，国家一直尝试通过环境立法、行政管理等措施进行矫正，并鼓励采石企业由小规模分散生产模式向规模化、规范化、高效率和可持续的发展模式转变。

2.1.3 分布状况

受自然地理条件和经济发展程度等因素影响，目前我国石材开采主要分布在人口密集且靠近丘陵山地的城市及其边缘地区。福建、山东与广东是规格石材生产与加工的主要省份，而每个省区直辖市都有较为集中的骨料石材产区。

图2-3为笔者通过文献收集与谷歌地球软件绘制的采石景观分布示意图[②]。根据我国基本地理分区，分别对华北、华东、华中、华南、东北、西北和西南地区的采石分布情况详细介绍如下。

1. 华北地区

①燕山山脉南麓一线，由西向东包括张家口、北京、三河、蓟县、唐山、秦皇岛以及葫芦岛和锦州等地，以骨料石材开采为主，局部有规格石材，例如北京密云、延庆和辽宁的建平、绥中等；②太行山脉东

---

① 例如浙江绍兴羊山古采石区"目前尚存乾隆、光绪、咸丰年间等多块碑刻实物和碑文，内容都是因为羊山被不法分子无度盗开，祸及该业主利益，侵及祖坟与义冢，族人禀县求护，山阴知县亲临各山勘讯明确，勒石示禁"（王欣等，2013）。
② 露天碎石骨料采石场的卫星影像呈现特殊形态，且与金属矿山和煤炭露天矿山有明显区别，基本可通过谷歌地球软件标示出具体位置；规格石材采石场相对砂石矿场面积较小，部分矿点显示不明显，需要借助相关文献资料确定其分布位置。

麓一线，由北向南包括北京、保定、石家庄、邢台、邯郸、安阳、鹤壁、新乡、焦作和济源，以骨料石材开采为主，局部开采规格石材，例如北京房山、河北平山、易县和阜平等地；③山东半岛沿海地区，是全国重要的规格石材生产基地，包括五莲、平度、莱阳、莱州、招远、文登、荣成、乳山等地，在连云港、日照、青岛、烟台和威海等城市周边山地有骨料石材矿场分布；④山东中部山区向南至安徽北部余脉一线，由北向南包括淄博、济南、泰安、莱芜、济宁、枣庄、徐州和淮北局部山地，以骨料石材开采为主，规格石材矿场在泰安、汶上和嘉祥有零星分布。

2．华东地区

①大别山东南端顺长江向北延伸余脉一线，自南向北包括安徽省的安庆、铜陵、巢湖、芜湖、马鞍山和江苏的南京、镇江等地；②环太湖山地丘陵地区，包括无锡、苏州和湖州等地；③浙江杭州湾及沿海地区，自北向南包括杭州、绍兴、宁波、台州和温州等地，该地区同样开采规格石材，例如杭灰、温州红等；④天目山脉南麓一线，自南向北包括江西的鹰潭、上饶和浙江的衢州、金华、义乌至诸暨等地。

3．华中地区

①江汉平原东南方低山丘陵地区，包括武汉、鄂州和黄石等地；②大巴山脉南端一线，自西向东包括宜昌、荆门、襄阳和随州；③雪峰山脉一线，自东向西包括娄底、邵阳和怀化，规格石材产地有新邵、隆回和怀化等；④湘江流域的点状分布，自北向南包括长沙、湘潭、株洲、衡阳和永定等地，其中规格石材产地包括华容、汨罗、平江、望城；⑤赣江流域的若干分散分布地区，自北向南包括九江、南昌、抚州、宜春、萍乡、吉安和赣州等地。

4．华南地区

①以福州、泉州和厦门为核心的东部沿海一线，是福建规格石材生产加工的主要地区；②分别以潮州、汕头、汕尾、湛江以及珠三角地区为核心的南部沿海一线，骨料石材开采规模巨大；③其他远离海边的山地城市周边，包括了福建的武夷山、南平、三明和龙岩等，广东的乐昌、韶关、梅州、河源和连州等，以及广西的南宁、桂林、柳州和玉林等。

5．东北地区

①辽东半岛千山山脉西麓一线，自南向北包括大连、营口、辽阳、沈阳和抚顺等地；②北部小兴安岭和长白山脉地区部分城市周边有零散分布，包括吉林的辽源、吉林以及黑龙江的牡丹江、鸡西、七台河、鹤岗和伊春等。

6．西北地区

①吕梁山脉东麓与南麓一线，东麓沿汾河有忻州、太原、临汾和运城，南麓沿渭河有宝鸡、西安、铜川和渭南；②太行山脉西麓一线，自北向南包括阳泉、长治和晋城等地；③山西内蒙交界地区分布有若干规格石材产地，包括山西的浑源、广灵、灵丘和代县以及内蒙的凉城和丰镇等；④内蒙古、宁夏、甘肃、青海和新疆等省区地广人稀，主要城市周围零星分布一些采石区，例如内蒙古的呼和浩特和鄂尔多斯、宁夏的石嘴山、甘肃的兰州和陇南、青海的西宁和玉树以及新疆的和硕和鄯善等地。

7．西南地区

①成都平原西部山脉浅山地带，自北向南包括广元、绵阳、德阳、成都、雅安和乐山等，其西部山区的规格石材产地包括甘孜、宝兴、芦山、二郎山、汉源、石棉和喜德等地；②围绕重庆、贵州、昆明、桂林和拉萨的点状分布，以骨料石材开采为主；③规格石材产地有贵州的遵义、贵定、安顺、贞丰、罗甸等以及云南的河口、元阳，广西的岑溪、三堡和桂林等。

2.1.4　数量与规模

与欧美发达国家相比，我国采石场具有总体数量多、尺度规模小的特点。据统计，至2008年，在广东省近18万km²土地范围内总计约有13000个采石场，涉及土地面积超过30000hm²。而据全球最大的水泥生产企业拉法基（Lafarge）在2006年的一份报告《索雷尔山①行业指南》（*A Guide to Mountsorrel*）介绍，英国的骨料石材采石矿坑数量共计约1300个。英国国土面积约为24万km²，与广东省相当，而矿坑数量却是广东省的1/10。建设更为集中的深圳市面积（2020 km²）相当于英国面积的1%，而其大大小小的废弃采石场数量就有611个。

在我国数量众多的采石矿场中，以个体私营或非法盗采形式存在的小型采石场占很大比例。据有关统计，在广东省2375个规格石材采石场中，年产30万m³规模的大型石场只占3%，

---

① 索雷尔山是英国爱尔兰东部莱斯特郡一个村庄，是英国重要的花岗岩产地。

10万~30万m³规模的中型石场占9%，10万m³以下的小型石场占到88%，大部分采石场占地在8万m²左右。又例如，河北保定是华北地区主要的石材产地，据《保定市矿产资源总体规划（2011~2015年）简要说明》，"河北保定市有固体矿产地507处，其中有大型矿产地13处，中型矿产地47处、小型及以下矿产地447处"。

中国单个采石场面积一般在几公顷范围，有些甚至只有几千平方米。例如，至2005年年底，北京市门头沟区境内有采石场101个，占地面积约7000亩。按此数据计算，平均一个采石场面积约70亩，即4.7hm²。相比之下，欧美发达国家的单个采石场尺度一般都在数十公顷范围。例如，据加拿大安大略砂石骨料资源联合会（The Ontario Aggregate Resource Corporation）统计，安大略省在2004年大约5300个活跃矿坑，其平均尺度为12~15hm²，而新审批的矿坑规模一般都大于25hm²（Robert C. Corry，2008）（表2-1）。

造成上述差异的原因包括如下几点：首先，西方发达国家石材开采主体以大型企业和跨国公司为主，而中国则以个人和小型私企为主；其次，采石场尺度规模由法律规范的承租矿区面积所决定，国外对开采范围有明确要求并执行到位，国内矿区土地的直接出租方为村镇基层政府，受资金限制等影响，其出租面积一般较小；再次，经济利益驱动加上地方保护主义使得盗采现象严重，屡禁不止，直接导致采石矿区范围无序肆意蔓延。

目前，中国已开始践行"有序有偿、集约高效"路线，通过关停并改微小型采石场减少矿坑数量、增大单体规模。例如，"中国金石矿业控股有限公司建成了世界最大的现代化大理石单体矿山——江油张家坝金时达米黄大理石矿，其一期作业平台面积达1.8万m²，规划采面形

表2-1   建筑用碎石骨料石材矿山生产建设规模分类

	计量单位	年生产量			备注
		小型	中型	大型	
石灰岩	万t	<50	50~100	≥100	矿石
白云岩	万t	<30	30~50	≥50	矿石
玻璃用砂、砂岩	万t	<10	10~30	≥30	矿石
水泥用砂岩	万t	<20	20~60	≥60	矿石
建筑石料	万m³	<5	5~10	≥10	
页岩	万t	<5	5~30	≥30	矿石

资料来源：《矿山地质环境保护与恢复治理方案编制规范》2011年版，表D1。

废弃采石矿山：
形态、审美与修复再生

成后年荒料产量可达45000m³"（张世雄，2012）。此外，许多地方已停止小型采矿权证的办理，并加快关停小型及非法采石矿场。尽管如此，我国目前已形成数量众多、尺度不一的采石废弃地，对其形成机制和形态特征进行全面深入的解读是进行修复改造再利用研究的基础（表2-2）。

表2-2 规格料石石材矿山建设规模和服务年限

矿山规模	荒料产量Y（m³/年）	服务年限（年）	备注
大型	$Y > 10000$	≥30	（1）矿石工业储量按荒料率为18%计算求得；（2）对稀有品种矿山最小建设规模可视具体情况确定
中型	$5000 < Y \leq 10000$	≥20	
小型	$3000 \leq Y \leq 5000$	≥10	

资料来源：《装饰石材露天矿山技术规范》，2008年。

2.2 采石废弃地形成机制

2.2.1 形态规律与形成机制

同一类型的景观一般具有相同的形态特征，表现出普遍的规律性。例如，梯田景观都呈现出顺应山体等高线变化的台层状结构；规模养鱼塘都通过纵横交错的堤岸道路形成矩形网格状结构；垃圾山和尾矿坝都因为堆积物由高位某点向四周倾卸形成马蹄状扩散结构（图2-3）。对此，本书将特定功能利用类型的土地所表现的这种形态相似性称为"形态规律"。

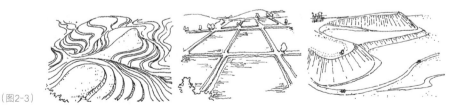

（图2-3）

图2-3 生产性景观的形态规律示例

特定景观的形态规律受到技术、经济、文化等诸多因素的制约影响，而这些因素很难因个人意愿随意改变，因此具有一定的客观性。例如，梯田的形态受制于山地丘陵的海拔、坡向坡度等地貌条件；养鱼塘的景观结构同平原农田肌理相似，是满足交通、给排水等生产需求的必然结果；垃圾山和尾矿坝的形态规律则受到运载机械操作方式和提高装卸效率的直接影响。由此可以判断，生产性景观在生产条件、工具与效率的共同作用下能够形成规律性的景观形态。

　　采石矿场及其废弃地作为一种生产性景观，其物质空间形态同样具有一定规律可循。数据统计显示，在相同社会经济与地形地貌条件下，同一类采石场或采石废弃地具有极其相似的空间结构与形态特征（图2-4）。其"形态规律"的存在为本章关于采石废弃地形成机制与形态特征的深入解析提供了基本条件，也为探求废弃地修复改造再利用的普遍性设计方法提供了理论依据。

　　本书将决定景观形态产生、变化和发展规律的内外作用因素及其影响途径称为"形成机制"。那么，为什么要对景观形成机制进行解析呢？黑格尔认为："有了本质，才能有事物；没有本质，就不可能有事物。从逻辑上说，树木的生长规律比具体的树木更重要。认识了杨树的生长规律，我们就能合理地使用这种植物；不认识杨树的生长规律，光知道这是一棵杨树，我们就不能合理地使用这种植物。事物的本质就是事物的发展规律。事物的发展规律就是事物的逻辑。"这一哲学思考同样体现在风景园林学科中。著名美国风景园林师劳瑞·欧林强调"风景园林师必须对其所有的景观设计材料的外部形式非常熟悉和了如指掌，才能够更好地使用和掌控它们"①。同样，著名德国风景园林师彼得·拉兹也特别强调通过对场地的全面"触碰"（touch）掌握其内部规律。其代表作品北杜伊斯堡公园的竞标方案正是对场地信息进行全面清晰梳理掌握的基础上生成的。因此，清楚探析采石废弃地的形成机制可以使我们更充分地掌握其形态特征，挖掘利用价值以及弥补其存在缺陷。

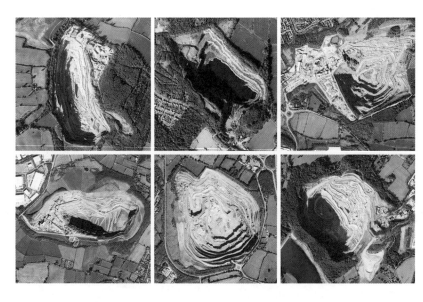

（图2-4）

废弃采石矿山：
形态、审美与修复再生

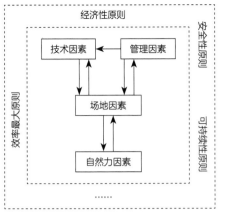

经济性原则

安全性原则

效率最大原则

可持续性原则

技术因素 ← 管理因素

场地因素

自然力因素

......

（图2-5）

本书将采石废弃地的形成机制分解为作用因素与作用原理两个方面。其中，作用因素包括场地因素、技术因素、管理因素和自然力因素四个方面；作用原理是指上述因素在发生作用时所遵守的一些基本原则，包括了经济性原则、效率最大原则、安全性原则以及可持续性原则等（图2-5）。

2.2.2 场地作用因素

1. 地形地貌

石材矿体作为岩石圈的基本组成，广泛存在于地球表面的山地丘陵、高原盆地甚至平原河谷等各种地貌类型（图2-6）。山地丘陵地区岩石层埋藏最浅，储量最大，是获取石材资源的主要场地类型。我国采石废弃地便多位于靠近平原的浅山地区。平原地区土壤埋藏较厚，并不利于石材开采，尤其像华北地区历史悠久的黄河流域冲积平原多以采掘沙土为主。同时，一些河流及其洪泛地区因含有丰富的河砂资源而成为天然骨料石材的开采场地，例如河北涿州、易县等地的很多干枯河道曾经常年被采砂场非法占据。此外，海岸地区因其丰富的礁石储量和便利的海运交通也成为采石分布的地貌类型之一。不同地形的采石场及废弃地造成的环境影响不尽相同，一般而言，山地丘陵地区的采石生产造成的环境干扰最大。

---

① 原文：Landscape architects must therefore be "familiar with a repertoire of forms before they can use them or manipulate them. This includes the forms found in nature and the forms of art, out art and that of others – other media, other cultures, and other periods".

图2-4 英国骨料石材采石场的形态规律示例
（图片来源：Google Earth）

图2-5 采石废弃地形成作用机制示意图

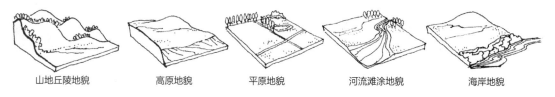

| 山地丘陵地貌 | 高原地貌 | 平原地貌 | 河流滩涂地貌 | 海岸地貌 |

(图2-6)

2. 岩石矿体

岩石矿体[①]作为采石生产的物质基础，首先决定了石材类型，从而影响开采技术的选择，并进而影响开采矿坑的物质空间形态。

首先，岩石强度、硬度、色彩、抗冻性和胶结值等物理特性对矿场形态作用明显。强度和硬度指标会影响开采分离方式的选择，也会影响采后矿坑裸露岩壁在自然风化作用下的形态变化。一般而言，花岗岩强度和硬度最大，大理石、砂岩、板岩等次之，石灰岩、白云岩、白垩岩等较小[②]。因此，花岗岩矿山停采之后岩体表面风化较缓慢，地质稳定性较好；相反，石灰岩、白云岩矿山停采后岩体表面风化较快速，更容易形成碎石，地质稳定性稍差。在色彩方面，一般岩石矿体暴露在自然光线下所呈色彩较浅，与周围深色自然环境往往形成对比。其中，石灰岩和白云岩色彩偏白，砂岩色彩多呈红、黄等暖色调，花岗岩和大理岩色彩较为多样。此外，抗冻性和胶结值等与岩石内部组成构造紧密相关，同样对岩体的抗风化能力有直接影响。例如花岗岩为块状结晶构造，大理石为粒状结晶构造，前者的抗风化能力更强一些。相比之下，石灰岩和白云岩的层状结构要脆弱很多，在强风化作用下很容易层层剥落。

其次，岩石构造与裂隙对石材开采方式和矿坑形态影响巨大。岩石构造主要是指"组成岩石的矿物集合体之间，或矿物集合体与岩石的其他组成部分之间的排列、充填方式的外貌特征"（张进生等，2007）。根据构造地质学理论，岩石构造是岩体原生构造在外部地质作用影响下形成的。例如，沉积岩的层理、层面原生构造在应力作用下可形成褶皱、节理和断层等地质构造；火成岩的原生岩浆构造在应力作用下则会形成流纹、绳状、气孔、枕状构造与柱状节理等构造形态类型（表2-3）。古往今来的采石活动中，采石匠人熟知岩石构造的形状、大小和空间关系等几何特征，并以此指导生产操作。当开采停止之后，岩体内部地质构造将以裸露岩体崖壁形式呈现出来。

表2-3　　　　　　　　　　　　　　　　　　　　　　　　　　　　　　　　　常见石材物理特性比较

石材类型	成因类型	特性	应用功能
花岗岩Granite	火成岩	块状结晶、硬度大、耐腐蚀、色彩丰富	板材、雕塑、骨料
流纹岩Rhyolite	火成岩	斑状结构、流纹构造，坚硬致密，色浅，多为浅红、灰白或灰红色	板材
玄武岩Basalt	火成岩	具有气孔构造和杏仁状构造，斑状结构	铸石生产原料
大理石Marble	变质岩	变质的石灰岩，粒状结晶、连续花纹、硬度较大、色彩丰富	板材、雕塑
石灰岩Limestone	沉积岩	层理结构、结构松软、强度小、偏白色	砂石、水泥生产骨料
白云岩Dolomite	沉积岩	层理结构、结构松软、强度小、偏白色	工业原料
砂岩Sandstone	沉积岩	砂粒状、细密均匀、多呈红、黄等暖色调	板材、雕塑
硅岩Quartzite	变质岩	变质的砂岩	骨料、工业原料
板岩Slate	变质岩	板状结构、吸水性差	板材（屋顶防护）

在岩石构造中，裂隙或节理特征对石材开采活动的影响最大。一方面，矿体裂隙发育程度影响矿体的开采价值。骨料石材矿体一般裂隙发育成熟、结构疏松，且多掺杂粘土等杂质，例如我国广泛存在的石灰岩或凝灰岩骨料石材矿场。相反，规格石材矿体要求较高的成块性和完整度，节理裂隙会使其荒料率[3]降低。另一方面，沿着岩石节理或裂隙方向对矿体进行人工分离，可以极大提高生产效率，这也是古代匠人采石的基本法则。

再次，矿体的矿床产状也直接影响着石材开采方式及其形成的采石废弃地形态。所谓矿床产状是指矿床在地下空间的大小、形态和方位等，按照形状可分为层状、脉状与块状。采石矿坑需根据矿体产状进行设计，以尽量提高荒料率和减少对围岩的开采。我国采石场矿床产状以层状和块状为主，偶尔也会出现脉状矿床。例如，河北阜平县砂窝乡的黑色花岗岩矿床产状为西北—东南走向的一条宽约50m、延长达10km的垂直矿脉，在此影响下的黑色花岗岩采石场可连接成为一条直线（图2-7）。

3．地表植物群落

周边地区的植物群落构成了采石废弃地自然生态系统进行自我演替的物质基础。一方面，恢复场地所覆盖种植土一般来自临近场地，其中的种子库资源很大程度决定未来的植物种类组成；另一方面，借助动物与风等媒介作用，周围植被会逐渐蔓延到受损矿坑范围。我国采石场

---

① "矿体"是指含有足够数量矿石、具有开采价值的地质体，它有一定的形状、产状和规模。
② 氧化硅的含量越高，岩石强度和硬度越大，例如花岗岩中氧化硅的含量较高（约65%~75%），所以非常坚硬；又如砂岩是由胶结物将细小矿物颗粒紧密粘结而成，根据矿物成分分为黏土砂岩、硅质砂岩、铁质砂岩、灰质砂岩等，其中硅质砂岩结构致密，颗粒较细，强度和硬度以及抵抗风化的稳定性最高。相比之下，石灰岩、白云岩等岩石的氧化钙含量较高，结构松散，机械强度不高。
③ 荒料率是指规格石材生产过程中，可作为荒料进一步切割加工的石料体积占开采总的石料体积的比例。这是评价矿山出材效率高低的重要指标。

图2-6　地形地貌作用因素示意图　　　　　　　　　　　　第2章　采石废弃地的形成机制与形态特征

（图2-7）

以山地丘陵分布为主，其场地植物群落类型多为林地、灌木丛或野生草地；位于平原的采石场周边以农田或果园经济林为主。

4．水文条件

地下水位等水文条件对石材开采过程和采后废弃地形态同样有所影响。当地下水位过高或采坑底部低于地下水位线时，矿坑容易积水。在此情况下，开采阶段需要布置抽水装置，而一旦矿坑废弃之后便会蓄积形成水体。

2.2.3　技术作用因素

人类开采行为是影响采石废弃地形态特征的最主要因素，开采技术则在其中发挥着重要作用。为了经济高效地获取石料，每一类成熟的开采技术定会遵循某些特定规律，并形成其内在的行为逻辑：如何将石料从母岩上分离下来，人员与机器如何进入和退出采区，如何布置运输通道等。采石技术决定了矿场形态的生成逻辑，正如有研究称："采掘活动是对土地面貌充满次序的改变，而几何与算术在其中扮演着重要角色。"（American Institute of Mining, Metallurgical, and Petroleum Engineers, 1979）

无论是骨料还是规格石材开采，一个完整的采石行为包括了四个主要阶段：①矿床勘探与采石场选址；②场地清理与采石场规划布局；

勘探与选址　　　　　　　　　场地清理与规划

（图2-8）　　　石材开采加工与运输　　　　　　　场地恢复与改造

③石材开采、加工与运输；④停采后的场地整理、恢复与改造（图2-8）。其中，第三个阶段作为开采活动主体发挥着核心作用。石料分离、运输开拓、矿床掘进、石料加工与堆放以及表土尾矿倾倒等技术手段构成技术作用因素的主要内容。

1. 石料分离方式

采石的核心任务是将石料从母岩上分离出来，即依靠各种外力作用加剧岩石节理裂隙的破裂。从古至今的采石技术发展历程便是通过改进工具来提高岩石分离效率的过程，而这些技术改进也直接导致了采石场尺度规模、空间结构以及分离表面等形态特征的改变。

根据我国石材开采技术实际应用情况，本书将石料分离方式分为凿岩劈裂、钻孔爆破与机械锯切三种主要类型[①]，并分别对其技术方法和形态作用机制介绍如下：

（1）凿岩劈裂方式

凿岩劈裂是指利用特定工具钻凿岩体从而使目标石料从母岩劈裂分离的开采方式。石材的抗拉强度比压缩强度小得多，劈裂开采法就是利用这一物理特性，人为地使岩石承受动负荷击劈以达到分离裂开的目的。

---

① 除此之外，古代采石也曾使用可称为"自然破碎法"的石料分离方式。温度骤变导致的热胀冷缩作用可以加剧岩石破碎的自然风化过程。基于此原理，古人通过一定物质媒介和处理手段借自然作用力分离石料。战国时代，蜀郡守李冰带领人们建造都江堰工程时，"除了用竹笼卵石作闸坝、护坡外，还用火烧石头后浇水的方法，使石头炸裂开，以作工程需用的石料"（胡安林、黎人忠，手工采石，1980）。据记载，"唐开元二十九年到天宝元年（741~742年）开凿三门峡'新门'，施工时还是采用火烧后泼冷水或醋的方法"（李浈，2009）。该方式因其省力的优点而在民间广泛应用，甚至到近代，中国北方还用在岩石表面涂牛粪并火烧的方式来获取石料。

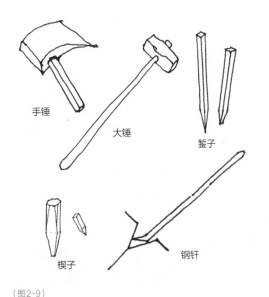

手锤

大锤

錾子

楔子

钢钎

（图2-9）

自古以来，凿岩劈裂是开采生产规格料石的主要方式。在传统纯手工采石生产中，所用核心工具包括用于击打的锤子、用于开凿楔眼的錾子、用于劈裂和揳开石料的楔子以及用于撬动石料的撬棍和钢钎等（图2-9）。首先，石匠基于岩体节理和裂隙选择准备劈裂的目标石料范围，利用錾子开凿出成排的楔眼（或称楔孔）；其次，将若干楔子插入楔眼内并使用大锤依次轮番进行击打，直至石料沿楔眼连线方向劈裂开来；最后，使用撬棍等工具将石料从母岩完全分离和搬运出去（图2-10）。如今，这些工具依然能够在许多采石场看到，但多用于二次分离[①]工序中。第一步钻凿楔眼的工序多被风动凿岩机取代。

（a）开凿楔眼，安装楔子

（b）轮番敲击楔子，使岩体劈裂

（c）拔掉插销、楔子

（d）用撬棍分离石料

（图2-10）

为提高效率，石匠多选择岩石裂缝或平行于岩石节理方向开凿楔孔和劈裂石料。由于自然山体中岩石裂缝和节理往往自由随机分布，又因手工采石多在风化程度较高的山体表层展开，因此，采石匠人需要根据裂隙形态自由变换开凿方向，庖丁解牛一般以最为高效便捷的方式将石料层层剥离，于是便容易形成接近自然山体的岩壁肌理和坑体形态。这便是为何诸如绍兴东湖这样的古采石场能够形成与自然浑然一体的采石崖壁。而如今，在一些仍然使用凿岩劈裂工艺的小型采石场依然能够形成类似的形态特征（图2-11）。

　　除了手工凿岩，现代采石也使用液压劈裂器等机械设备和静态膨胀剂等材料进行规格石料的劈裂分离。按一定间隔打好楔眼排孔之后，前者使用劈裂机液压泵产生的高压推动劈裂楔产生冲击力劈裂石料；后者用膨胀水泥等静态膨胀剂混水填塞楔眼，密闭膨胀产生张力使石料分离，但时间较久。这两种方式形成的分离面都较为平整，且会保留较深的排孔劈裂痕迹（图2-12）。

　　目前国内部分地区，由于炸药被限制使用，凿岩劈裂分离方式也被用于开采骨料石材。许多采石场使用安装了液压破碎锤的挖掘机（俗称钩机）直接凿击劈裂岩体以分离石料。如此形成的岩壁肌理在点状凿击作用下一般更为破碎和模糊（图2-13）。但该方式在遵守一定原则前提下，对于最终形成的坑体形态具有较大的控制能力。

（图2-11）

（a）具有20个液压劈裂头的液压劈裂器劈裂石料　　（b）深孔液压劈裂修整的荒料表面　　（c）填充膨胀水泥单面劈裂休整荒料面

（图2-12）

---

① 二次解体是指将从母岩分离下来的较大规格石料继续分离成较小的规格，以便于搬运和加工。

图2-9　手工凿岩劈裂使用工具
图2-10　凿岩劈裂基本步骤
图2-11　北京房山良各庄小型采石场形成的丰富岩壁形态
图2-12　液压劈裂器与静态膨胀剂劈裂解体规格石材
（图片来源：a、b廖原时）

（2）钻孔爆破方式

钻孔爆破是指使用火药和炸药填充钻孔并依靠其爆破产生的巨大冲击力破碎岩体以获取石料的开采方式。"钻孔"俗称"打炮眼"，是使用特定工具在岩体上开凿出一定尺寸的圆筒形孔眼等作为装置炸药的炮穴。所用工具最早为钢钎铁锤，目前包括风动凿岩机、液压凿岩机等。钻孔爆破既可用于骨料石材开采，也可用于规格石材开采，二者操作方式及其对矿坑形态的作用方式有很大区别。

碎石骨料开采一般使用以破碎岩土为目的烈性炸药。首先，按照一定间距（如1~1.5m）钻凿一排或若干排钻孔，深度根据采场规模从5m到20m不等；然后，向其中填充炸药和安装雷管等设施，并进行统一引爆；最后，待爆破结束组织挖掘机、推土机等进行装运，并对一些特大块体进行二次爆破和分离（图2-14）。爆破安排在一天内或数天一次的特定时间施行。在施行大规模爆破时，炮眼（穴）直径达数十厘米，甚至被改成数米深度的药室进行装药——此类爆破获得的碎石量和形成的矿坑尺度巨大，同时对母岩矿体的结构稳定性破坏严重[1]。爆破产生尺寸不等的碎石块体，剩余岩体表面裂缝众多，破碎明显。一些岩体表面还会显现成排的竖状炮眼痕迹（图2-15）。

规格石材开采一般采取称为"成型切割爆破"的控制爆破方式，即使用低猛度少剂量的炸药（如黑火药），使石料沿排孔从母岩分离同时又不造成对岩体的过多破坏，是开采大理石、花岗岩规格石材的常用方法。该方式形成的岩体界面同钻孔劈裂相似，都是带有排孔痕迹的粗糙平整岩壁。

（图2-13）

（a）凿岩机横向钻眼　　　　　　　　（b）骨料石材开采爆破

（图2-14）

（a）炮眼痕迹

（b）河北曲阳白云岩矿坑形成的破碎岩体

（c）河北徐水石灰岩矿爆破的碎石

（图2-15）

（3）机械锯切方式

机械锯切是以锯石机械设备为主体，利用高速旋转的金属器具磨削目标石料使其从母岩上整块分离下来。其原型可追溯到古埃及时期修建金字塔所用的开凿沟槽方式（图2-16），目前已成为规格料石开采最为先进和普遍的应用方式。

（图2-16）

---

① 爆破会导致岩石发生弹性变形到破坏变形，并由炮眼位置向四周形成爆空带、破裂带和振动带（桑浚，1959）。

图2-13　液压破碎锤凿击劈裂分离石料
图2-14　钻孔与爆破
（图片来源：a Du Pont Nemous and Company，1977，第229页；b 畠山直哉　摄）
图2-15　骨料石材开采爆破形成的岩体形态
（图片来源：a Du Pont Nemous and Company，1977）
图2-16　吉萨金字塔采石矿坑内的沟槽遗迹
（图片来源：Dietrich Klemm，Rosemarie Klemm）

| （a）金刚石串珠锯机 | （b）圆盘式锯石机 | （c）链臂式锯石机 |

（图2-17）

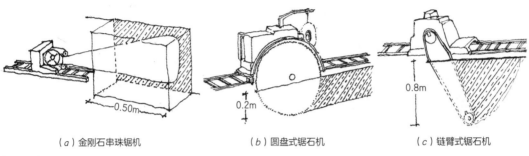

| （a）金刚石串珠锯机 | （b）圆盘式锯石机 | （c）链臂式锯石机 |

（图2-18）

现代常用的锯石机械包括钢丝绳锯石机、金刚石串珠锯机、链臂式锯石机和圆盘式锯石机四种类型（图2-17、图2-18）。前两者[①]依靠的是闭合的金属绳，又被称为柔性切割刀具开采设备；链臂式锯石机依靠金属切割链绕支撑臂高速旋转进行锯切，又被称为柔性刀具刚性支承开采设备；圆盘式锯石机依靠高速旋转的金刚石圆锯片锯切岩石，又被称为刚性切割刀具开采设备。

锯石机械一般都有滑轨支撑，保证沿平行直线切割岩体，以获得最大出材量。绳锯切割机多为定点操作，圆盘式锯石机则多沿铁轨进行线型移动操作（操作距离在数十米甚至百米以上），链臂式锯石机两种形式均可。因此，钢丝绳锯石机一次切割形成的分离面接近方形单元，网状纹理明显；圆盘式锯石机和链臂式锯石机形成的分离面为水平延伸的长方形单元，横向纹理明显。后者一般仅用于致密均匀的规格石材矿体且只能水平操作，而前者也可用于围岩缝隙较多的矿体且可沿多个方向切割。另外，锯切宽度有所不同：链臂式锯石机一般在8m以内，圆盘式锯石机在1.5m左右，钢丝绳锯石机或金刚石串珠锯则在20m左右（最高可达五六十米）。机械锯切方式利用绳具或刀具切割石料，所形成的分离岩面十分光滑平整，分层界线比较明显，且不会产生过多碎石残渣。

除了上述机械锯石机之外，还有一种利用火焰切岩机的射流开采技术，也可被归为机械锯切分离方式。火焰切岩是根据岩石中的不同成分受热后膨胀系数不同而互相分离、自行破碎的原理进行破岩的，适用于花岗岩、砂岩等含石英量大的硅质石材。在实际生产中，该方法多结合控制爆破分离方式开采花岗岩等坚硬石材（表2-4）。

表2-4 不同石料分离方式作用机制比较

分离方式	技术类型	石材类型	母岩分离界面形态特征
凿岩劈裂	手工与半机械凿岩劈裂（锤、楔、錾、钎、风钻）	规格石材	根据岩体完整度状况形成破碎程度不等的分离界面；自然缝隙裸露明显，块体尺度不一；有凹凸错落，局部有凿痕
	静态膨胀剂劈裂	规格石材	形成成排平行的楔眼凹槽，界面平整，不同分离面间有凹凸变化
	液压破碎锤凿岩劈裂	骨料石材	受点状凿击作用，岩石表面破碎程度高，山体缝隙裸露，碎石量大
钻孔爆破	烈性炸药爆破	骨料石材	表面破碎程度高，山体缝隙裸露，碎石量大
	控制爆破	规格石材	形成成排平行的楔眼凹槽，界面平整，不同分离面间有凹凸变化
机械锯切	钢丝绳锯石机/金刚石串珠锯	规格石材	形状近正矩形，尺度变化幅度大，网状纹理，角度可变，表面光滑
	链臂式锯石机	规格石材	高度可达数米，水平分层；表面光滑
	圆盘式锯石机	规格石材	高度在1.5m左右，水平分层；表面光滑
	火焰切岩机	规格石材	表面平整，有粗糙质感

2. 运输开拓方式

石料从母岩分离之后需要被尽快运离采区，一方面为了给后续开采提供空间，另一方面需要对其进行初步加工处理。本节的"石料运输"是指利用一定运载工具将石料从采掘区快速转移到加工和堆料区。在采矿行业中，对运输方式与路径的选择又被称为"矿床的开拓"。运输开拓方式的选择受石材类型、开采方式、矿场尺度规模的影响，直接决定着矿场的基建投资、建设时间和生产成本，并因此影响着矿场的空间形态特征。

按照所使用运输设备可将运输开拓方式分为下列五种类型：

（1）铁路运输开拓：需要铺设轨道、运量大、爬坡能力小、调车困难，多用于大型露天矿坑。由于转弯半径太大（100~120m），铁路运输一般采用折返式或直进-折返式[2]到达矿场的不同高度。由于我国大多数采石场生产规模较小，因此较少使用铁路运输开拓方式。

---

① 首次出现于19世纪末的钢丝绳锯石机是最早用于切割开采大理石的机械化开采设备；金刚石串珠锯机出现于20世纪70年代末，以固定在钢丝绳上的金刚石串珠颗粒作为切割刃具，强度更大，效率更高，并在20世纪90年代初完全取代了钢丝绳锯石机（廖原时，2009）。
② 折返式指在尺度较小的露天矿坑，火车从地表场地经过多次折返掉头到达采场；直进式即不需掉头直接到达采场，二者多联合使用。

图2-17 锯石机械设备
（图片来源：c 廖原时，2009）
图2-18 锯石机械基本工作原理图

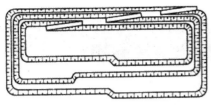

（a）直进式

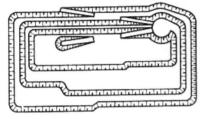

（b）回返式

（c）螺旋式

（图2-19）

（2）公路运输开拓：利用载重汽车装卸石料，活动灵活，爬坡能力大，是最为普遍的石材运输方式。公路运输开拓包括直进式、回返式和螺旋式三种基本类型（图2-19），在实际生产中根据采石场具体地形与坡度条件有所变化。

（3）斜坡运输开拓：是利用斜坡或陡沟（一般在16°和30°之间）辅助胶带卷扬机、箕斗、串车等运输工具将石料直接运离采掘区的方式。国外许多大型石灰岩矿场多用此法将石料直接输送到距离数公里之外的水泥工厂内。另外，某些凹陷矿坑也通过斜坡卷扬机将石料从坑底送至地面。

（4）桅杆吊缆索运输开拓：是利用桅杆吊或缆索起重机直接将石材吊离采掘区的方式，常用于采掘区集中、高差较大（提升高度或达百米以上）的规格石材露天矿场（图2-20）。

（图2-20）

废弃采石矿山：
形态、审美与修复再生

（5）平硐溜井与井筒提升开拓：所用的开拓巷道均为地下井巷，本书不做重点介绍。前者的运输方式为自重溜放，后者常为卷扬提升或胶带运输。

3．矿床掘进方式

矿床掘进是指伴随石料从母岩矿体上安全有序地分离下来，岩石矿床不断被削减的三维变化过程。矿床掘进直接决定着坑体空间的形成，因此掌握其变化规律可帮助我们更好地理解矿坑形态的生成逻辑。

在重力作用支配下，无论开采何种石材，矿床掘进一般都遵循自上而下、逐层深入的基本原则[①]。为此，山地开采最初阶段的首采点都尽量选择在尽量高的部位，以求获得最大的可采荒料储备量；平地开采则需要选择适合的位置挖掘"开堑沟"以为下一台层水平方向上的掘进准备条件。完成上述工作之后，采石生产便进入常规的开采掘进与拓展阶段。根据实际开采情况，本书将矿床掘进方式分为以下三种类型：

（1）台阶式掘进：是指矿床被开凿形成若干不同高度的水平台层（规格石材矿场或会倾斜一定角度），并由不同台层同时进行水平拓展的掘进方式。"台阶"可分为进行石材开凿、采装和运输的工作平台以及仅用于清扫、安全防护或运输的非工作平台，二者宽度相差较大。在使用凿岩爆破分层开采的骨料石材矿山，台阶高度受挖掘机最大挖掘高度限制，一般在12~15m范围内；工作平台宽度需要满足爆破堆、采装和运输工具的并排运行，多在30~50m范围内；非工作平台宽度一般在10m以内（图2-21a）。目前，国内外的大中型骨料石材矿场一般都采取此台阶式掘进方法，可以很好地提高提高生产效率。

在规格石材矿场，台阶高度受切割设备影响，高度从圆盘锯机的2m到金刚石串珠锯的20m左右不等，变化幅度很大；工作平台宽度也充满变化，而非工作安全平台宽度极小（一般在10~20cm范围），使得采石崖壁接近垂直状态。目前我国规格石材矿场多以圆盘锯作为锯切工具，通过分层掘进最终形成均匀密集排布的水平线条纹理（图2-21b）。

---

① 实际生产活动中存在一些不规范操作与此原则相悖，例如碎石开采中的"倒壶爆破"方式便是在矿体下方安装炸药实施爆破，借助底部破裂使得顶部坍塌坠落以获得更多石料。此方法因极大的安全隐患而被明令禁止使用。

图2-19 公路运输开拓方式

（图片来源：陈国山，2008年，第29页）

图2-20 桅杆吊起重机

（a）骨料石材矿场台阶式掘进　　　　　　（b）规格石材矿场台阶式掘进

（图2-21）

（2）直壁式掘进：是指仅在接近地面高度或深坑底部形成一个工作平台，利用爆破或凿击等技术将周围岩体层层剥离并使其崩塌坠落至该工作平台的掘进方式。不同于台阶式掘进由最高点自上而下的开采次序，该掘进方式通常由山脚向山脊方向水平推移，并形成范围不断扩展的单层或多层崖壁（图2-22）。

目前我国许多采石场为了在既定范围内尽量获取更多石料，往往采取直壁式掘进方式，并舍弃安全台阶的设置，从而形成单面峭立的岩体崖壁（图2-23）。基于岩石稳定程度与安全高度的限制，该掘进方式多出现在非正规的小型骨料石材矿场，山体高度或坑体深度一般在50m以内，很少超过百米范围。崖壁坡度一般也较大，多达60°~70°。从山脚向山脊方向，随着推进深度加大，岩壁高度逐渐增加，组织钻孔爆破作业会更加困难，传统爆破开采还需要"把宕师"捆绑安全绳进行半空作业。

（3）巷道式掘进：是地下采石的主要掘进方式。采取地下开采的一个主要原因是岩体受风化影响较少，石材质量较高。当地表表土和围岩厚度较大时，巷道式开采可节省表土清理的成本。例如法国许多石灰华大理石矿场会在边坡露天开采基础上改为巷道开采直接"掏取"优质石料，并形成矩形孔洞。由于地下采石矿坑不在本书研究范围内，因此对巷道式掘进不做深入探讨。

（图2-22）

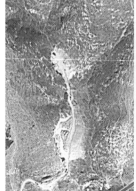

废弃采石矿山：
形态、审美与修复再生

（图2-23）

4．石料加工与堆放

石料加工与堆放是指对分离并运出坑体的荒料进行的初步加工与临时堆置储存。石料加工包括对大块规格石材荒料进行二次分离与锯切，对骨料石材荒料的破碎筛分和煅烧等。加工储料场地多位于靠近采区的平坦地面，并紧邻对外运输通道。石料加工器械与场景构成了矿坑的主要外部形态面貌。但在采石结束之后，尤其当加工器械被拆卸、石料被运离之后，石料加工与堆放对于采石废弃地形态表现的影响并不十分明显。

在我国，诸如生产建筑砂石的骨料石材矿场都需要使用轧石机对荒料进行破碎，并按照不同粒径筛分为不同料堆。该套生产线多布置在有一定高差的开阔平台上，轧石机布置在陡坎位置，伸出的卷扬机形成圆锥状堆体（图2-24）。此外一些采石场还会结合高起平台建造炉窑，用以煅烧石灰等粗加工产品（图2-25）。

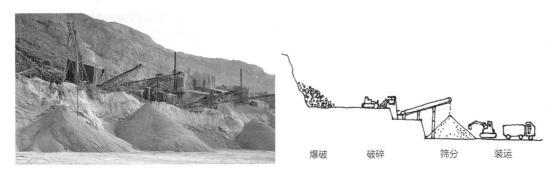

爆破　　　破碎　　　　筛分　　　装运

（图2-24）

图2-21　台阶式掘进示例
（图片来源：a http://www.geology.enr.state.nc.us/）
图2-22　北京某骨料石材矿场范围变化示意图
（图片来源：Google Earth）
图2-23　直壁式推进的采石矿场
图2-24　骨料石材轧石破碎示意图

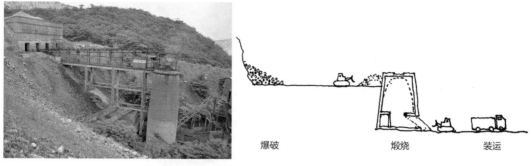

爆破　　　　　　煅烧　　　　　装运

（图2-25）

5．表土清理及废石堆放

表土清理是指在正式的石材开采之前将矿场内的表层土与风化岩石进行剥离和收集，形成排土场；废石堆放是指在石材开采过程中将废弃无用的破碎石料集中统一堆放。二者形成的岩土堆体构成了采石矿场及其废弃地的组成要素之一，对其形态特征具有一定影响。我国采石生产形成的表土及废石多未妥善保存，而是被随意堆放在矿场临近的农田、林地或沟壑之中，造成自然生态破坏、视觉环境污染以及潜在的地质安全隐患。

2.2.4　管理作用因素

石材开采作为一种以人为主导的生产性活动，不可避免受到许多人为方面的影响。人为影响通过针对采石活动的法律法规与监管方式等管理因素对采石矿场及其废弃地形态发生作用，大致体现在以下若干方面：

1．法律法规与行业规范

在每个国家和地区，人们通过法律法规和行业标准来规范采石生产活动和减弱采石带来的负面环境影响。欧美国家的行业标准对采石场土地有详细限定，从而使其矿场形态表现出极强的相似性。例如，加拿大萨斯喀彻温省在1957年颁布的《采石作业规定》第17条规定"租赁土地的长度不应超过宽度的两倍，租赁的所有地块应当尽量保持连续"。

各国法律会限制和禁止某些国土类型范围内的石材开采行为。我国矿产资源法规定在港口、机场、水库、风景区等特定地区禁止随意开采石材资源[①]。国家安全生产监督管理局联合国家煤矿安全监察局第19号令《小型露天采石场安全生产暂行规定》（2004）对小型采石场的生产方式与最终形态也有所限定。

2．行政监管

法律法规和行业规范需要严格的监管机制保证其有效实施，然而我国之前异常松弛混乱的行政监管状况使其对采石矿场及废弃地形态影响巨大。首先，在我国石材资源未被列为大宗矿产资源，并属于允许个人开采的主要矿产类型[2]。由于农村地区土地归集体所有，因此在经济利益驱动下，以私人承包方式进行违规采石的现象十分严重。其次，由于监管不力，在许多禁止矿产开采的地区（例如风景名胜区、干枯河道内）也不乏出现非法采石行为。许多非法开采并未获得开采许可证或者许可证已过期。在无证开采的前提下，这些采石活动更是无法受到法律法规及行业规范约束，其开采范围、尺度规模以及矿坑形式也因为缺乏有效控制而变得纷繁复杂。

3．生产操作

采石生产活动本身除了受到开采技术因素的限制作用之外，仍然具有一些人为支配的自由度和生产过程的随意性，而这些主要通过具体的生产操作发生作用。生产操作具体包括开采范围的确定、生产步骤的安排，甚至掘进位置的选择等方面。这些人为主观影响的具体生产操作虽然不会改变矿场的基本结构，但对具体的矿坑岩体形态作用明显。尤其，在我国目前大量存在的非法小型矿场中，这些人为操作对矿场形态的影响力更大。

2.2.5　自然力作用因素

采石场一般都与周边山林草甸等自然生态系统联系紧密。因此，除了受场地、技术与人为因素影响之外，采石废弃地的最终形态还会受到光照、降水、雷电、风火甚至地壳运动等非生命环境因素以及微生物和动植物等生物因素的作用和影响，本书将其称为"自然力作用因素"[3]。

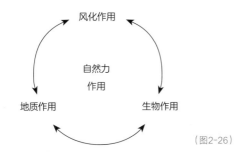

（图2-26）

①《中华人民共和国矿产资源法》第二十条规定：港口、机场、国防工程设施圈定地区以内；重要工业区、大型水利工程设施、城镇市政工程设施附近一定距离以内；铁路、重要公路两侧一定距离以内；重要河流、堤坝两侧一定距离以内；国家划定的自然保护区、重要风景区，国家重点保护的不能移动的历史文物和名胜古迹所在地；国家规定不得开采矿产资源的其他地区。
② 参照《中华人民共和国矿产资源法实施细则》第四十条的内容。
③ 这里关于"力"的概念系指生态学范畴内自然环境要素之间的相互作用力，并非指物理学范畴内关于物质之间的基本自然力。

图2-25　骨料石材炉窑煅烧加工示意图
图2-26　自然力作用组成要素

第 2 章
采石废弃地的形成机制与形态特征

一般而言，石材开采过程中矿坑形态变化剧烈，自然力作用相对其他因素影响甚微。然而，一旦开采活动停止，并且不再受别的人为干扰，自然力因素对采石废弃地形态的作用影响将逐渐增强，具体可分为风化作用、地质作用和生物作用三个方面（图2-26）：

1. 风化作用

风化作用是指岩石、土壤及其矿物等与大气层接触而发生分解的过程，可分为物理性风化作用和化学性风化作用。前者包括热膨胀、冻融、盐结晶等；后者包括氧化、碳酸化、水合、水解溶解等。采石场裸露岩石矿体长期位于地表以下，经开采暴露出来之后，往往处于一种不稳定状态，从而受到风化作用更为明显的影响，包括岩体结构破损、岩石表面变得粗糙和颜色改变等。此外，风化作用的积极影响表现为岩石风化成土过程与水力过程共同作用下的自然植被恢复功能。作为植物生长所需水分、养分的提供者以及植株立地固定的基质，土壤对于采石废弃地的植被恢复至关重要。对此，一方面，矿场周围地表土壤在水力风力搬运作用下在矿坑场地得以积聚；另一方面，开采岩体内包含的半风化岩石、土壤母质通过一系列风化作用能够发育形成土壤成分。

2. 地质作用

地质作用是指采石形成的裸露岩体在内部结构及外部刺激作用下发生的崩塌、滑坡和沉降等现象对采石废弃地的形态影响。与风化作用的长期缓慢影响不同，地质作用通常在短时间内造成地表形态的急剧改变。

崩塌是指"位于陡崖、陡坡前缘的部分岩土体、突然与母体分离，翻滚跳跃崩坠崖底或塌落在坡脚的过程与现象"（徐恒力，2009）。采石场在机械作用下致使岩体内部裂隙节理更好发育，加之外部持续风化作用，其崩塌现象较为普遍，尤其是利用倒弧爆破形成倒倾角崖壁上端临空岩体存在更大隐患（图2-27a）。

滑坡是指斜坡上的岩体或土体，在重力作用下沿某一软弱面或软弱带整体滑移的现象和过程。采石矿场和废弃地的排土场和废石堆是滑坡现象的易发地段（图2-27b、c）。当然，受尺度规模限制，采石废弃地滑坡规模一般较小，以浅层滑坡[①]为主。

（a）垂直岩壁的崩塌现象　　　　　（b）不稳定岩壁的滑坡现象　　　　　（c）具有滑坡隐患的废石尾矿堆

（图2-27）

3. 生物作用

生物作用是指采石场地中栖居的微生物和动植物的生命活动对其景观结构、功能与形态产生的影响。基于特定的生境条件，微生物和动植物得以在采石场地内建立起较为完整的生物群落，从而对岩土风化、地表径流和岩体地质活动等环境变化进程起到一定的调节作用。

一般而言，特定生态系统中的物质空间基础、微生物与动植物有着极强的相互依存关系。例如有些地衣苔藓类型只能存活在石灰岩崖壁上，有些蜗牛只食用这种地衣苔藓，同时甲虫只能以这种蜗牛为食。因此，石灰岩矿坑崖壁以及这种特定的地衣苔藓便促进形成了这一特殊的群落结构。形成的植被群落能够很好地固着岩石块体，防止水土流失，增强岩体结构稳定性，消除地质安全隐患。

2.3 采石废弃地形态特征

在上述作用因素的综合影响之下，我国采石矿场及其废弃地表现出特定的景观形态特征，具体表现在区域分布、结构布局、空间层次、岩壁肌理以及群落生境五个方面。

2.3.1 区域分布

我国采石场主要分布在山地与丘陵地区，另有一些分布在干枯河道地带，只有较少数量位于岩体埋深较浅的平原地区。采石场区域分布直接决定了采石废弃地与社会公众之间的空间位置关系，对其环境影响与修复改造潜力影响巨大。基于卫星影像分析，结合田野调查，本书将我国采石矿场及废弃地的区域分布特征总结为以下几个方面：靠近人类聚居区、群聚分布、与工厂组合分布以及与大宗矿产开采伴生分布。

---

① 以滑坡面最大深度作为衡量指标，小于6m为浅层滑坡，6~20m为中层滑坡，20~50m为深层滑坡，大于50m为超深层滑坡（徐恒力，2009）。

1. 靠近人类聚居区

调查发现，我国采石矿场大都靠近人类聚居区[①]，尤其围绕大中型城市密集分布，这样一来可以最大限度地减少运输成本。具体而言，根据二者实际距离远近，采石废弃地与人类聚居区的位置关系可以分为远离式、临近式和包围式三种类型：

（1）远离式

采石场远离人类聚居区的分布形式（图2-28a）。二者之间通过一定规模的农田、林地或山体等自然要素分隔，并依靠道路、轨道或河流联系，在空间形态上表现为"两点"或"一点一面"的模式。前一种模式的聚居区尺度规模较小，为乡镇与村庄；后一种模式的聚居区尺度规模较大，为大中型城市。此类采石场多被特定类型的自然基质包围，并形成不同于周边基质的景观斑块。由于距离聚居区较远，其环境影响一般较小。

（2）临近式

采石场与人类聚居区相互靠近而又彼此分离的分布形式（图2-28b）。我国大多数采石场，尤其是骨料石材矿场，属于此种类型。以北京市为例，采石场多分布在部分区县（例如房山区、门头沟区等）周边的浅山地带并紧邻农田和村镇建设用地。此类采石场生产过程中对周边居民的生产生活影响巨大，在其废弃之后仍然成为村镇景观的重要组成要素。

（3）包围式

采石场与人类聚居区相互渗透和包围的分布形式（图2-28c）。一种类型为采石场被大面积的城市聚居区包围，成为城市范围的一部分，多出现在城市扩张的情况下。另一种类型是成片的采石场将村庄等小尺度聚居区包围在内，该类型越来越多地出现在一些大规模的石材生产基地，例如福建泉州市的水头镇、河南焦作市区北部等。前者与公众生活关系最为紧密，具有极大的改造再利用潜力；后者因规模巨大造成的破坏最为严重，亦是修复改造的重要对象。

采石场和人类聚居区的空间位置关系直接影响其修复改造策略的制定和实施。伴随聚居区规模发展，当其位置关系发生改变时，其策略也多随之改变。

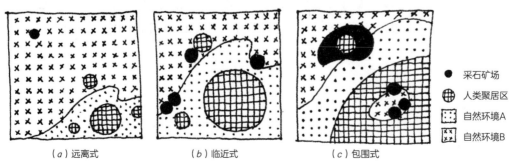

采石矿场

人类聚居区

自然环境A

自然环境B

（a）远离式　　　　　　　（b）临近式　　　　　　　（c）包围式

（图2-28）

2．群聚分布特征

我国大部分石材产地并非只有一个采石场，而是由数量众多的矿场连接成片形成占地面积巨大的采石矿区。这种"群聚"分布特征与欧美发达国家单个大型采石场形式有极大不同，是我国采石场分布的最显著特点。具体群聚方式受到山体、河流和道路等自然环境条件的影响，基于采石场相互之间及其在环境中的空间分布形态，可分为以下几种类型：

（1）散点状群聚

散点状群聚是指多个采石场相互间隔一定距离，同时又相对集中地分布在同一区域的群聚状态。许多处于开采初期阶段的采石矿区多以此散点形式存在。另外一些规格石材矿区也会以此方式分散布置单个采坑，这是由于规格石材采坑面积一般比较小，而且形态比较固定。同时该类矿场还需要较大面积的加工与堆料区，因此不同采坑不会像骨料石材矿坑那样连接成片，而是呈现出彼此分离互不干扰的分布形态。

（2）带状群聚

带状群聚是指一定数量采石场沿山体、谷地或河流等线性排布，从而形成条带状的宕口群形态特征（图2-29）。其中，最为普遍的是沿山体走向密集分布在长向山坡一侧的排布方式，而该方式在我国古代采石生产中便已出现——诸如绍兴东湖、广州番禺莲花山等采石宕口遗迹都是沿山体一侧带状分布形成的。此外，一些沿干枯河滩地采掘建筑用砂石的凹陷矿坑也会形成绵长数公里的集中采区。

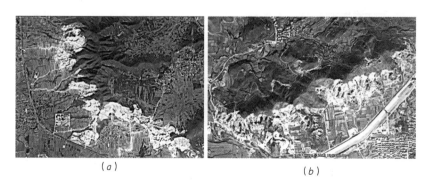

（a）　　　　　　　　　　　　　　（b）

（图2-29）

---

① 这里的"人类聚居区"是指一定规模人口集中居住所形成的建设用地范围，例如乡村村落、城镇城区；农田林地等郊野地区不包括在内。

图2-28　采石场与人类聚居区位置关系
图2-29　河北唐山（a）与保定（b）地区带状群聚石材矿区
（图片来源：Google Earth）

（3）环状群聚

环状群聚是指若干采石场环绕山体一周所形成的圈环状宕口群形态特征（图2-31）。该类型常出现在靠近平原浅山地区的中小型孤山山体周围。一般而言，此类宕口群的形态结果会将整个山体夷为平地，或者剩余山顶部分以下的山芯，形成孤立的"岩柱"和带状崖壁。如图2-30所示，位于山东薛城老君院村的小型采石宕口群从山脚开采包围了山体一周。

（4）枝杈状群聚

枝杈状群聚是指若干采石矿坑通过枝杈状道路连接成为密集分布的成片宕口群形态特征。这种群聚方式多出现在连绵起伏的山地丘陵地带，当开采活动向山地内部延伸时，沿一条或多条山谷道路向不同方向分枝出若干矿场，每个矿场逐渐拓展采区并或继续向外分出新的矿场，如此扩张与蔓延最终形成规模巨大的集中矿区。这种群聚方式的生成过程受到场地地形、技术水平和矿权边界的综合影响。就技术而言，多数山坡露天矿坑采取直壁式掘进，当崖壁过高不再方便原地拓展时，便会就近从某个较低山坡位置向外开辟新的矿坑，从而形成我们常见的"连环矿坑"。

（图2-30）

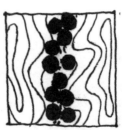

散点状　　　　　　（山坡）带状　　　　　　（山谷）带状

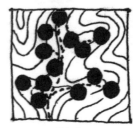

（河道）带状　　　　　　环状　　　　　　枝杈状　　　　　　（图2-31）

实际生产过程中，伴随矿场数量规模的变化，不同群聚形态类型相互之间也会发生转变——散点群聚变为枝杈状群聚，带状群聚变为环状群聚。在较长时间监管松散和开采无序的社会背景下，群聚分布是回应快速城市化进程的必然结果和显著特征。为此，人们在方便高效地获取石材资源的同时，也对靠近人类聚居区的自然环境造成毁灭性破坏。如何应对处理集中分布的大规模矿区是我国采石废弃地修复改造实践需要面临的主要课题。

3．工厂组合分布特征

采石生产作为资源采掘型工业，除了少数类型直接产出最终石材产品（例如建筑用砂和少数规格石材）之外，多数情况下都是为其他工业生产提供原材料，例如石灰、水泥、玻璃、陶瓷和牙膏。出于降低运输成本等经济考虑，其中一些以石材作为主要原料的工业类型便会将工厂布置在采石矿区周边，从而形成采石场与工厂组合存在的分布特征（图2-32）。

（图2-32）

图2-30 山东枣庄薛城某环状群聚的骨料石材矿区
（图片来源：Google Earth）
图2-31 群聚分布类型示意图
图2-32 河北唐山某石灰石场与水泥厂
（图片来源：Google Earth）

水泥生产以富含钙元素的石灰岩和白云岩作为主要原料，是靠近采石矿区选址最为普遍的产业类型之一。其位置关系一般表现为：水泥厂一侧紧邻外部道路，另一侧靠近远离干道的采石矿区；二者之间有道路直接相连以便于石料运输。当采石场位于山腰或山顶，二者高差较大的情况下，石料可通过专门架设的传送设备直接运送到工厂里。此外，某些采石场会结合布置石灰厂。此类石灰厂仅由若干炉窑和堆料场组成，依靠采石形成的台阶平台安装设备，其在空间形态上已成为采石场的组成部分之一。

"采石场+工厂"的组合分布特征极大丰富了采石矿区的景观多样性，强化了工业特色。这也为将来的采石废弃地修复增加了工厂改造的内容，而这无疑会对主体矿坑区域的再利用策略产生影响。在此意义上，尺度规模大、工业特色显著的水泥厂会比其他工厂类型表现更为突出。

4．大宗矿产伴生分布特征

一般而言，开采铜、铁、煤炭等大宗矿产的资源采掘型城市同时分布有大量的石材矿区。例如，湖北省黄石市铁山区围绕大冶铁矿大规模开采水泥用石灰岩等石材资源，已成为区域型水泥生产基地。

大宗矿产资源采区伴生石材矿场的分布特征有几个方面成因：一是在进行金属或煤矿等矿产开采过程中需要清理采掘大量表土和围岩，其中常伴生可用石材产品；二是工业生产需要部分石材产品作为辅助原料，例如不同特性的白垩岩可分别用于生产农业园艺肥料、水泥等，硬质白垩和白垩石灰还可用于钢铁工业等（Sheila M. Haywood，1974），此外白云岩可用作冶金工业的耐火材料；三是资金、技术与人力资源优势，开采大宗矿产的工程经验帮助当地人们更加快捷有效地组织石材开采。

受矿产资源大规模开采的影响，我国多数资源型城市的环境破坏更为严重，修复改造的难度和压力更大。如何应对资源枯竭带来的城市衰退以及结合采石采矿废弃地的修复改造再利用来实现城市转型是这些地区面临的主要问题。

2.3.2 基本形态

本节将对采石矿场及其废弃地的基本空间形态进行论述：首先从竖向变化与平面布局及形状两个方面进行描述；然后对主要空间形态类型进行归纳和总结。

1．竖向变化特征

竖向变化特征是指采石矿场的立面和断面所表现出的几何形状及其不同变化类型。竖向变化较之平面形状给人们更为直接强烈的视觉感受和空间体验。

根据矿床埋藏条件，矿产开采可分为露天开采、地下开采和其他方法开采（如海洋开采、化学开采）。我国目前采石生产主要为露天开采，一般又分为山坡露天矿与凹陷露天矿（或称深凹露天矿）（图2-33）。山坡露天矿的采场位于地平面以上；凹陷露天矿的采场则位于地平面以下，并形成四周封闭的矿坑。因此，前者多位于山地丘陵等有较大地形起伏的地区，而后

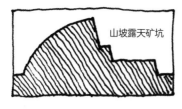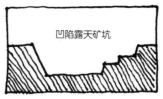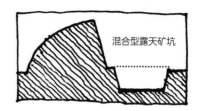

（图2-33）

者多位于平原等地势平坦地区。当然，许多山坡露天矿场随着持续开采，往往由最初的山坡开采转变为低于周围地平面的凹陷开采，从而形成混合型露天矿坑。

（1）骨料石材矿场的竖向变化特征

根据上文矿床掘进方式介绍，骨料石材开采包括台阶式掘进和直壁式掘进两种方式。它们将产生不同形态的边坡类型。

台阶式掘进由高位向低位方向采掘，形成位于不同高度的若干工作平台，此时的矿坑边坡可称为"台地状边坡"。当台阶式掘进最终完成后，此前较为开阔的工作平台将会缩短为紧密排列的安全平台，从而形成更为陡峭的"台阶状边坡"。二者区别表现在：前者坡度较缓，平台开阔且形状自由；后者坡度较陡，平台狭窄并形成均匀排列的平行线。在我国，台阶状边坡多存在于尺度规模较大的矿坑[1]、岩体地质结构稳定性较差的小型采石场边坡一般也都为台阶形式。

直壁式掘进在山坡露天开采中由山坡外侧向内侧采掘，在凹陷露天开采中由中心向四周拓展，形成的边坡断面形状受岩体地质结构影响明显。当岩体稳定性较佳时，最终边坡会形成数十米甚至近百米高的陡直崖壁，可称为"直壁状边坡"，其坡度多在70°左右，甚至形成大于90°的倒坡；当岩体稳定性较差，或土质成分过高时，也会保留一定宽度的安全距离进行爆破或凿岩，从而形成由大小参差的分段斜壁组成的类台阶状边坡，可称为"跌落状边坡"。受爆破和凿岩作业方式影响，跌落状边坡表面更多残留破碎土石。

（2）规格石材矿场的竖向变化特征

不同于骨料石材，规格石材开采只能采取从高向低拓展的台阶式掘进方式，利用凿岩或锯切分离手段将岩体层层剥离。人工或机械凿岩开采的规格石材矿坑更容易形成自然纹理明显的边坡崖壁，且可归为"直壁状边坡"类型。古代采石场以及一些现代小型矿山仍可见此边坡类型。目前稍具规模的规格石材矿场都采取锯切分离方式。经层层切割形成的带有横向纹理的光滑崖壁虽然有10～20cm的错落，但仍形成接近90°的峭直岩壁，因此也属于"直壁状边坡"类型。有些矿场表现为自由错落的若干高度的工作平台，表现为"台地状边坡"形态，也有少数矿场最终形成"台阶状边坡"（图2-34）。

---

① 开采铜铁矿的大型金属矿坑都属于台阶式边坡，其面积可达数平方公里，矿坑深度可达数百米。
相比之下，我国大型采石矿坑的尺度规模要小一些，但其台阶式边坡形态与金属矿坑比较相似。

图2-33　露天矿坑基本形态　　　　　　　　　　　　　第 2 章
采石废弃地的形成机制与形态特征

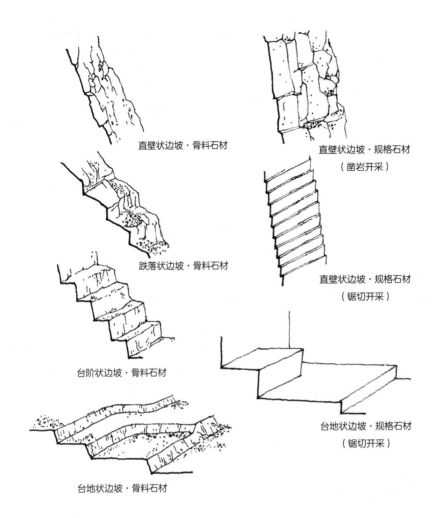

直壁状边坡·骨料石材

直壁状边坡·规格石材
（凿岩开采）

跌落状边坡·骨料石材

直壁状边坡·规格石材
（锯切开采）

台阶状边坡·骨料石材

台地状边坡·规格石材
（锯切开采）

台地状边坡·骨料石材

（图2-34）

2．平面形态特征

（1）基本功能布局

根据上文介绍的采石技术，采石场功能布局一般包括采掘区、加工与储料区、管理区以及排土场或废料区（图2-35、图2-36）。

"采掘区"指开采石材荒料的场地范围。它是呈现采石场形态特征的最主要部分，因此人们往往会用"矿坑"或"采石坑"等实指采掘区的词汇来指代采石场。骨料石材矿场中采掘区占整个矿场面积的比例比规

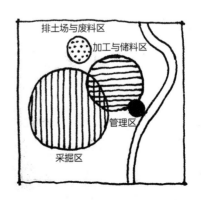

（图2-35）

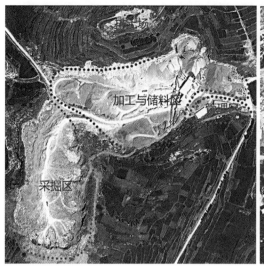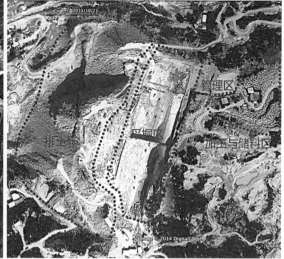

（图2-36）

格石材矿场要高，这是由于前者的加工与储料区多利用开采之初形成的平台，且与采掘区有所重合；而后者采掘区多为纵向延伸，而非横向拓展，同时其加工、储料及废料区占据面积更大。

加工与储料区多为靠近采掘区的平坦场地，其中布置轧石机、龙门吊、锯石机等机械设施以及炉窑、砌筑平台等构筑物。管理区多位于矿场入口，并靠近加工与储料区。管理区面积很小，仅由几栋简单的建筑组成，包括办公室、宿舍、工具储藏室、停车场以及维修场地等。排土场和废料区多在靠近矿场且不影响采掘作业的地方。骨料石材矿场几乎能够将所有荒料破碎筛分成不同等级的骨料产品，因此其废料区一般较小。规格石材矿场在荒料采掘、二次分离以及加工阶段都会产生大量尺寸过小、形状不规则的荒废石料。这些荒料被就近堆砌在道路两侧、山谷或河道边沿，多造成环境破坏和安全隐患。

采石矿场的平面形态特征由不同功能分区组合而成，并受场地条件、开采过程的影响。通过卫星影像发现，我国采石场各功能区范围十分随机和模糊，而本书将重点对采掘区平面形态特征进行归纳总结。

（2）骨料石材矿坑平面形态

骨料石材矿坑以卵圆形为基本原型，这是由采掘工业的经济效率性原则决定的（图2-37）。石材开采过程中，运输工具需将机械或爆破分离的荒料转移至集中的加工储料区，并最终通过矿场出入口运出。因此，提高采掘效率的主要途径是使分离和运输机械以最小的活动范围（即路径长度）获取最大的剥离量。该原则可抽象为下述几何问题：如何从一点出发经过尽量短的线段汇聚形成尽量大的面积区域？很明显答案是圆形。受山坡地形以及单侧进出采区的影响，圆形演变为中心有所偏移的卵圆形。实际生产中，受场地、技术与管理等作用因素影响，卵圆形可能变化出更多种平面形状，例如矩形、三角形、长卵圆形、心形以及不规则图形等（图2-38）。

图2-34 采石场竖向边坡类型
图2-35 功能布局概念示意图
图2-36 采石场功能布局平面示例

我国骨料石材矿区多为群聚分布，这些单体矿坑经不同组合方式形成更多种类的矿区平面形状。本书通过航拍影像数据收集，归纳总结出如下常见平面类型：①牙齿状：带状分布的连续山坡露天矿坑因权属问题形成一道道分隔岩壁，使其平面形状好像牙齿一般；②一字形：带状分布的连续矿坑连为一体；③圆环状：环状群聚分布的矿坑将孤山包围而成；④花瓣状：为最简单的枝杈状群聚分布而成，多出现在内凹状山谷地带。⑤不规则形状：除上述可识别形状之外，多数宕口群呈现出自由蔓延的不规则形状，空间形态更加变化多样（图2-38）。

（图2-37）

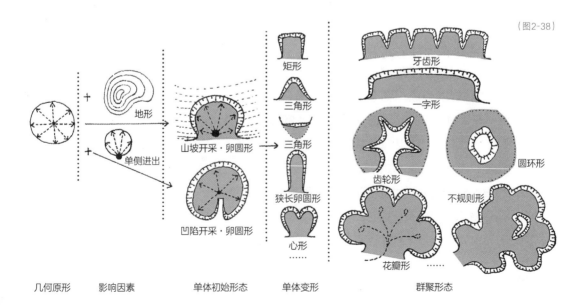

（图2-38）

| 几何原形 | 影响因素 | 单体初始形态 | 单体变形 | 群聚形态 |

（3）规格石材矿坑的平面形态

机械锯切开采的规格石材矿坑以矩形为基本形状，并以此为基础演变出众多由直线围合成的不规则形状，包括三角形、梯形、L形、T形及折线形等（图2-39）。当矿区规模扩大，最初彼此分离的单个矿坑会群聚形成近似蜂窝的平面样式（图2-40）。其中，有些矿坑融为一体，形成尺度更大、内部分隔更为复杂的平面形状，正如图2-39所示。伴随规格石材矿区平面形状的自由组合，其竖向变化也更加复杂，从而形成丰富多样的空间形态特征。

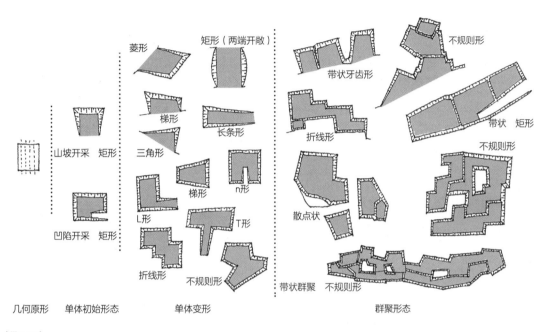

（图2-39）

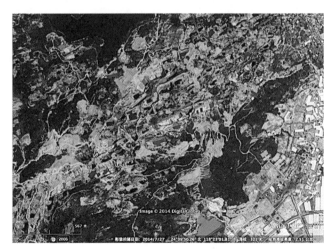

（图2-40）

图2-37　卵圆形山坡露天矿坑
（图片来源：Google Earth）
图2-38　骨料石材矿坑平面形状类型示意图
图2-39　规格石材矿坑平面形状类型示意图
图2-40　福建泉州水头镇采石宕口群
（图片来源：Google Earth）

3. 空间形态类型

如果将采石矿坑的空间形态简单解读为竖向与平面形态的综合，那么通过对二者的形态描述，可知它们能产生众多组合方式，形成多种空间形态类型。根据田野调查和卫星影像数据，本书将我国存在最为普遍的采石场物质空间形态主要分为以下类型：

（1）直壁式山坡开采骨料石材矿坑

我国目前广泛分布在山地丘陵地区的中小型骨料石材矿场基本都属于此空间形态类型（图4-41a）。此类矿场主要采取直壁式掘进方式，通过直壁状或跌落状边坡围合形成矿坑空间，坑体平面则包括上文提及的诸多类型。受岩体结构影响，崖壁高度数十米不等；单个坑体平面尺度也多在200m左右。此外，一些由山坡露天转为凹陷露天开采的矿坑也被纳入此形态类型。

（2）台阶式山坡开采骨料石材矿坑

许多国有或集体股份制所有的大中型骨料石材矿场属于此类型，其尺度规模更大，生产操作更为规范（图2-41b）。该类矿坑空间形态以均匀规整的台阶状边坡为显著特征，边坡高度一般在100m以上，相应其坑体平面尺度可达四五百米甚至更大范围。

（3）凹陷露天开采骨料石材矿坑

我国平原地区采掘骨料石材的凹陷露天矿场相对较少，最为常见的是位于干枯河道的采砂场（图2-41c）。例如，在我国华北平原靠近西部太行山脉地区，自北向南的拒马河、易北河等一系列河流由于常年处于干枯状态，长期被枝杈状密集分布的凹陷砂石矿坑所占据。此类矿坑平面形状以卵圆形为主，面积可大可小。矿坑由直壁状边坡围合，其高度一般在20m左右。地面与矿坑之间使用弧形坡道和卷扬设备等装运石料与人员物资。

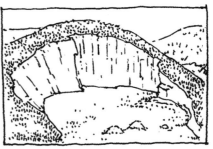

（a）直壁式山坡开采骨料石材矿坑

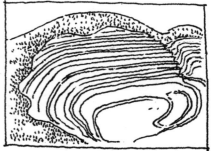

（b）台阶式山坡开采骨料石材矿坑

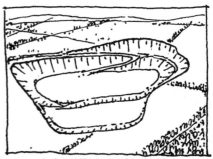

（c）凹陷露天开采骨料石材矿坑

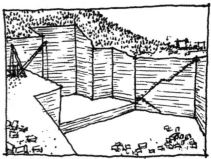

（d）机械锯切开采规格石材矿坑

（e）凿岩开采规格石材矿坑

（图2-41）

（4）机械锯切开采规格石材矿坑

利用机械锯切开采规格石材的矿场多属于这一空间形态类型（图2-41d）。平面为矩形、梯形、折线形亦或其他不规则几何形状；陡直平滑的直壁状边坡由等距平行线构成表面纹理；高低错落的工作平台丰富了矿坑空间，更增强了人工构筑的感觉。其平面尺寸一般不超过100m，但经常年开采，其深度可达数十米甚至上百米，从而形成"竖井"状空间。人员需要依靠悬挂在崖壁上的楼梯出入矿坑，石材则依靠桅杆吊和绳索起重机等从坑底运至地面。

（5）凿岩开采规格石材矿坑

一些小型规格石材矿场使用人工或机械凿岩劈裂的分离方式，多属于此类空间形态类型（图2-41e）。此类矿坑多为山坡露天开采，其自然斑驳、凹凸有致的岩壁边坡能够与自然环境较好融合在一起。加之此类矿场开采速度慢，效率低，因此环境破坏程度较小。例如，笔者调研的几个此类矿场尺度都比较小，高度不过十余米，长度数十米。

本节关于采石场基本形态特征的描述将为下文有关空间体验与视觉感知的研究奠定基础（图2-42）。我国采石场的物质空间形态特征对于身处其中人们的感知影响最为突出地体现在空间层次与岩壁边坡肌理两个方面，因此接下来的两节内容将分别对其进行阐释。

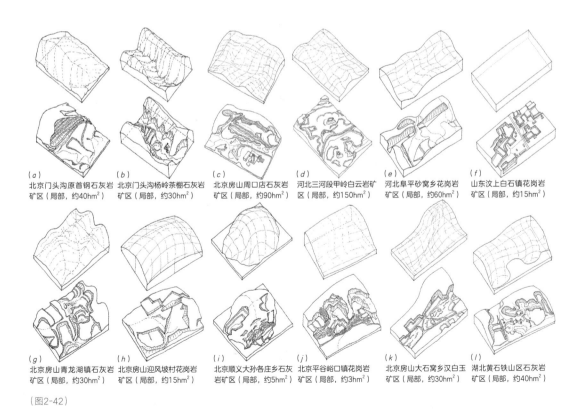

（a）
北京门头沟原首钢石灰岩
矿区（局部，约40hm²）

（b）
北京门头沟杨岭茶棚石灰岩
矿区（局部，约30hm²）

（c）
北京房山周口店石灰岩
矿区（局部，约90hm²）

（d）
河北三河段甲岭白云岩矿
矿区（局部，约150hm²）

（e）
河北阜平砂窝乡花岗岩
矿区（局部，约60hm²）

（f）
山东汶上白石镇花岗岩
矿区（局部，约15hm²）

（g）
北京房山青龙湖镇石灰岩
矿区（局部，约30hm²）

（h）
北京房山迎风坡村花岗岩
矿区（局部，约15hm²）

（i）
北京顺义大孙各庄乡石灰
岩矿区（局部，约5hm²）

（j）
北京平谷峪口镇花岗岩
矿区（局部，约3hm²）

（k）
北京房山大石窝乡汉白玉
矿区（局部，约30hm²）

（l）
湖北黄石铁山区石灰岩
矿区（局部，约40hm²）

（图2-42）

图2-41　采石废弃地空间形态类型
图2-42　采石矿区形态轴测图

2.3.3 空间层次

"层次"是指"同一事物由于大小、高低等不同而形成的区别"。"空间"的概念比较宽泛，本处指通过三维界面围合而成的虚空，强调其客观性和可量度性。"空间层次"即指不同大小和形状的空间相互连系贯穿而形成的差异和对比。它是风景园林、建筑等环境设计学科所关注和营造的重点。采石场的空间组成与空间层次构成了人们对此类景观进行感知的基础，其空间围合界面包括了崖壁、斜坡、平台、坑潭、料堆、构筑物以及植被等实体要素。

经归纳统计，采石矿场中通常包括以下几种基本空间类型（图2-43）：①四周开敞空间，一定距离内没有任何围合与视线遮挡，例如削掉整个山头的山顶矿场形成的开敞平台；②单面围合空间，三面开敞，只在一侧有崖壁边坡围合；③双向开敞空间，由接近平行的两个围合界面夹持形成，多出现在山谷带状群聚矿场亦或山顶的堑道式矿坑；④三面围合空间，最为常见，是山坡露天矿坑的基本形式；⑤四面围合空间，以凹陷露天矿坑为主，坑体深度会影响空间封闭程度。

除了上述基本空间类型，许多微地形同样丰富着人们在采石矿坑中

（图2-43）

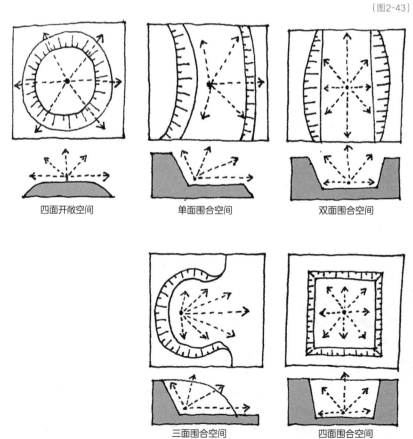

四面开敞空间　　　　　单面围合空间　　　　　双面围合空间

三面围合空间　　　　　四面围合空间

废弃采石矿山：
形态、审美与修复再生

的空间体验。例如出露的岩体、起伏的道路、高耸的料堆和构筑物等都会有效遮挡人们的视线，从而增加其空间层次。可以说，我国采石矿场的空间层次具有以下特征：

（1）与面积相当的单个大型采石矿场相比，由若干小型矿场群聚而成的采石矿区具有更加丰富的空间层次。复杂划分场地，产生更多的矿坑单元，加之不同单元之间往往形成作为分界的剩余岩体，更是强化了空间分隔与层次变化。与之相反，单个大型矿场只有一组完整的空间结构单元，采掘区、加工与储料区等集中分布且尺度很大，空间分隔更为完整明确，空间尺度更为开阔，视线更为通畅。欧美发达国家便多为这种尺度巨大、空间单一的大型采石矿场。因此可以说，我国采石矿场比它们有着更为丰富的空间类型和层次变化，而这也为我国采石废弃地风景游憩方式的修复改造再利用提供了有利条件。

（2）位于平坦地面的出露岩体、料石堆体、遗留构筑物以及起伏的道路和乔木植被等能够有效隔绝视线及分隔空间，有利于增加空间层次。以规格石材矿场为例，手工或机械凿岩开采方式具有更大的自由度，可以根据岩体分离难易程度和石材质量好坏进行取舍，因此其宕口空间会形成错落有致的岩壁和参差散置的石料。与之相比，机械锯切方式需严格按照既定轨道依次采掘，人工选择的自由度更小，其宕口空间更为平直规整，空间变化相对较少。

（3）凹陷露天矿坑形成四面围合的半封闭空间，较之山坡露天矿坑具有更强的围合度。因此，在条件相当的山坡露天矿场中，由山坡开采转为凹陷开采将极大丰富矿场的空间层次。

（4）深幽偏僻的地理环境有助于提高采石矿场的空间层次。国内许多采石场藏在人们常规活动范围之外的地区，因此与主干道路有一定距离，往往需要沿崎岖小道穿过村庄、溪谷、铁路涵洞等才能到达，从而加深了采石景观的空间层次，并形成序列式的空间体验。

2.3.4 崖壁边坡肌理

山体等在人工剥离作用下形成的崖壁边坡是采石矿场及其废弃地最显著的要素组成与实体界面，其形态特征直接影响着人们的视觉感受。崖壁边坡是指由岩体、碎石或砂土等构成的具有一定坡度的连续斜面。它既包括岩石分离形成的峭立崖壁，也包括料石渣土形成的堆体斜坡。一般来说，边坡崖壁的坡度都在25°~30°，按照边坡岩土组成可分为石质边坡、土质边坡以及介于二者之间的土石边坡，其中坡度较大（45°以上）的石质边坡可称为崖壁。

"肌理"本意指皮肤的纹理，即皮肤表面成线条的皱痕或花纹，目前被广泛用来指"物体表面的组织纹理机构，即各种纵横交错、高低不平、粗糙平滑的纹理变化"（希尔贝利，2006）。肌理与质感含义相近，但质感一词隐含了人作为观察者对于物体表面纹理的主观感受，而肌理一词则更具客观性。因此，本书在此选用肌理一词，旨在对采石矿场及其废弃地崖壁边坡的肌理形态特征进行归纳与总结。

对于岩质边坡，现行国家标准《岩土工程勘察规范》GB 50021—2001中将岩体结构类型划分为整体状结构、块状结构、层状结构、碎裂状结构和散体状结构五大类（王英宇等，2012）。不同结构表现出不同的岩体特性、裂隙节理与稳定性程度（详见表2-5），而这些特征对于崖壁边坡的外部形态及地质安全隐患大小具有重要影响。

图2-43 采石场的基本空间类型

第2章
采石废弃地的形成机制与形态特征

表2-5　　　　　　　　　　　　　　　　　　　　　　　　　　　　　　崖壁边坡岩体结构类型

类型	组成或成因	岩性	裂隙节理	稳定性
整体状结构	由轻微的厚层沉积岩、大型岩浆岩体以及火山岩组成	均质连续，岩性单一且强度相近，可视为均质弹性各向同性体	结构面呈闭合状，很少张开，无泥质充填；节理不发育，贯通性差	稳定性强、易形成高陡边坡
块状结构	由块状岩浆岩或巨厚层沉积岩组成	强度高，完整性好，岩体的不均一性和各向异性不太突出	结构面呈闭合状，有少量贯穿性好的节理发育，形成软弱结构面	稳定性较强、易形成高陡边坡
层状结构	由沉积岩及变质岩中具片理、板理的板裂状岩组成	岩性组成十分复杂；每层内岩性单一均质；不同层间存在差异	有一组平行发育、连续性好的结构面；胶结程度或强或弱	稳定性受层状结构面发育程度、强度以及结构面倾向和倾角与边坡坡面倾向和坡角之交的相互关系影响
碎裂状结构	由构造变动强烈地区的断层影响带、压碎岩带、节理密集带的破碎岩体组成	岩性十分复杂，不同岩石块体间充填风化岩土	节理裂隙密集、方向零乱，难以划分出清晰的层状结构，岩体支离破碎，但又存在一定咬合力	稳定性较差，边坡存在滑坡可能
散体状结构	由不同成因类型的松散堆积物及区域性断层破碎带组成	岩体极度破碎，呈颗粒、鳞片、碎屑粉、角砾以及块状；夹杂黏土碎屑等充填物	结构面非常密集、复杂，方向散乱且不规则；表面粗糙，多张开裂隙	极度不稳定，具有明显的塑性或流变特征

资料来源：根据王英宇等（2012）的内容绘制。

基于田野调查和图片收集，本书将采石矿场及其废弃地的崖壁边坡总结为以下四种肌理类型（表2-6）：

1．平滑面状整岩崖壁边坡

此类崖壁边坡表面光滑平整，没有明显的裂缝凹槽，表现出较强的结构稳定性。大多数规格石材矿场崖壁属于此类型，其整体状或块状结构的巨型岩体经过机械锯切和人工凿岩很容易形成坚硬无裂缝的致密均匀岩石平面。此外，一些骨料石材矿场也会形成此类崖壁边坡——对于一些倾斜角度较大的层状结构岩体，当平行于层状结构面进行剥离时，可形成一整块的岩层表面。

2．凹凸错落状整岩崖壁边坡

此类崖壁边坡表面由大小不一、凹凸起伏并错落分布的岩石构成，从而形成明显的褶皱、皲纹肌理以及阴影变化。每块岩石都比较坚硬完整，整体结构稳定。凿岩开采的规格石材矿坑根据岩石裂隙节理剥离岩体，容易形成曲折有致的岩壁肌理形态。此外，一些骨料石材矿坑崖壁表面在爆破或凿岩作用下也会形成突起或凹槽。块状结构、层状结构以及部分碎裂状结构的岩体容易形成此类崖壁。例如对于一些层状结构岩体，当剥离面与分层面方向垂直时，则会形成密集分层的断面岩壁，暴露在外的分层断面在风化作用下容易形成凹凸错落的岩石块体和裂隙凹槽。

表2-6 崖壁边坡分类与形态特征一览表

类型	主要形态特征	常见采石场类型	岩体结构类型	图片示例
平滑面状整岩崖壁边坡	表面平滑完整，无裂缝凹槽	（1）机械锯切规格石材矿坑；（2）凿岩规格石材矿坑	整体状岩体；块状岩体；层状岩体（平行于层积方向裸露）	
凹凸错落状整岩崖壁边坡	大小不一，凹凸起伏并错落分布，有明显褶皱、皱纹肌理	（1）凿岩开采规格石材矿坑；（2）爆破或凿岩的骨料石材矿坑	具有一定裂隙节理的整状体或块状体岩体；层状岩体（垂直于层积方向裸露）	
匀质斑驳状岩土崖壁边坡	大小均匀，较为平整，褶皱皱纹不明显	（1）爆破或凿岩的骨料石材矿坑；（2）凿岩开采规格石材矿坑	整体状、块状或层状岩体结构	
松散破碎状土石边坡	由松散破碎的石块砂砾与土屑组成	（1）不耐风化的岩壁边坡表面；（2）石料沙土堆体	土质岩体；不耐风化、裂隙发达的岩体（如页岩）；料石堆体	

3. 匀质斑驳状岩土崖壁

此类崖壁边坡由大小均匀、凹凸起伏不明显的斑块状岩质或风化土质岩土块体密布而成。崖壁整体没有形成明显的错落肌理和深浅阴影变化，而是表现出较强的均质性。许多骨料石材矿坑在岩体组成较为单一和结构均匀情况下容易形成此类崖壁，一般对应块状、层状或破碎状岩体结构。

4. 松散破碎状土石边坡

此类崖壁边坡表面由大大小小松散破碎的石块砂砾和土屑组成。一些不耐风化且裂隙节理发达的岩石矿体类型（如页岩）以及废石料堆体都属于此边坡类型。其对应的岩体多为碎裂状或松散状结构。

在自然力作用下，岩土界面的形态特征会发生改变，一方面，一些质软且沙土成分较多的岩土界面变得疏松破碎；另一方面，在风力、水力等外力作用下，风化形成的破碎物被冲刷下来，堆积在台阶平台、出露岩体缝隙以及斜坡坡脚等处，成为野生植物生长的基质。采石活动停止之后，伴随时间增长，崖壁边坡的风化作用和自然侵入现象会越加明显。

2.3.5 自然形态要素

自然形态特征是指特定地域中除人类之外的生命体及其生存依赖的非生命物质表现出的形

态特征与变化规律。采石矿场及其废弃地的自然形态特征是其生态系统重建的重要基础。为此，从20世纪四五十年代开始，西方一些生态学家便开始对采矿工业场地的物理、化学和生物环境展开基础数据收集和调查研究，仔细描述其地质、土壤、水文、植被、动物等要素的表现特征和变化演替规律。

石材开采过程中，地表形态不断发生剧烈变化，所有自然要素都处于不稳定状态，动植物活动消失殆尽。因此，本书所探讨的是采石活动停止一定时间之后的采石废弃地在自然形态方面的表现特征与变化规律。本节将介绍其自然要素，下一节介绍主要群落生境类型。

采石废弃地自然要素可归纳为土壤、水体、植物、动物及微生物。它们在场地、技术以及自然力因素影响作用下表现出一定的形态特征与规律。

1. 土壤

土壤作为形成陆地表面生态系统的基本条件，是采石废弃地自然植被恢复最主要的限制因子。采石活动极大破坏了场地原有土壤层及其母质结构——"皮之不存，毛将焉附"。只有积聚了足够土壤，才能恢复植被覆盖。这些土壤主要来自岩体矿床内掺杂的土壤母质和发育成熟的土壤成分，或者依靠水力、风力搬运而来以及通过破碎岩石风化形成。笔者调研的太行山脉地区的灰岩采石场主要为岩土构造，包含了大量土质成分，但多为贫瘠沙土，有机质、微生物以及矿质营养元素的含量较低。因此还需要通过与微生物、动植物的相互作用，经历很长时间才能发育形成稳定成熟的土壤结构。

土壤积聚的位置一般包括开采台阶上层表面、底部平台迹地以及一些平缓坡地上。陡直的岩壁边坡在水流冲刷等影响下很难附着，但其表面突出的岩石凹槽与缝隙能够很好地积聚土壤，对于植被生长意义重大。

2. 水体

石材开采活动对矿场内的地表径流和地下水流改变巨大。石材开采之前，地表土壤和植被作为主要承载面吸收部分降水并使之净化回渗地下，其余降水形成地表径流参与到整个地表的水循环系统中。石材开采之后，地表土壤和植被的破坏导致降水净化回渗过程被阻断或减弱，硬质岩体界面迫使降水很快沿崖壁边坡和平台流出场地，亦或滞留在场地内洼地或汇积成为湖潭水体。径流过程还会因冲刷岩土边坡而携带砂石碎屑并在一定距离之外进行堆积。

（a）深圳某土质砂岩采石场地内因地表径流冲刷　（b）门头沟首钢采石场平台迹地区的雨后积水下
形成的"沟壑"景观　　　　　　　　　渗，其周围有较好的植被生长

（图2-44）

（c）房山大石窝汉白玉矿区内汇集形成的湖体

　　因此，采石废弃地内的水体形态可归纳为三种基本类型（图2-44），
并对矿坑形态塑造产生作用：①径流，一方面通过冲刷质软松散的细砂
壤土形成冲沟和裂隙，从而使崖壁边坡肌理更加清晰；另一方面为凹槽
缝隙中的植物生长提供水源，促使植被恢复。②下渗，裸露基岩一般不
会完全密闭，处于缓坡地形及坑底平地的地表径流和汇集水体会通过基
岩内部孔隙、裂隙或溶隙[1]直接回渗地下。③汇积，一方面，地下岩层
扰动可能会切断和改变地下水水流通道，当采坑低于地下潜流层时会汇
积地下水形成湖体或深潭；另一方面，地表径流和降水在坑体低洼处也
会汇积形成池湖。

---

[1] 松散沉积物颗粒之间的空隙称为孔隙，坚硬岩石因破裂产生的空隙称为裂隙，可溶性岩石（如
石灰岩、白云岩）的空隙称为溶隙（房明惠，2009）。

图2-44　水体形态类型
（图片来源：网络）

第2章
采石废弃地的形成机制与形态特征

3. 植物

采石废弃地中的植被形态与场地内的土壤、水体密切相关，并受到周围植被生长状态的影响。除了荒漠、寒地等极端恶劣地区，只要具备一定的土壤与水分条件，采石废弃地便都能够实现植物群落的重建（图2-45）。

关于这一点，生态学、植物学等专业开展了许多实证研究。华东师范大学天童生态实验站曾对一个1986年废弃的采石场进行跟踪调查。在无人工干扰情况下，刚废弃时该立地内无表土层，全部为直径10cm以下的石块组成，截至2006年，场地内已有2~3cm厚的土层分布，并形成层次分明、结构稳定的植物群落。南京林业大学许晓岗等（2009）采用"空间替代时间"[①]方法，对长江下游9个停采时间3~72年不等的废弃采石场的植被状况进行调研，发现植物种类和群落结构伴随时间增加一直处在更新演替当中。

采石废弃地植被恢复受植物种源、滞留土壤和地形条件影响。不规则的凹槽、裂隙和凸出的岩体容易形成团簇状的植被生长，既有草本和灌木丛，偶有乔木出现，其植物种源主要来自风力搬运、鸟兽传播以及土壤中的种子库。

4. 动物

石材开采过程中，地表岩土的剧烈扰动加之巨大的噪音与粉尘污染使得场地内的所有动物活动消失殆尽。

尽管如此，伴随植被覆盖以及水文条件的改善，采石废弃地内的动物活动会逐渐恢复。与此同时，采石废弃地特殊的地形地貌条件和不受人为干扰的外部条件使其成为许多野生生物甚至濒危动植物的理想栖息场所，并形成多种生境群落类型（图2-46、图2-47）。

（图2-45）

（a）　　　　　　　　　　　（b）

废弃采石矿山：
形态、审美与修复再生

(图2-46)

图2-45　北京千灵山风景区内某废弃采石矿坑岩壁自然恢复的植被群落（a）与上海辰山植物园矿坑花园（b）

图2-46　法国某石灰石废弃地生境类型

（图片来源：Francois Bétard，2013）

英国地质研究会（British Geological Survey，BGS）曾对一些废弃采石区的野生生物进行调查，发现砂石坑恢复形成的芦苇丛、沼泽湿地、丛林、草地和裸岩分布着丰富的动植物群落。其中有些群落只能在特定的生境才能存在。例如有些地衣苔藓类型只能存活在石灰岩崖壁上，有些蜗牛只食用这种地衣苔藓，同时甲虫只能以这种蜗牛为食，那么石灰岩崖壁便成为这种群落结构的唯一生境环境。又例如，生物学家通过对捷克Moravia地区21个石灰岩矿场的蝴蝶种群进行调查发现，欧洲大陆濒危的喜干燥型蝴蝶（xerophilous butterflies）在处于早期演替阶段的年轻采石场有着广泛分布，其裸露岩石和干草地为它们提供了理想的栖息场所。

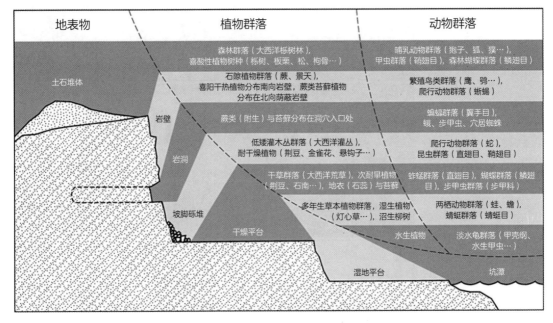

（图2-47）

2.3.6　群落生境类型

群落（community）指特定空间或特定生境下生物种群有规律的组合。生境（habitat），又称栖息地，是指一个物种的个体或群体的生存场所。群落生境（biotope）是指特定动植物及微生物组成的生物群落的生存场所，属于景观生态学的最小空间单元。基于上文内容可知，采石废弃地能够形成多种群落生境类型，本书将其归纳为裸岩、草地、林地、湿地与湖体。

废弃采石矿山：
形态、审美与修复再生

（1）裸岩：包括由裸露岩土构成的岩壁边坡与砂石迹地，例如岩石崖壁、废石料堆和出露岩体等。其中的栖息动物以穴居、巢居类昆虫鸟兽为主；凸出的岩架和凹入的裂隙为游隼、茶隼、乌鸦和鹪鹩这样的大鸟提供筑巢的可能；小的岩架和裂隙为苔藓、地衣、野花和岩居蜗牛提供生存空间；较深的裂缝可能成为蝙蝠栖息地；多彩的地衣覆盖岩石表面，会成为软体植物和许多蛾类的食物。

（2）草地：采石场地中的平台迹地和缓坡地形容易恢复形成草地群落生境。野生草种对减缓水土流失、增加土壤养分意义重大，其中菊科和豆科草本植物不仅是常见的早期物种，而且改良土壤效果极好。

（3）林地：在无人为干预情况下，采石废弃地仍然能够恢复形成乔灌草群落生境。林地生长需要深厚的土壤，因此多分布在采石废弃地的平地、沟壑或缓坡地带。

（4）湿地：采石形成的低洼地可形成沼泽湿地生境群落类型。较之陡直崖壁边坡，缓坡浅滩更容易形成丰富的湿地群落生境。

（5）湖泊：当岩石开采深入地面以下并低于地下水位时，凹陷的采石矿坑会形成较为稳定的湖泊水体。

图2-47　法国某石灰石矿废弃地不同生境环境中栖息的丰富动植物类型
（图片来源：Francois Bétard，2013）

8 7 6 5 4 3

基于上一章关于采石废弃地形成机制与形态特征的论述，本章首先揭示了其第四自然属性，并全面阐述了采石废弃地修复改造再利用概况以及风景园林师在其中做出的努力。然后探讨了采石废弃地的价值效用，尤其对其审美价值的发现和组成以及本书基于审美价值的研究思路进行概述，从而为下文关于采石废弃地审美价值的识别、评价与发掘进行铺垫。

3.1 采石废弃地属于第四自然

采石活动一直以来被认为是对自然环境的干扰与破坏，而这直接影响了人们对于采石废弃地的认知态度。在许多人看来，自然环境遭到破坏之后便不再是正常的、理想的、亦或完整的。面对采石矿场裸露的岩体、贫瘠的土壤和破碎的植被，人们甚至会怀疑其是否仍然具有自然的特性与价值。

"自然"是风景园林学的核心概念。对采石废弃地自然属性的准确把握，是进行风景园林修复改造再利用的必要前提。因此，本节尝试从采石废弃地的第四自然属性进行解读，为其作为自然对象的审美价值识别和发掘奠定基础。

3.1.1 第四自然概念与特征

从古至今，人类一直在思考什么是自然、应当如何认识自然的基本问题，并逐渐形成了"四类自然"的概念体系。古罗马哲学家西塞罗认为天然景观是第一自然，农业景观是第二自然[①]；在16世纪的意大利，园林开始被视作第三自然。工业革命以来，越来越多的受损土地成为人类需要面对的复杂问题。于是到20世纪，有些西方学者在重新审视自文艺复兴以来形成的"三类自然"理论的基础上提出了"第四自然"概念，从而形成了这样的自然认识体系：第一类自然是原始的自然，例如未被人类改造的山野、冰川和荒漠；第二类自然是生产的自然，例如农田、果园和鱼塘；第三类自然是美学的自然，是人们按照美学目的建造的自然，园林是其典型代表；第四类自然是自我修复的自然，即被损害的自然在损害的因素消失后逐渐恢复的状态，例如废弃工厂、垃圾场和矿坑等（王向荣、林箐，2007）。

第四类自然作为前三类自然类型的补充，在美学、文化、生态等方面都具有其独特性。这些特性对于建立更为全面、丰富的风景园林价值体系，促进风景园林实践和理论发展具有重要意义。总结起来，第四自然具有以下几方面特征：

（1）以其他三类自然作为基础

第四自然在人为破坏之前属于其他三种自然类型，尤其以第一和第二自然为主。可以说，第四自然在其遭受破坏之前一般具有结构完整的自然系统和稳定的动植物群落，这些场地基础为其干扰之后的生态恢复提供了可能。

（2）受到人为破坏，具有文化属性

不恰当的过渡干扰所造成的生态失衡是第四自然形成的基本前提，而这种破坏必须来自人为破坏而非自然灾害。诸如原始森林中的自然大火造成的临时损害并不在此范围内，因为这仍然属于第一自然正常的生态过程。而人类因生产生活需要而实施的干扰活动也使第四自然具有了文化属性。

（3）能够自我恢复至稳定状态

第四自然在干扰结束之后具有自我修复的能力，修复的速率则根据受破坏程度和所处环境的水热条件有所不同（图3-1）。根据恢复生态学理论，自然依靠物质循环、能量流动和群落演替能够恢复到受破坏和污染之前的状况或依靠新的物质条件形成新的生境结构。例如，一些抗性强的乡土植物能够在贫瘠的土壤中存活；动植物尸体腐烂之后可增加土壤腐殖质，改善其营养状况；雨水、光照和风化作用能加速土壤净化和植被恢复。此外，有益的人工措施也可促进受损自然的恢复进程。

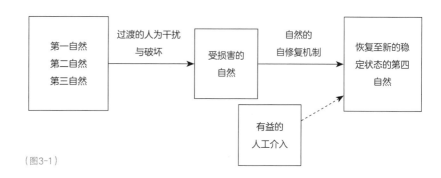

（图3-1）

---

① 在西塞罗名为《众神的本质》（*The Nature of the Gods*）语录中，他这样写道："……通过我们的劳动获得丰富充足的食物，从洞穴土壤中我们挖掘铁矿石……我们砍伐树木，并使用各种野生或栽种的木材……我们撒播种籽栽培树木，我们为土壤施肥使其肥沃……我们阻断、裁直和转变河流的方向；总之，利用双手，我们尽力使其成为'第二种自然'"（Michael Redclift and Graham Woodgate, 2013）。

图3-1　第四自然概念图

第 3 章
采石废弃地的修复改造再利用与审美价值概述

3.1.2 作为第四自然的采石废弃地

根据本书第2章关于采石废弃地场地作用要素和自然形态特征的论述，参考上一小节对第四自然的特征描述，本书认为采石废弃地属于典型的第四自然类型。其中有个问题需要厘清，即开采过程中以及开采刚刚结束的采石矿场是否属于第四自然？按照上述定义，外部干扰因素尚未消除，且尚未恢复至生态稳定状态的自然似乎不属于第四自然。不过尽管受损状态中的采石场几乎没有生命表征，其岩石土壤等构成要素仍然属于自然概念范畴。因此本书将刚刚停采的采石废弃地也纳入第四自然范围，从而使其自然属性和美学价值得到足够的重视。

3.1.3 采石废弃地的危害与影响

长期以来，人们对采石活动带来的环境影响多持消极否定的态度，而此类论调也普遍出现在关于采石场修复改造的学术论文和文章报道中。例如，Georgius Agricola在写于1550年的欧洲第一本采矿采石教科书中便提到："采矿反对者们的最主要理由是开采活动破坏了土地资源，……意大利人为保护他们肥沃的葡萄园和橄榄地曾立法禁止开挖土地获得金属资源……同时，树林果园的破坏导致飞禽走兽减少，进而影响人们获取这些美味食物的来源。此外，淘洗矿石的有毒废水污染河流小溪会危及鱼类生存……总之，较之采矿带来的金属益处，其造成的危害更为严重。"由此可见，古代西方多关注土地生产功能的丧失。在古代中国，人们对采石采矿危害则多基于文化层面上对先祖坟茔与家族风水的破坏，此外也会因其对农林生产构成干扰提出抗议。

采石活动的危害在其开采过程中表现更加明显。粉尘与噪声污染以及交通运输带来的安全干扰是其主要方面，而伴随开采停止这些影响都会很快消失。由于本书重点研究开采活动结束后的采石废弃地，因此生产过程中的危害不在论述范围之内。通过文献阅读和田野调查，本书将采石废弃地对自然生态与人类社会构成的危害与影响归纳为以下几点：

1. 生态破坏

采石废弃地对生态系统的干扰表现为植被破坏、稳定性减弱、景观破碎化以及动物生境群落的消失等方面。一些地质敏感地区（例如喀斯特地貌）的采石活动甚至会导致地下水位下降，并由此引发地面沉洞塌陷、地下溶洞生境群落破坏等危害。由于地表土壤层的剥离，许多废弃地难以进行植被恢复，裸露贫瘠的风化岩土需要很长时间才能够发育成具有一定肥力的种植土。

2. 安全隐患

采石废弃地剧烈的高差变化与复杂的地形地貌使其产生更大的安全隐患，包括地质安全隐患和潜在的使用安全隐患。地质安全方面，地表植被的剥离、废料堆体的堆放以及拦沙坝等设施的缺乏会导致水土流失问题；岩体的剧烈改变可能导致滑坡、崩塌等地质灾害。使用安全隐患方面，采石废弃地多变成垃圾场等消极场所，很容易加剧人们的安全担忧；一些采石废弃地成为非正规攀岩、跳水和游泳运动场所，很容易造成人身伤害甚至死亡[①]。

3．环境污染

某些采石废弃地残余的碎石沙土堆体会对空气和水体造成一定程度的污染，但此类污染在自然自净作用下能够很快消除。一般而言，与煤炭和金属矿场相比，采石生产造成的环境污染要小很多，主要由于采石活动一般不会形成含有酸性和有毒物质的化学污染。此外，碎石石材开采的石料利用率很高，产生极少数量的废弃物质。

4．视觉干扰

景观视觉干扰构成采石场最为主要的环境影响，也是促使人们开展采石废弃地修复改造的直接原因之一。采石矿坑及崖壁边坡造成的视觉干扰与生态破坏往往成为生态中心论者诟病的焦点。20世纪60年代，澳大利亚阿德莱德市因其东部山体上Stonyfell及Greenhill采石场造成的视觉干扰引发严重的抗议活动，从而迫使政府限制城市视线敏感山区的采石及建设行为，并从20世纪70年代开始对这两处矿场展开地形改造和植被恢复工作。在我国，采石废弃地以山坡露天开采为主，并多位于靠近聚居区和交通干道的浅山地区，造成的视觉干扰更为普遍和严重。

尽管采石废弃地具有上述危害与影响，但现实生产生活中经过合理的修复改造仍然能够满足自然生态及人类社会的一些功能需求。

3.2 采石废弃地的修复改造再利用概述

人类为采石废弃地的修复改造与再利用做过哪些尝试与努力？经历了怎样的发展历程？修复改造有哪些功能类型与方向？风景园林师是如何参与进来的？如何定义风景园林途径的修复改造再利用？本节将尝试回答这些问题。

---

① 例如，位于美国波士顿的昆西采石场（The Quincy Quarries）是修建于1820年代的一处花岗岩采石场，为运输该地石材还专门修建了美国第一条矿产铁路线the Granite Railway。1963年停止开采之后，其矿坑积水成潭，并成为攀岩和跳水者的天堂，但经常发生伤亡事件。为此，该场地被划为生态修复区（reservation）之后的治理方案是利用波士顿Big Dig高速路工程产生的大量淤泥对主要的矿坑进行填埋，从而消除安全隐患。

3.2.1 中西采石废弃地修复改造再利用实践概况

1. 西方发达国家概况

在工业革命之前的西方国家，石材开采活动并未对社会生活和自然环境造成严重影响。原因在于，一方面以手工开采为主，对环境扰动强度不大；另一方面，石材需求量远比今天要少，生产规模有限。因此，早先的采石生产和土地管理者并未将其修复改造视为一件棘手问题。

18世纪之后，西方国家进入现代工业文明时期。采矿活动的负面影响加剧，采石废弃地的修复改造实践也开始出现。据考证，欧洲出现最早的一份矿场复垦合同是1766年关于德国Roddergrube一处修道院所有土地的矿场修复，合同内容是种植桤木林，期限为12年[①]。尽管如此，直到20世纪，西方国家才真正开始关注矿产废弃地的修复改造再利用问题，这与其民主政治的深入发展以及生态环境意识的普遍觉醒有着直接关系。下文将从法律法规建设、修复改造策略转变、研究工作开展以及生产企业与咨询机构参与四个方面予以介绍。

（1）法律法规建设

采石采矿工业对农田林地牧场造成的破坏以及对郊野风景产生的视觉干扰促使西方国家通过制定法律法规来减弱其负面影响。澳大利亚是最早对采矿修复进行立法的国家之一，1912年颁布的《新南威尔士煤矿管理法》（*The New South Wales Coal Mines Regulation Act*）要求对矿坑进行表土复填以及对洼地进行排水处理。在美国，西弗吉尼亚州于1939年成为第一个立法控制采矿作业的州；1975年，加利福尼亚州颁布了《露天采矿与修复法案》（*The State Surface Mining and Reclamation Act*），要求采矿企业向主管部门提交开采与修复规划并提交保证金；1977年，美国联邦颁布了《露天采矿控制与回填复原法》（*The Surface Mining Control and Reclamation Act*），并专门成立了露天采矿复垦管理局"OSMRE"。1942年，英国政府通过了一份政府文件《郊野地区土地利用的斯科特报告》（*The Scott Report on Land Utilisation in Rural Areas*）。该报告为英国此后对采矿修复的立法工作奠定了基础。德国第一部复垦法规是1950年的《布鲁士采矿法》，明确要求对采矿地进行复垦。为了弥补修复规划只针对大型矿场造成的漏洞，德国诸如下萨克森和北莱茵-威斯特法利亚等地区曾单独颁布了《碎石开采法》（*Gravel Mine Laws*）。

应对矿业环境问题，这些法规有许多相似规定：划定限采禁采区域；规定采矿项目申请需提交修复规划；通过征税或收取保证金获得修复资金和约束矿主行为；要求对表土进行单独贮存用于采后土地复垦等。此外，欧美发达国家的采矿资格审批工作将采石企业在矿场修复方面的表现作为重要考核指标，这也促进开采者更加主动地承担采后修复改造工作。

（2）修复改造策略的发展

早期人们（尤其是环境保护主义者）对采石采矿废弃地的处理态度倾向于将其恢复至开采前状态，即"原貌恢复"（back-to-contour）策略。该策略强调采矿区作为宝贵的土地资源应该保存用于合适的功能，而"生产性"要求是当时矿区修复的突出特点，开采者需要将后期复垦作为开采规划的基本前提。《科斯特报告》就曾明确指出："我们建议通过立法赋予那些从土地获益的人一项责任，即在开采结束之后的特定时间内将土地恢复为农业、造林或者其他功能类型。"尽管当时提到了其他功能类型，但在当时英国有一种很强的认识，即如果开采前是农田，那农田仍然是开采后最合适的使用功能。然而人们很快发现"原貌恢复"策略在具体实施阶段存在许多问题，并逐渐对其产生质疑。在英国，尽管农业林业部门强力支持，然而高昂的修复费用、土质问题、矿坑地形、临近城区的土地需求等因素往往迫使规划者思考其他一些功能。此外，"原貌恢复"策略在美国也遭到批评。例如环境保护主义者总是给美国东部阿巴拉契亚山脉的露天矿区施压进行原貌修复，但因费用巨高以及恢复后仍难用于耕种，使其可实施性很低。除了实际操作困难之外，人们对一些采石场地产生的审美认同也使其对该策略提出了质疑。例如英国湖区国家公园（The Lake District National Park）内的一些废弃矿区因"形成富有趣味和多样性的景观特质"而受到人们喜爱。

20世纪下半叶以来，西方发达国家的工业生产与经济发展速度减缓，并向后工业社会过渡，生态环境保护意识逐渐深入人心，可持续发展理念开始建立。采石采矿业的生产规模与技术水平趋于稳定，并多集中在一些国际化大型生产企业。在此背景下，开采矿区的社会自然环境和修复改造诉求日趋复杂和多样，并更加强调废弃地生态服务功能（ecological service）的满足。

（3）研究工作的开展

伴随修复改造再利用实践经验的积累，西方发达国家开展了更为广泛的研究工作，而应用生态学、生态设计思想的发展也为其提供更多的理论支持。

1972年，美国政府资助完成一份关于西德褐煤生产矿区修复的报告《德国的露天开矿与土地复垦》（Surface Mining and Land Reclamation in Germany），介绍了采矿生产与土地复垦方法以及相关规划管理程序，强调及时细致的前期规划和注重全局的整体修复策略是工作关键。1979年，受加拿大安大略省政府委托，"自然资源委员会"完成出版了《南安大略地区采石矿场修复改造研究》（A Study of Pit and Quarry Rehabilitation in Southern Ontario），结果发现提前规划并尽早实施的土地复垦较之采后修复要节省大约一半的花费。20世纪80年代，澳大利亚矿业与能源部出版了图册《南澳大利亚州矿场改造》（Mine and Quarry Rehabilitation in South Australia），介绍了该地区内（尤其是阿德莱德市）不同类型采矿和采石场的修复改造实践，涉及视线干扰、遗址保护、植被恢复、污染治理等内容。美国地质学会曾联合美国地质调查局先后出版了两份研究报告。一份是《采矿改造中的人为因素》（The Human Factor in Mining Reclamation），基于科罗拉多州"前山地区基础设施资源管理项目（The Front Range Infrasture Resources Project）"[2]从资源管理、法规制定、美

---

① 该资料来自德国勃兰登堡自然风景基金会董事会主席Hans-Joachim Mader教授于2014年3月12日在清华大学建筑学院所做的名为《治愈地球肌肤——来自德国露天采矿的案例》的报告内容。
② 这美国地质调查局一项持续5年的研究项目，旨在获取、解读和宣传科罗拉多州前山地区基础设施资源的分布与特征。其中一个基础工作便是针对科罗拉多前山城市带整理历史上及现在的一些关于规格和骨料石材开采与修复的景观实践项目，并对其区域发展和采矿修复方式进行研究（Belinda F. Arbogast 等，2000）。

学生态认知和设计方法等方面介绍了采石废弃地修复改造领域的成功经验，从而表明石材需求与环境破坏之间的矛盾是可以被消除的。另一份是《骨料石材与环境》（*Aggregate and the Environment*），同样指出合理的开采设计与操作控制能够有效地减弱采石活动对自然环境、野生生物、地表与地下水以及周围社区的负面影响，强调了开采之前进行修复规划的重要性，并具体介绍了一系列修复改造的思想策略与技术方法。

为了促进骨料石材资源的循环再利用，同时限制开采规模，2002年4月英国政府开始对初始砂石①生产进行征税以用于受破坏地区的环境建设，其中部分税款由"英国环境、食品与农村事务部"用以成立了"砂石征税可持续性基金"（Aggregates Levy Sustainability Fund，ALSF），主要支持与帮助有关促进砂石产业可持续发展的研究项目。该基金通过"采矿工业研究组织"（Mineral Industry Research Organization，MIRO）、英格兰自然署（Nature England）和英国文化遗产组织（English Heritage）等机构展开研究课题立项和资金分配工作。例如MIRO的可持续陆地与海洋砂石开采项目（the Mineral Industry Sustainable Technology，MIST）项目和英国副首相办公室（Office of disaster preparedness and management，ODPM）的采矿工业可持续技术（Sustainable land-won and marine-dredged Aggregate Minerals Programme，SAMP）项目都开展了许多减少环境影响和创造环境效益的修复改造研究。这些项目整合了众多矿业领域的专业咨询公司，形成了数百份研究报告和技术导则。

（4）生产企业与咨询机构的参与

在西方发达国家，石材生产企业是修复改造实践的主体。它们在最初项目申报时便需要制定详细的采后场地修复改造规划，并需在生产结束之后履行此规划。许多大型企业为体现可持续的社会责任，积极与自然保护组织、专业咨询机构及管理部门合作开展相关的研究活动并形成一些技术手册。例如，霍尔希姆公司（Holcim Group）自2007年以来与"世界自然保护联盟"建立了名为"The Holcim-IUCN Relationship"的合作项目，旨在为其生产活动制定更健全的自然生态保护标准。海德堡水泥生产集团（Heidelberg Cement Group）在2009年作为第一家国际建材企业发行了一本利用指示物种进行生物多样性管理的导则。该集团发起的"可持续的追求2020"（Sustainability Ambitions 2020）项目要求到2020年其全球开采的1000多个、面积共约25km²的采石场全部制定修复改造规划，同时靠近生物敏感地区的采石场地还要完成制定生物多样性管理计划。此外，该集团设立了The Quarry Life Award奖项，对在促进采石废弃地生物多样性方面有突出表现的矿场进行表彰。此外，2011年11月，"世界经济可持续发展委员会"（World Business Council For Sustainable Development，WBCSD）发布了一本《采石场改造导则》（*Guidelines on Quarry Rehabilitation*），这是若干成员企业基于成功经验编制而成，旨在为石材开采过程中的环境影响控制管理以及开采结束后的有效恢复提供指导原则和方法。

伴随采石企业在修复改造领域的积极举措，西方发达国家已出现一大批综合性的规划设计咨询公司，包括DLP（Derek lorejoy & Partners）、DJA（David Jarvis Associates）、Gillespies和Clovstan等等。例如，DJA参与完成英国及爱尔兰55个郡的285个采石场的修复改造项目，其他项目遍布欧洲大陆、中东及加勒比海地区。其提供的主要服务是作为客户代理人主持和把控整个石材开采项目规划过程中的方案实施，确保所有投资的直接和有效，并从合理分配的预算中获得最大的收益。凭借这些丰富的咨询经验，该公司从上述英国"砂石征税可持续性基金"中承担了18项研究课题，涵盖了采石场设计、斜坡处理、人造土壤技术、减弱视觉干扰、非农业再利用以及残疾通道设计等众多领域[②]。

根据上文介绍可知：在法律法规建设与研究工作支持下，目前西方发达国家已形成较为成熟的采石生产管理机制和废弃地修复改造再利用技术方法，并形成了生产企业主导、咨询机构支持、非营利组织参与和多专业协作的完整体系与产业结构。修复改造实践更加科学、系统和全面，也更加强调可持续发展思想。修复改造再利用方式也已从最初的注重生产功能的"原貌恢复"策略向因地制宜的多元化路径转变，尤其注重生态系统平衡与丰富生物多样性工作的开展。

2．中国概况

中国长期处于手工采石阶段，加之石材需求量少，因此许多古采石场的生产活动往往持续数百年甚至上千年时间。另外，古代采石多为水路运输，使得石宕口山水交融，自然条件良好。在深厚的山水审美意识影响下，中国古代采石废弃地往往形成风景优美的残山剩水，成为文人墨客寄情山水或道士僧人建造寺院的地方，并留下大量摩崖石刻。例如，始采于汉代的绍兴柯岩古采石场在隋唐时期已形成包括柯岩大佛的众多石景，宋代已成为名胜之地，明清时期更是发展出成熟的柯岩八大石景。绍兴东湖作为目前我国古采石场改造的经典作品，也是在19世纪末由清末学者陶浚宣开辟建成的。可以说，这种自发性的造景行为是中国古代采石废弃地修复改造的主要特点。

近现代中国的采石技术逐渐改善，生产规模快速增加。但因战争频发和社会动乱不断，我国采石废弃地的修复改造实践在很长时间里并没有实质进展，直到改革开放之后才取得明显进步。

（1）法律法规建设与监管

为应对采石采矿带来的环境污染、生态破坏与土地资源浪费，中央和地方逐步建立了涉及采石生产与修复管理的法律法规和行业规定。例如，我国于1988年12月发布了《土地复垦规定》；国土资源部于2009年发布了《矿山地质环境保护规定》；国家安全生产监督管理局发布了《小型露天采石场安全生产暂行规定》（2004）和《小型露天采石场安全管理与监督检查

---

① 初始砂石〔primary aggregate〕是指通过采石生产初次获取的砂石产品，包括天然砂石和机制砂石；与之相对应的是再利用砂石〔alternative aggregate〕是从建筑、拆除和开采废料中获得的使用过的砂石产品，次级砂石〔secondary aggregates〕包括陶土砂、板岩废料、煤矿渣和炉渣等其他初级生产的半生产品。

② 其中与采石场修复改造直接相关的研究报告有"A Guide to the Visual Screening of Quarries"〔2006〕、"The Planning and Design of Aggregate Quarries for Non-Agricultural Afteruse"〔2006〕、"Artificial Soils for Quarry Restoration TAL2054-ALSF"〔2009〕、"An Ecosystem Approach to Long Term Minerals Planning in the Mendip Hills"〔2010〕、"Restoration of Aggregate Quarry Lagoons for Biodiversity"〔2010〕等。

规定》（2011）；另有《广东省采石取土管理规定》（1998）、《长江河道采砂管理条例实施办法》（2003）、《江西省采石取土管理办法》（2005）等地方性法规。这些法律法规一定程度限制了采石生产对环境的干扰破坏，并确定了采后生态修复与环境治理的实施原则及责权关系。其他一些有关环境保护、水利安全和自然风景资源的法律也对采石采砂行为进行了明确规定和限制。

然而，尽管已建立较为完善的法律法规，我国很长一段时间里采石生产与修复领域依然乱象横生：禁采区内滥采乱挖现象严重、自然生态环境治理保证金收取不力、开采者不履行治理责任现象普遍。有研究将管理机制与法律规定的不健全归结为主要原因，其中管理问题表现为多头管理各自为政、办证与收费环境松弛混乱、检测与监督手段缺乏三个方面。

（2）采矿业的可持续发展

进入2000年之后，由于城市建设提速，采石生产规模急剧上升。同时伴随环保意识的深入人心，相关部门加强了采石采矿行业管理和环境保护引导。2004年起，国土资源部启动了"国家矿山公园"的资格申报工作，矿业遗迹保护、矿山环境治理和生态恢复是其主要目的。目前评审批准的60多个国家矿山公园项目中基于采石场的包括江苏盱眙象山国家矿山公园、河南焦作缝山国家矿山公园和新乡凤凰山国家矿山公园、内蒙古赤峰巴林石国家矿山公园、广东深圳凤凰山国家矿山公园以及福建福州寿山国家矿山公园等。2009年，中国矿业联合会提出建设"绿色矿山"，并制定了《绿色矿山公约》。然而，在我国石材产业的可持续发展方面，采石废弃地的修复改造并未得到石材生产企业的关注与重视。

（3）政府主导的修复改造实践

目前，我国各级政府依然是采石废弃地修复改造项目的主体，而城市建设用地的紧缺、绿色产业的发展、财政拨款的增加以及经济利益驱动等原因也促使相关部门积极开展此类项目。2003年，广州市启动实施的"蓝天碧水、青山绿水"生态治理工程把采石场列为整治重点，3年来关闭采石场909个，复绿采石场844个，复绿面积1960hm²（李兴伟等，2006）。北京市一直将废弃矿山植被恢复工程作为其生态建设重点工程之一。2006年，北京市出台《关于推进山区小流域综合治理和关停废弃矿山生态修复的意见》，并在房山、门头沟等地区开展试点工程。2007年3月，市发改委、市园林绿化局、市国土资源局、市财政局联合编制了《北京市山区关停废弃矿山植被恢复规划（2007~2010年）》。2008年，北京市园林绿化局又会同市国土局修改编制了《北京市矿区植被保护与生态恢复工程规划（2008~2015年）》，到2015年计划完成中心修复区植被恢复11.8万亩（首都园林绿化政务网，2009）。2011年起，辽宁省政府开始实施青山工程，逐步推行矿山绿化和退耕还林，并专门成立省青山保护局，计划到2015年实现铁路、公路（一级以上）两侧、大中型水库库区、水源保护区、居民集中居住区可视范围内矿山及其他已破坏山体的生态环境治理与改善。

（4）植被恢复工程为主的实践与研究

在我国，以消除视觉干扰、减少地质隐患和防止水土流失为主要目的的植被恢复工程是采石废弃地修复改造实践的主要类型。20世纪90年代以来，水土保持与工程绿化专业在引进国外技术基础上大力发展了国内的采石遗迹与崖壁边坡绿化技术，并形成众多研究成果，例如针对土地贫瘠问题的基质改良技术等。如今，我国已建立较为成熟的采石废弃地边坡绿化与生态修复产业链。

（5）更多途径的再利用探索

除了植被恢复与环境治理工程之外，许多地方也积极寻求更多可能的采石废弃地再利用途径。城市公园、风景旅游区以及主题乐园成为其中常见的改造类型。20世纪90年代在旅游产业带动下，许多风景资源良好的古采石场被开发建设为风景名胜区或主题乐园。其中不仅包括绍兴东湖、柯岩和温岭长屿洞天等传统景区，也包括宁波伍山、龙游石窟等新发现和开发的古采石场。2000年之后陆续建成的山东日照银河公园、江苏徐州金龙湖宕口公园、河南焦作缝山针公园以及浙江湖州潜山公园等项目将采石废弃地改造成为城市公园。而浙江新昌大佛风景区般若谷景点、上海辰山植物园矿坑花园、南宁2019国际园林博览会矿坑花园等项目则将采石遗迹改造为引人入胜的风景旅游地。这些项目的成功经验促使更多政府和企业认识到采石废弃地的独特价值。诸如上海世贸深坑酒店、江苏南京幕府山安徒生童话乐园、湖南长沙大王山冰雪世界以及广州番禺区六大连湖主题公园等项目都期冀利用采石矿坑的独特资源创造更多的经济与社会效益。

综上所述，我国目前采石废弃地修复改造再利用实践虽然取得了一些成绩，依然存在一些问题与不足：

（1）缺少部门合作，尚未建立科学完善的管理机制：国内目前缺少全局性的石材开采与采后治理规划，加之现实监管不力，如今的采石废弃地修复改造实践还处于"头痛医头、脚痛医脚"的被动状态。同时，与此相关的国土、矿产、环保、农林及城建等不同职能部门往往各自为政、缺少合作，导致治理工作无法得到科学决策和一以贯之的执行。

（2）缺乏专业协作，尚未形成全面系统的综合治理技术体系：目前修复改造实践多由水土保持和绿化工程专业主导，很少有生态学、野生动植物保护、地质安全以及风景园林等专业参与。现有技术成果依然停留在诸如边坡绿化工程技术、废弃地植被调查等基础研究阶段，缺少对场地影响评价、策略选择、功能定位以及专业协作方法等的跨学科研究。

（3）治理类型单一，生态修复被完全等同于绿化工程：目前修复改造实践项目以开发建设和绿化工程为主，忽略了诸如自然保育地、郊野游憩地、活动剧场以及城市公园等更加多样化的改造再利用方式探索。更为严重的是，由于对生态概念及生态修复认识不足，人们常简单地将生态修复等同于植被恢复和绿化工程。殊不知，一些不合理的人工绿化工程不但不利于生态恢复，反而会破坏采石废弃地自我修复形成的生态系统并降低其生物多样性。

3.2.2 风景园林师的参与

采矿废弃地以自然要素为主体，这与工厂等以建筑、构筑物为主体的废弃场地有着完全不同的形态特征，也面临不同的改造问题。其修复改造实践既需要处理物质空间与视觉审美问题，还需要关注土壤、水体、动植物等自然要素。风景园林师因为在自然、艺术及工程领域的全方面涉及，往往能够在采石废弃地修复改造实践中扮演重要角色。

在英国，风景园林师一直在采石废弃地修复改造实践中发挥着领导作用。20世纪40年代，英国伟大的风景园林师杰弗里·杰里科（图3-2）帮助位于如今峰区国家公园境内的厄尔水泥工厂（Earle Cement Works，后改为Hope Cement Works）制定了一套持续50年的景观规划方案《蓝圈：德比郡希望水泥场1943-93中远期景观规划》（Blue Circle Cement. Hope Works Derbyshire. A Progress Report on a Landscape Plan 1943-93），并于1979年对该项目进行回顾、检验与完善。该规划使其经过几十年的石灰岩开采与水泥生产，外部景观依然能够很好地与自然环境融为一体。之后，更多的风景园林师开始参与到采石生产及废弃地修复改造实践中。他们的工作侧重于恢复生产功能（图3-3）、组织视线屏蔽、建立生物群落生境以及营造休闲游憩空间等（图3-4）。

（图3-2）

（图3-3）

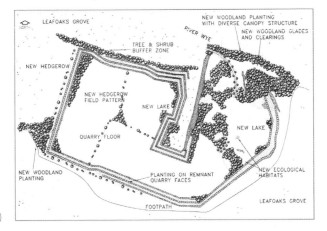

废弃采石矿山：
形态、审美与修复再生

（图3-4）

1974年，英国女风景园林师希拉·M·海伍德（Sheila M. Haywood）协助英国采石与矿渣联合会撰写出版了面向联合会下属企业的一本矿山修复指导书《采石场与大地景观》（*Quarries and the Landscape*）。该书以降低采石工业对英国郊野乡村的景观视觉干扰和生态破坏为初衷，系统介绍了整个采石过程中的风景园林规划策略和工程技术措施，涉及土壤恢复、地形处理、排水组织、植被恢复等多个方面。该书介绍的改造策略以视线控制和自然生态恢复为主，以矿坑场地与乡村环境的景观融合为目的，并强调自然演替的作用。此外，英国著名风景园林师汤姆·特纳（Tom Turner）在其著作《景观规划》（*The Landscape Planning*）（1987）中也对如何减弱采矿工业生产造成的风景破坏进行了专门论述，并介绍了四种景观规划策略：功能分区策略（Zoning）通过开采选址使采区远离人们视线；隐蔽处理策略（Concealment）采取山脊线、地形植被等措施使采区加以隐藏；复垦保育策略（Conservation）强调对采后矿区土地资源的合理利用，尤其主张恢复到开采之前的使用功能；创新利用策略（Innovation）则是在恢复原貌不太可行状况下改造作为其他使用功能。

此外，法国现代主义风景园林设计先驱雅克·西蒙（Jacques Simon）曾与塞托公路研究所合作，计划将为39号高速公路建设提供石料的砂石场改造成为"代斯内娱乐基地"（La Base de Loisir de Desnes）（图3-5）。面对场址内坑洼不平的陡坡山地，西蒙在消除外界破坏因子、节省投资造价的设计思想下，营造集教育与游乐为一体的娱乐空间。其方案中，60hm^{2}的水面有着细长曲折、极不规则的边缘，在两岸林带的夹峙下形成蜿蜒的带状水景。西蒙对此意图增加可利用的水面面积，并将水边处理成有利于多种动植物栖息、不受人为活动干扰的生态环境。

图3-2　杰里科的厄尔水泥厂景观规划实践
（图片来源：Tom Turner，1987）
图3-3　砂石骨料矿坑的牧场恢复工程
1967年，Tow Law UDC公司委托J.B.Clouston & Partners公司对Tow Law西部一处因尾矿堆放、石材开采遭到破坏的郊野谷地进行牧场与休闲用途的场地恢复，地形、土壤与排水组织是当时修复工作的重点内容
（图片来源：*Landscape Design*杂志，1972 ,5, No.98: 24-25）
图3-4　修复改造平面示意
1970年代Aspinwall公司进行格温特郡的Livox采石场修复改造规划，内容包括矿坑视线屏蔽、野生生境营造和休闲游憩安排等
（图片来源：Peter Austin，1995）

（图3-5）

时至今日，西方风景园林师越来越强调多学科协作在大规模采石采矿废弃地修复改造领域的重要性。2003年，时任哈佛大学风景园林系副教授的艾伦·伯格（Alan Berger）成立了"卓越改造项目"（Project for Reclamation Excellence，P-REX）研究中心，开展了针对美国采矿废弃地的全方面研究，并于2004年和2006年在哈佛大学设计研究生院举办了两场有关采矿区景观修复问题的学术会议[①]，希望借此推进设计专业、采掘工业和采矿活动监管者在实践、学术与应用方面的交流。经过设计与采矿领域的多年对话，伯格认识到修复、设计以及环境可以相互支持并最终共同获益。P-REX在伯格指导下对采掘工业景观转变过程进行掌握，并合作完成了一些旨在连系设计和采掘场地修复的一些研究项目。

在我国，采石废弃地修复改造实践多以水土保持与工程绿化专业为主导，只有在公园、风景区等再利用类型项目中才会引入风景园林师的参与。可以说，尽管我国风景园林师越来越多地参与到采石废弃地修复改造项目实践，但并不像国外风景园林师能够从最初开采阶段指导采石生产的视觉干扰与防控，同时也很少从生态系统平衡与野生物栖息地角度进行生态修复实践。风景园林师与水土保持、工程绿化、生态恢复以及矿产开发等专业的合作还未全面展开，在采石废弃地修复改造领域参与的广度和深度都有较大的拓展空间。

3.2.3　基本方式与功能单元

基于收集的国内外大约170个修复改造案例（参见附录），本书归纳总结了8种采石废弃地修复改造再利用的基本方式与功能单元（图3-6），每一个实践项目都可同时采取与满足其中一种或多种单元类型。

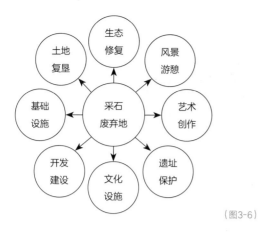

（图3-6）

1. 土地复垦

　　土地复垦是指将采石废弃地改造为农田、林地、牧场或鱼塘等生产性用地[②]。它与生态恢复的区别在于：土地复垦以农林牧渔生产和获得经济效益为首要目标，生态恢复以恢复自然生态环境和丰富生物多样性为首要目标。

　　为了形成规模生产和保证经济效益，土地复垦一般需要集中开阔且地势平坦的土地。对此，西方采石场的大规模集中采区更容易满足这一要求。例如挪威Årdal谷地砂石矿区复垦项目将一片经30年开采形成的凹陷露天矿坑修复成35hm²的农田。该复垦计划在矿场开采之初便被确定下来。为了减少表土资源的浪费与破坏，保证其搬运次数不超过两次，采石生产与修复企业对生产修复时序及空间组织进行了周密统一的安排[③]（图3-7）。另外，位于西班牙的El Clotet石灰石矿区自1985年以来，在138hm²的停采区域内种植梅子、橙子和柑橘等水果经济林。目前种植了48500株果树，每年水果产量超过1000t，并直接供应欧美地区（图3-8）。

---

① 两次会议分别名为"展望设计中的改造项目（P-REX1: Projecting Reclamation in Design）"和"改造未来（P-REX2: Reclaiming the Future）"。
② 本书所用"土地复垦"概念为狭义概念，与"恢复土地的适当使用用途"的广义概念有所区别。
③ 一般而言，第一步，场地采掘期间，其表土被妥善堆放储存在排土场地；第二步，场地采掘结束后，对矿坑迹地进行地形整理并覆盖合适粒径的碎石层；第三步，将储存的表土筛选去处超过105mm×50mm粒径的石块并进行场地覆盖，土层厚度可达到70cm。此外，该案例还使用激光导引的轮式装载机帮助土地整形，保证形成1%的农田理想坡度。第四步，维护管理，刚修复农田较为瘠薄，需要通过浇水与施肥增加土壤肥力。

图3-5　代斯内娱乐基地草图
（图片来源：朱建宁，2002）

图3-6　采石废弃地修复改造再利用的基本方式与功能单元

（图3-7）

我国采石场尺度小、分布零散、权属复杂且以山坡开采为主，很难形成集中开阔且地势平坦的土地，因此更适合开展小规模经济林和鱼塘等复垦类型。例如，水源丰富地区凹陷矿坑形成的水塘为渔业复垦提供了良好条件。据广州市2005年采石场整治工作总结中的统计，在全市2003年关闭整治的338个采石场中，用于鱼塘养殖的面积达153亩，而用于耕种面积仅20亩。

2．生态修复

生态修复以改善植被水体等自然环境质量、恢复生物生产力[1]、营造良好生境条件和提高生物多样性为主要功能，其核心内容是将废弃地恢复成无人为干预下能够稳定运作并保持自我平衡的自然生态系统。

废弃采石矿山：
形态、审美与修复再生

（图3-8）

（1）保护荒野自然

自然保护地（nature reserve或nature preserve）是指由于具备一定的野生动物、植物及其生存环境等自然生态价值而被保护起来的一片区域。在一些国家，位于郊野地区的采石场地多恢复为自然保护地。人们在这些地方的行为会受到限制，以保证生态系统不受干扰和破坏。与大型自然保护地或自然保护区相比，采石场转变而成的保护地尺度较小，多以hm²或m²为单位。例如，位于英国德比郡希望峡谷地区的海德菲尔德采石场自然保护地（Hadfields Quarry Nature Reserve）是由一废弃的石灰岩矿坑形成的，包含有草地、湿地、林地和裸岩等生境类型，并生长着虎耳草、甘松等湿生植物以及萤火虫、绿虎甲、龙虱和蜻蜓等野生动物。该保护地由拉法基集团公司交由德比郡野生生物信托（Derbyshire Wildlife Trust）代为管理（图3-9）。

最大限度地保留自然恢复的原有生境是自然保护的主要修复方式。例如位于美国明尼苏达州的斯特恩郡采石公园与自然保护地（Stearns County Quarry Park and Nature Preserve）是基于一花岗岩规格石材矿区修复而成，占地89hm²。该矿区从1870年至1950年代陆续形成20个凹陷露天矿坑和许多废石堆。停采后，坑体形成湖泊和林地植物群落。

（图3-9）

---

① 生物生产力是指单位时间、单位容积（或面积）内某种生物（或生态系统）可生产出有机物质的能力；根据1966年国际生物学发展规划（International Biological Program，IBP）巴黎会议建议，也可称生物生产率（bio-productionrate）。常用数量、生物量或能量表示，如：个/（m·年）、kg/（m·年）、J/（m³·年）。

图3-7　挪威Årdal谷地农田复垦项目
（图片来源：http://www.quarrylifeaward.com/ardal-recultivation-farmland）
图3-8　西班牙El Clotet石灰石矿区土地复垦项目
（图片来源：《矿山恢复指南：生物多样性和土地综合利用》）
图3-9　海德菲尔德采石场自然保护地
（图片来源：http://www.derbyshirewildlifetrust.org.uk/reserves/hadfields-quarry）

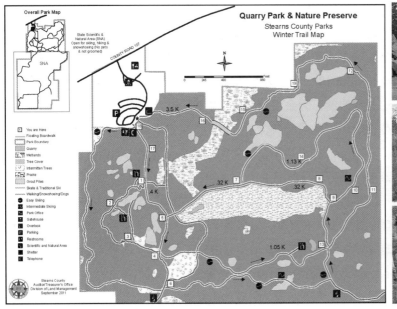

（图3-10）

1980年代中期，该场地的自然生态与历史文化价值引起斯特恩郡公园部门的关注，并最终在1992年被划定为兼具垂钓、游泳、野营等户外游憩功能的自然保护地范围。1994年至1995年，由Brauer & Associates有限公司领导的规划小组对废弃矿区的地质、生态与文化特征进行了详细调研，并在充分保留野生自然群落的基础上开辟建造了一些游憩设施（图3-10）。

（2）提供珍稀动植物栖息地

采石废弃地经常形成一些特殊的环境类型，例如深潭、沟壑、废石堆和崖壁，而这可能会为某些珍稀物种提供生存空间。目前在西方发达国家，一旦某些废弃地发现珍稀物种的活动踪迹，自然科学协会以及动植物保护组织等机构便会积极将其转变为珍稀动植物栖息地。

以法国Meurthe et Moselle地区某珍稀动物栖息地为例，这一位于农田地区的采石废弃地形成了不同于周边的湿地生境并发现有黄腹青蛙和巨冠蝾螈两种珍稀动物活动（图3-11）。于是该场地被列为NATURA 2000生态保护项目场地。该项目研究了人类活动对这两种珍稀动物活动的影响，并据此调整场地管理方式，例如将部分湿地恢复成农牧地，并禁止使用农药和限制化肥数量。目前这里的黄腹青蛙数量已增至大约1000只，该项目也因此受到广泛认可。又

废弃采石矿山：
形态、审美与修复再生

（图3-11）

例如，位于日本秩序市的三之轮采石场（the Minowa Quarry）珍稀植物保育地自1972年开始便致力于保护和培育乡土植物中的珍稀物种。除了建造专门的植物园，他们还通过撒播和栽植将珍稀植物种植在更大范围的采掘废弃地上（图3-12）。

在许多发达国家，提高生物多样性已成为采石场修复改造需要考虑的主要内容之一。为野生生物，尤其濒危的珍稀动植物资源提供安全的栖息环境已成为许多修复改造实践项目的基本初衷。

（3）保存罕见地质资源

采石生产使得地球表层内部结构暴露出来，为人类观察地质构造、研究地质成因、发掘化石遗迹等提供了条件。某些采石废弃地便因此被作为地质资源保护地，发挥着科学研究与科普教育等功能。

例如，非洲玻利维亚的白垩纪恐龙公园（Cretaceous Park）因拥有目前发现规模最大的恐龙足迹化石而成为旅游胜地（图3-13a、b）。该水泥石料矿坑在1998年剥离暴露出一面巨大光滑的石灰岩崖壁。人们在上面发现了5055个四足动物足迹化石，经研究属于雷龙、鸟脚亚目恐龙、鸭嘴龙、角龙与背甲龙等8~15种恐龙类型。为此，该场地在2003年由古生物学家展开保护工作，并在崖壁对面山体上建造了恐龙主题公园。又例如，位于英国格洛斯特郡的亨特利采石场地质资源保护地（Huntley Quarry Geology Reserve）面积只有0.87hm²，所包括的三个小型采石场因其古老的地质年代及地质科研价值而被格洛斯特郡地质信托机构列为该郡的首个地质保护地。其中亨特利采石场尤其被称为"地质珍宝"，其矿床形成于奥陶纪晚期至志留纪早期，距今4.45亿~4.39亿年前（图3-13c）。

（图3-12）

图3-10 斯特恩郡采石公园与自然保护地
（图片来源：公园官网）
图3-11 巨冠蝶蜥
（图片来源：网络）
图3-12 三之轮采石场珍稀植物保育地
（图片来源：CSI Guidelines on Quarry Rehabilitation）

（4）建设人工绿地

人工绿地通过一系列工程措施快速恢复地表植被覆盖，是减少视觉污染和改善自然环境的常见修复方式。其功能定位同自然保护地以及珍稀动植物保护地的区别在于：从目的考虑，人工绿地主要为减少视觉污染和防止水土流失等，而非保护自然生境群落或珍稀动植物；从实现途径考虑，人工绿地改造以人工干预为主，自然保护地恢复则将人工干预限制在一定范围内。人工绿地改造措施是我国目前采石废弃地最为普遍的生态修复方式，其优点是能够快速改变废弃地的贫瘠状况，其缺点是投资较大，且可能对原有野生生物资源造成破坏。

3．风景游憩

风景游憩改造方式满足人们户外的风景游赏、休闲娱乐以及体育运动等需求，其常见形式包括私人花园、公园、郊野游憩地与水上运动场所等。

（1）私人花园

采石矿坑改造成为私人花园的最著名案例当属20世纪初建成的加拿大布查特花园。其实在布查特花园之前西方已形成这一传统，"19世纪，庄园主在庄园内开采石材建造房子并常将遗留矿坑改造为岩石花园"（Tom Turner，1986）。本书搜集到的最早案例是1807年前后，英国查理士·芒克（Charles Monck）爵士利用建造府邸机会将庄园中的采石矿坑改造成的贝尔塞矿坑植物花园（The Belsay's Quarry Garden）（图3-14）。受当时如画风景审美思想的影响，Monck爵士有意通过开采建筑所用石灰石料形成峡谷空间，并将其改造成收集各种蕨类植物和异域品种的私人花园。

（a）　　　　　　　　　　（b）　　　　　　　　　　（c）

（图3-13）

（a）　　　　　　　　　　（b）　　　　　　　　　　（c）

（图3-14）

在现代，美国某林中别墅一微型石灰石矿坑被改造成为极具天然气息的室外游泳池（图3-15）。该项目最大限度地保留了矿坑岩石原貌，并将管线设备隐藏在石材铺砌的池底，从而呈现出"虽由人作，宛自天开"的天然水潭效果。

（2）城市公园

公园是指为城市居民提供室外休息、观赏、游戏、运动、娱乐等功能，由政府或公共团体经营的市政设施。靠近聚居区的一些采石废弃地由于地形起伏剧烈，无法用作建设用地，因此常常被改造为城市公园。采石形成的特殊场地要素与复杂地形为公园建设提供了有利条件，也构成此类公园的独特风貌。例如，位于美国圣安东尼奥的日本茶园建造于1917年，是由一石灰石矿坑改造而成。低洼的坑底成为荷花池，其上修筑石拱桥，并在旧的水泥窑炉基础上建造了游客接待和餐厅（图3-16）。又如建成于1987年的西班牙考鲁公园（parc de la Creueta del Coll），根据山坡露天开采形成的地形条件，按不同的高度层次分为3个功能区：底层平台区平坦开阔，建有廊架、树阵活动广场及6000m²的游泳池；二层平台有台阶坐凳、投掷球场和篮球场等；最高层区域为休息野餐区，并有一条休闲小路环绕山坡。整个公园自下而上植被覆盖率逐渐增加，环境变得逐渐静谧和充满野趣。

（3）郊野游憩地

郊野游憩地是位于城市郊野地区、不需精细管理的休闲游憩场所。它与城市公园的主要区别包括位置偏僻、低成本维护和充满野趣等。国外许多采石废弃地被改造为郊野游憩地，成为远足、攀岩及跳水爱好

（图3-15）

图3-13　白垩纪恐龙公园（a、b）与亨特利采石场地质资源保护地（c）
（图片来源：网络）
图3-14　贝尔塞矿坑植物花园
（图片来源：a、c http://www.english-heritage.org.uk；b http://mumonthebrink.com）
图3-15　Berkshires石灰石矿坑家庭泳池
（图片来源：网络）

者的天堂，例如美国的Quincy采石场、英国的Auchinstarry采石场和埃文河峡谷公园（Avon Gorge）等（图3-17）。

在我国，采石矿坑主要集中在郊区，具有改造为郊野游憩地的良好条件，然而目前在此方向的实践探索还比较滞后。

（4）水上运动场所

一些采石废弃地能够形成湖体或深潭，为喜爱垂钓、游泳、跳水、潜水和划船等水上运动的人们提供了绝佳的游憩场所。例如英国石湾潜水训练中心（Stoney Cove Diving Center）所在地从19世纪初开始开采花岗岩，1958年停采后逐渐形成湖泊并成为潜水爱好者的活动地。20世纪六七十年代此地还作为商业潜水人员的训练基地。1978年，Stoney Cove Marine Trials潜水俱乐部在此成立，每年吸引一万多名潜水爱好者来此（图3-18）。

（图3-16）

（图3-17）

（a）Quincy采石场　　　　　　（b）Auchinstarry采石场　　　　　　（c）埃文河峡谷公园

废弃采石矿山：
形态、审美与修复再生

4．艺术创作

艺术创作是采石废弃地较为特殊的一种修复改造方式。它通常没有具体功能，而只是艺术家的主观情感表达。例如美国雕塑家哈维·菲特穷其一生在一废弃的蓝石矿坑内独自建造了一处占地2.8hm²的环境雕塑作品"Opus 40"。整个作品利用岩石砌筑，包括形态丰富的坡道和台阶，场地中心重达9t的石柱是利用古埃及人使用过的古老技术竖立起来的（图3-19）。

（图3-18）

（图3-19）

图3-16　美国圣安东尼奥的日本茶园
（图片来源：网络）
图3-17　郊野游憩地
（图片来源：a 网络；b www.wanderlustmeblog.com；c 维基百科）
图3-18　英国石湾潜水训练中心
（图片来源：http://www.stoneycove.com）
图3-19　哈维·菲特的Opus 40
（图片来源：http://untitledname.com/2005/06/opus-40）

艺术创作具有较大的偶然性和明显的个人色彩。美国大地艺术家罗伯特·史密森于1971年在位于荷兰埃曼市郊的一处砂石矿坑岸边创作了名为"螺旋山"的大地艺术作品（图3-20a）。1979年8月，为了给工业废弃地修复提供新的思路，美国西雅图肯特郡艺术协会举办了题为"大地艺术：作为雕塑的土地修复"的论坛和设计展。其中，艺术家罗伯特·莫里斯在一块3.7hm²的废弃骨料石材矿坑上创作了"无题"（后又称Johnson Pit #30）（图3-20b）。该矿坑废弃于1940年代，位于山体面向河谷一侧，靠近一条繁忙的公路。莫里斯清理了矿坑内的乔木和灌木，重新整理了地形，并种植了黑麦草，使得形成优雅迷人的台地空间。

当然，有一些艺术创作也会结合观景台、雕塑花园等具体功能。1995年，雕塑家内拉·格兰达（Nella Gollanda）和建筑师阿斯帕西亚·库兹普利斯（Aspasia Kouzoupis）在位于希腊阿提卡的一处大理石采石废弃地上使用毛石干砌方式建造了一处用于休息观景的环境雕塑作品。2006~2010年，在英国约克郡Greenhow Hill的Coldstones 大型凹陷采石场，雕塑家安德鲁·萨宾（Andrew Sabin）设计建造了名为"The Coldstones Cut"的公共艺术作品（图3-21c）。人们在这一观景平台上可俯瞰下面的采石矿坑以及周围的美丽风光，并可以通过宣传栏了解该地区的景观、生物、工业遗产以及采石场与周围环境的关系。

（a）　　　　　　　　　　（b）

（c）

（图3-20）

（图3-21）

（a）

（b）

（c）

5．遗址保护

石材开采作为人类文明发展历程的重要组成，其形成的采石遗迹成为许多石质建筑建设活动的佐证。一些古采石场作为重要历史建筑和景观，如金字塔、帕提农神庙、钱塘江堤等，因其深厚的文化内涵和考古价值而受到历史学和考古学界的关注。即使一些普通的采石矿坑也会因为时间的久远而被作为文物保护起来。例如，1988年，国外一些从事考古定年研究的物理学家、考古学家、艺术史家以及文物保护者成立了"大理石及其他石质古物研究协会"（Association for the Study of Marble and Other Stone in Antiquity，ASMOSIA），对古代欧洲和近东地区大理石及其他石材的产地、开采、贸易、运输以及加工利用方面展开研究。

位于埃及阿斯旺北部地区的一处古采石矿场因为一块未完工的方尖碑石料而成为重要的考古遗迹，该场地也被改造成为一处露天博物馆（图3-22a）。"未完成的方尖碑"总长42m，重达1200t，比目前竖立起来的最大方尖碑还高1/3。据考古学家介绍，该碑开采于哈特谢普苏特女王时期，后因碑体发现裂隙而被丢弃。又例如，古罗马Kriemhildenstuhl采石遗址位于德国西南部的莱茵兰-普法尔茨州Bad Dürkheim小镇的森林区，曾经是第22罗马军团的驻地。大约公元200年停止开采并废弃至今，是保存非常完好的古罗马采石场，目前已被划为考古遗址保护区（图3-22b）。

图3-20 罗伯特·史密森的"螺旋山"作品（a）与莫里斯的"无题"作品（b）

（图片来源：a http://www.e-flux.com；b 网络）

图3-21 希腊Dionyssos环境雕塑作品（a）与The Coldstones Cut作品（b）

（图片来源：a http://www.sculpture.org；b ALSF report 1）

(a)

(b)

(c)

(图3-22)

在我国，目前被列入全国重点文物保护单位的古采石遗址包括广州番禺莲花山古采石场、吉林省集安县高句丽古采石场和江苏徐州市云龙山汉代采石场。其中，徐州汉代采石场遗址是目前发现的汉唐以前的唯一一处采石遗址。遗址占地约4300m²，和汉代楚王墓葬群连为一片，其中发掘出采石坑63个、石坯5处、刻字1处以及石渣坑1处。另外还发现錾、凿、楔、扁铲、锸等采石工具和踏步、楔窝等遗迹。此外，还有很多古采石场被列为国家级或省级地质遗迹。例如浙江省内的舟山里钓山、岱山双合、奉化童桥南山、龙游老虎洞以及缙云岩宕群都已引起文物工作者的关注。

6. 文化设施

文化设施是指以满足人们文娱表演、科普科研以及宗教信仰等文化活动需求为主要目的的公共服务设施。采石废弃地作为闲置土地资源，通过较低成本的修复改造来满足公众文化生活需求不失为一种理想的再利用方式。

（1）室外剧场与剧院

采石矿坑的围合地形与露天剧场空间形态相契合。因此，许多采石废弃地被改造成为室外剧场类公共文化设施。例如，瑞典的达哈拉（Dalhalla）剧场位于长400m、宽175m、深60m的石灰石凹陷露天矿坑坑底，濒水舞台以裸露岩壁为背景（图3-23a）。又例如，位于意大利塔兰托的Fantiano采石场文艺演出中心作为区域复兴计划的一部分，以其简练时尚而现代的设计风格吸引着人们（图3-23b、c）。

另外，一些采石废弃地被用以建造歌剧院、体育馆等文化设施。巴西库里蒂巴市在采石矿坑再利用方面颇有成就，其中最为著名的项目当属Ópera de Arame歌剧院。建筑师多明戈斯·邦盖斯特（Domingos Bongestab）利用采石矿坑尺度宜人的半围合空间，创造性地在水潭中心建造了一幢架空的圆形剧场建筑。建筑材料通体采用钢材料，饱含工艺技术美感，其轻盈的结构与岩体的厚重质感形成对比，因此又被称为Wire Opera House。观众需要通过一钢架桥进入剧院，还可以沿建筑外围游廊近距离地感受三十余米高的采石崖壁和葱葱绿意（图3-24）。

（a）　　　　　　　　　　　　（b）　　　　　　　　　　　　（c）

（图3-23）

（图3-24）

图3-22　埃及阿斯旺古采石遗址（a、b）与德国克里米亚古罗马采石遗址（c）
（图片来源：c 网络）
图3-23　瑞典达哈拉露天剧场（a）与意大利Fantiano演出中心（b、c）
（图片来源：网络）
图3-24　巴西库里蒂巴市Ópera de Arame歌剧院
（图片来源：网络）

（2）科研科普设施

科学研究与科普教育文化设施是推进科技进步和提高公民素质的重要场所。一些基于采石废弃地形成的自然保育地和地质遗迹能够满足这些功能。

英国许多具有重要地质科研价值的采石矿坑被列为"具有特殊科学价值的场所"（sites of special scientific interest，SSSI）并得到法定保护。其他一些相对次要但具有特殊意义的也被列为"区域重要地质场所"（regionally important geological sites，RIGS）。据统计，英国有超过700处SSSI场地是正在开采或已废弃的采石矿坑，这些场地便于到达并被作为教学辅助基地，同时也为科学研究发挥重要作用。例如，英国贝尔莫与劳恩德矿坑生态修复项目内316hm²的矿坑于2002年被确定为SSSI场所。作为候鸟繁殖过冬集聚地的同时，这里还建立了Idle河谷郊野学习中心向大学生和公众开放（图3-25a、b）。又例如，位于加拿大圣凯瑟琳市的Glenridge采石场自然保育地设置有儿童科学与自然活动区以及带有解说系统的游客中心和植物园等区域，充分发挥了科普教育功能（图3-25c、d）。

在我国，采石废弃地的科研科普功能尚未被充分发掘。中国矿业大学资源学院教授吴海波（2009）便曾基于建立地学实习基地的想法提出保护、治理与利用巢北地区废弃采石场的设想。

（3）宗教场所

国内外许多古采石场被改造成为风景秀美的旅游胜地，而其岩壁石窟也成为人们烧香拜佛的宗教场所，例如浙江绍兴柯岩风景区内的天工大佛和羊山石佛、广州番禺莲花山风景区内的求子弥勒佛洞窟（图3-26a、b）等。又例如，泰国芭提雅市在1996年为庆祝普密蓬国王继位50周年，在一山坡露天采石场的陡直崖壁上建造了一座佛像。佛像使用激光切割成形，然后花费数

(a)

(b)

(c)

(d)

（图3-25）

月时间沿图形镶嵌金箔。佛像高130m，宽70m，是目前世界最大的佛像，而这里也成为当地标志性旅游景点（图3-26c）。

7．开发建设

开发建设改造方式以大规模投资建设为主要内容，其目的是利用采石场土地资源获得最大经济回报，对场地自然要素具有极大改变和扰动。

（1）地产开发

地产开发以住宅、商业或工业建筑为主。采石废弃地的开阔平台为地产开发提供了场地条件，而较高的土地价值则直接促使土地所有者选择此改造策略。汤姆·特纳曾论述："Essex的一些白垩矿场地已经开始用一些废弃材料填埋，但它们不可能按照原有规划恢复成波浪线的地形和农田。因为这些矿场位于伦敦市边缘，其中很多已经恢复成为产生更多经济效益的工业建筑。"

（a）

（图3-26）

（b）

（c）

图3-25　英国贝尔莫与劳恩德矿坑生态修复项目（a、b）与加拿大Glenridge采石场自然保育地（c、d）

（图片来源：a、b www.tarmac.co.uk；c、d www.golder.com）

图3-26　广州番禺莲花山古采石场内的求子弥勒佛（a、b）与泰国佛像山（Buddha Mountain）（c）

（图片来源：c www.golder.com）

伴随我国城市建设用地紧张，许多采石废弃地被用于地产开发建设。例如航拍照片显示广州市郊的宕口群已完全被无序建造的工业仓储建筑占据（图3-27）。为了更加有序高效地利用废弃地土地资源，应当提前统一规划。在此方面，我国香港安达臣道石矿场城市综合开发项目提供了参考。安达臣道石矿场位于香港东九龙大上托西南面的山坡，占地约86hm²。香港规划署于2011年聘请了奥雅纳工程顾问进行"未来土地用途规划研究—可行性研究"。根据规划，该采石场被改造成为一个绿色宜居的城市社区，具体包括规划人口23000人的住宅、文娱商业中心、定位为区域游憩用地的石矿公园以及作为绿化地带的岩壁区等（图3-28）。

（图3-27）

（图3-28）

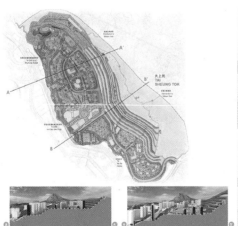

废弃采石矿山：
形态、审美与修复再生

（2）高尔夫球场

采石场高低起伏的竖向变化很容易改造成为高尔夫球场需要的起伏地形，从而使其成为一种潜在的商业开发类型。美国加州橡树采石场高尔夫俱乐部（Oak Quarry Golf Club）便是基于采石废弃地建造的极负盛名的高尔夫球场（图3-29）。

（3）游乐场开发建设

游乐场利用游乐设施和展示方式满足公众特殊游玩嬉戏需求，既包括以过山车为主的创造惊险体验的游乐园，也包括迪士尼等主题游乐园。游乐场景观致力于营造惊险、神秘、恐怖和兴奋的环境氛围，而这与采石场壮观、危险和陌生的形态特质有着契合之处。例如，位于美国德克萨斯州圣安东尼奥的六旗假日游乐园便由一采石废弃地改建而成（图3-30）。游乐园入口和大型过山车等都以裸露采石崖壁作为背景，凸显游乐园特色的同时也给人们更多样的空间体验。

（图3-29）

图3-27　广州市郊某被工业与仓储建筑占据的采石废弃地

（图片来源：Google Earth）

图3-28　香港安达臣道石矿场城市综合开发项目

（图片来源：项目官网）

图3-29　加州橡树采石场高尔夫俱乐部

（图片来源：http://www.oakquarry.com/about/）

目前，我国一些地方政府也尝试利用采石废弃地建造游乐园以创造更多经济、社会价值。例如，江苏南京幕府山山顶的采石矿区已经过数轮策划，曾提出建造格林童话主题乐园的概念方案。湖南长沙大王山旅游度假区的冰雪世界项目则在一个占地13hm²的石灰石凹陷矿坑基址上建造了世界最大的室内滑雪场等冰雪娱乐设施（图3-31）。其建筑方案面积12万m²，主体部分横跨矿坑两侧峭壁，最大跨度达170m。

8．基础设施

采石废弃地改造为道路、垃圾场、水库等基础性的市政基础设施用地是国内外常见的再利用方式之一。

（1）垃圾填埋场

垃圾填埋场与采石矿坑都是由于人口集聚与城市化形成的消极空间，同时二者又有着极强的互补性：前者经倾倒形成堆体，后者经采掘形成坑体。于是，将采石矿坑改为垃圾填埋场已是国内外常见做法。而一些成功的风景园林改造案例，如巴黎肖蒙山公园、斯德哥尔摩森林公墓、芝加哥斯坦恩矿坑公园等也都是基于作为垃圾填埋场的采石矿坑完成的。

垃圾填埋场改造并非简单草率的随意倾倒，而是需要专业规划与设计实施。例如，美国布里斯托尔市政垃圾填埋场基于一凹陷露天采石废弃地改造而成。为防止污染，该工程需要对坑体做完善的隔离衬垫工作（包括覆盖隔离土工布和透水性低的黏土层），并需要伴随垃圾堆填增加对接近100m高的坑体崖壁及时做隔离处理（图3-32a）。又例如，位于英国盖茨黑德市郊区的Blaydon垃圾填埋场原是一占地48hm²的大型砂石矿区，除需铺设黏土、土工布等隔离

（图3-30）

（a）　　　　　　　　（b）　　　　　　　　（c）

（图3-31）

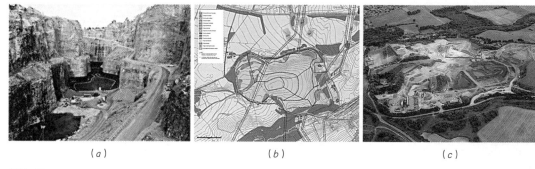

（a） （b） （c）

（图3-32）

层之外，垃圾填埋过程还要注意堆体竖向处理、污染监控与雨洪管理问题，另外也要对景观视线影响、填埋噪音影响和野生生物影响等进行评估（图3-32b、c）。

需要指出的是，垃圾填埋场将极大改变采石废弃地的原有空间形态，对矿坑场地特性和潜在的历史文化价值破坏严重，因此需要仔细斟酌和谨慎决策。有岩土工程学领域专家提出利用武汉黄石大冶铁矿坑掩埋城市垃圾（谷志孟、白世伟，2000），无疑忽略了该矿坑在中国近代工业发展史中占据的重要地位。

（2）水库与雨洪调节池

一些凹陷矿坑积水成湖之后可作为水库用于农业灌溉、工业生产和人们生活。另外一些大型矿坑经过规划也可作为雨洪调节池用于临时性蓄水以减轻排洪压力。例如，位于芝加哥南部的Thornton采石场是目前世界上最大的碎石采石场之一，自1924年开采至今已形成长2.5km、宽1km、深125m的巨大矿坑。作为芝加哥"隧道与蓄水池计划"[①]（The Tunnel and Reservoir Plan, TARP）的组成部分，Thornton采石场和McCook采石场将被改造成为临时性蓄水池。2014年工程完成后，Thornton蓄水池将能够储存3000万m^3水，从而减轻10个城镇的排洪压力（图3-33）。

[①] "隧道与蓄水池计划"，又称"深隧项目"（the Deep Tunnel Project 或Chicago Deep Tunnel），是芝加哥地区为解决中心城区洪涝问题而实施的一项大型市政基础设施工程。该工程计划通过将暴雨雨洪与污水分流至临时蓄水池来减弱进入密歇根湖的污水管网溢流造成的危害。

图3-30 六旗假日游乐园
（图片来源：http://en.wikipedia.org/wiki/Six_Flags_Fiesta_Texas）
图3-31 长沙大王山冰雪世界项目场地现状与中标方案
（图片来源：a SouFun网；b、c http://wz.changsha.cn/h/4746/20131225）
图3-32 英国布里斯托尔市政垃圾填埋场（a）与英国Blaydon垃圾填埋场（b、c）
（图片来源：a http://geosyntheticsmagazine.com；b、c Blaydon Landfill）

（图3-33）

（3）墓地墓园

19世纪初，将墓地和自然风景园结合形成的墓园（garden cemetery）形式在英法等欧洲国家出现，并开始选址在废弃采石场。例如在英国利物浦，圣詹姆士墓园（St James's Cemetery）建造于1827~1829年，是英国早期墓园设计的代表作品。该案例中，凹陷采石矿坑基址的北侧、西侧与南侧以斜坡为主，东侧为垂直峭壁。建筑师约翰·福斯特（John Foster）和园林师约翰·谢普德（John Shepherd）利用斜坡密植乔灌木作为墓园边界，基于东侧峭壁修筑了石砌挡墙和坡道。人们可穿过一岩石开凿的拱门进入下沉墓园（图3-34）。之后，利用采石矿坑建造墓园已经变得非常普遍。

又例如，西班牙巴塞罗那的佩德雷拉墓地（the Fossar de la Pedrera）是在一直壁式山坡露天采石矿坑基址上建造而成的（图3-35）。西班牙弗朗哥时期，约4000名受害者的尸骨被埋藏在这个始采于19世纪的采石矿坑。1976年佛朗哥死后，这一乱葬岗才被公众发现和确认。1985年，建筑师贝丝·加利（Beth Gali）将这里改造为一处历史纪念墓地，包括入口区刻有遇难者名字的石柱，墓地里的花园，同时还为遗骸迁到这里的加泰罗尼亚政府内战时期的

（图3-34）

（a）   （b）

（图3-35）

最后一任总统路易斯·克姆波尼（Luis Companys）设计了具有斯卡帕风格的墓碑。1995年，第二次世界大战结束50周年时期，建筑师伦纳德·格拉泽（Leonard Glaser）在入口设计了10个石柱代表10个二战期间的犹太人集中营。

3.3 采石废弃地的审美价值概述

　　第四自然作为一种特殊的自然形态类型，具有独特的审美特征与美学价值。王向荣（2014）曾对此有如下论述："对第四自然的认识，改变了人们传统的美学观念。人们认识到，环境受损的区域并不完全是肮脏的、丑陋的、破败的、消极的。相反，一方面，很多区域作为一种人类活动的结果而成为文明的见证，如工业遗产地；另一方面，这些地方展现出来的顽强的自然生命力不仅具有科学研究的价值，也具有独特的审美价值。很多遭破坏而被遗弃的土地，具有独特的场地肌理，它所显现出来的文明离去后的孤寂荒凉的气氛给人以强烈深沉的感受，与其他几类自然一样能够打动人心。"该论述精辟地指出了第四自然在人文历

图3-33 美国芝加哥Thornton采石场雨洪调节水库项目
（图片来源：维基百科）
图3-34 英国St James's Cemetery墓园
（图片来源：a、b http://www.allertonoak.com/merseyEngravings/LiverpoolTownCentre.html）
图3-35 佩德雷拉墓地
（图片来源：网络）

史、自然生态与物质空间方面给人们带来的审美体验，而其也适用于采石废弃地类型。

本节首先根据上文的修复改造概况论述采石废弃地可能具有的价值效用，然后对本书所探讨的"审美价值"进行诠释，最后对采石废弃地作为第四自然的审美发现与审美价值组成进行解读。

3.3.1 采石废弃地的价值与效用

根据辩证法思想，任何事物都有两面性。即使是对自然环境造成剧烈改变的采石矿场除了帮助人们获得所需石材之余也具有其他一些价值与用途。同样是在1550年的欧洲第一本采矿采石教科书中，杰奥尔格·阿格瑞柯拉（Georgius Agricola）就提到并非所有采矿场都会危害农业生产土地（例如山区谷地中的矿点），同时强调当采矿作业停止之后也会产生一些有利影响：剥离了树木丛的矿坑土地可以种植农作物，以弥补毁坏林木带来的损失。当美国总统胡佛1912年将Agricola的教材从拉丁文翻译成英文时，也曾提出采矿活动能够创造新的有价值的土地。

"价值"的涵义是"功用用途或积极作用"。在本书中，采石废弃地的价值是指采石废弃地对于人类及其他生命体所具有的功用用途，或者对满足其特定需求起到的积极作用，主要包括以下方面：

1. 生态价值

生态价值是指特定自然场地具有为生物体提供良好的生存环境，丰富自然生态系统结构和功能，维护生态系统内部物质与能量正常流动与健康运作的能力。首先，采石废弃地作为第四类自然，经过足够长的时间能够实现植物群落及生态系统的逐渐恢复和重建。对此，生态与植物学科内开展了一系列实证研究，并通过调查不同地区采石废弃地总结出群落演替的基本规律以及不同立地条件的适生植物类型。其次，采石废弃地对于生境群落营造和丰富生物多样性也有积极作用。采石废弃地特殊的地形地貌条件和不受人为干扰的外部条件使其成为许多野生生物甚至濒危动植物的理想栖息场所。

2. 社会价值

社会价值是指某地域场所能够为人们的特定生产生活活动提供条件与有所裨益。采石废弃地的社会价值表现在满足人们休闲游憩、体育运动、科研科普等社会性活动，以及为人们提供蓄水调洪、垃圾贮存和墓葬用地等基础设施类型的服务功能。与生态价值受制于场地自身条件不同，采石废弃地的社会价值不是场地自身所能决定，而更多受其区位环境等外部因素的影响。其中一个关键因素便是废弃地与人类聚居区之间的距离——位置越临近，社会价值越大，反之越小。

3. 经济价值

通过上文的修复改造案例可知，采石废弃地能够直接或间接地创造经济效益。一方面，伴随城市扩张与建设用地紧缺，许多城郊山坡露天矿场经过采石形成开阔平坦用地，其土地本身具有较高的经济价值。另一方面，采石废弃地通过生态、社会、文化以及审美价值的发掘，能够间接转化成经济价值。许多古采石场基于其审美和文化价值发展旅游产业，抑或一些采石废弃地改造作为墓园都可获取一定的经济回报。经济价值在采石废弃地修复改造再利用实践中扮演着重要角色，它既可发挥重要的推动作用，也可能导致废弃地其他价值的丧失。

4. 文化价值

文化价值是指某事物具有满足一定文化需要或反映特定文化形态的能力和特性。采石废弃地的文化价值一方面体现为其自身蕴含的文化信息。对人类社会发展历程的真实记录使得那些具有悠久历史或特殊意义的采石废弃地具有了独一无二的考古与文物价值，例如埃及金字塔旁的古采石遗迹。另一方面，不同开采技术条件下形成的采石废弃地记录与反映了工业发展历程与水平，具有显著的工业文化属性。例如，英国北威尔士地区盛产板岩，其中的Penrhyn Quarry采石场始采于1770年代，在19世纪末曾经成为世界最大的板岩采石场，矿工人数达3000人（维基百科）。目前该矿坑长约1.6km、深370m，仍然是英国最大的采石矿坑，而坑体自身也已成为英国工业革命发展的真实见证（图3-36）。

（图3-36）

图3-36 英国Penrhyn Quarry采石场
（图片来源：维基百科）

5．审美价值

审美价值是指某事物具有使人获得积极审美体验的能力和特性。日常生产生活中，人们对于所处的自然环境会不自觉地进行审美层面的感知与认知[①]。同样，人们从远处观看或进入采石废弃地时也会产生美丑喜恶的基本判断，而这些判断将反过来影响人们对于采石废弃地的相关行为举措。根据国内外有关采石废弃地的影像资料可以发现其中不乏一些有着独特视觉审美价值的场地，例如绍兴东湖等古采石场通过手工开凿形成引人入胜的山水风景便是很好的佐证。

当然，并非所有采石废弃地都具有上述价值，而价值识别构成了修复改造再利用的重要前提。风景园林学作为协调人与自然关系的应用型学科，对于自然审美价值的感知与把握是其关注的重要内容。因此，本书将围绕采石废弃地作为第四自然的审美价值进行风景园林途径的修复改造再利用研究。

3.3.2 美与自然审美

按照通常的解释，"美"是指事物引起人们愉悦情感的一种属性。"审美"是指人对美进行感知、欣赏与领会的行为。在人类文明发展进程中，伴随社会意识形态和价值观的变迁，"美"与"审美"的范畴、标准和内容其实是不断变化与拓展的。之前被认为"丑"的事物如今开始被人们所接受，例如破旧的工业厂房和机械设备。近些年来，美学哲学、美育、文学与艺术领域更是出现了"审丑"与"审丑论"概念。其实，"美"和"丑"作为人类描述感性体验的一对互为反义的概念，由于感性体验的主观性，二者之间本来就没有明晰的界线。从这个意义考虑，诸如采石废弃地这样通常被认为丑的事物其实也具有其美的一面。

自然之美有大小与显藏之分。有些美是显而易见和被大众普遍接受的，例如我国成为游览胜地的古采石风景，本书将之称为"外显"之美；而有些美则是不容易被人们觉察到，只有通过人为彰显与改进才能够被大众识别，例如现代技术开采形成的许多采石风景，本书将之称为"潜藏"之美。自然美是风景园林学的核心关注对象，由潜藏到外显的审美价值发掘便也是风景园林师的重要工作内容。

在社会文化不断发展变革的历史潮流中，人们的审美活动明显受到价值观的影响与制约。例如在宗教思想禁锢下的中世纪欧洲，人们将自然视作上帝的婢女和诱使人们堕落的邪恶贮存之所，认为山泉湖泊与森林是荒芜、野蛮、无序甚至恐惧的；而文艺复兴之后，随着神学价值观的瓦解和人文主义价值观的出现，西方开始重新发现自然之美。即使在今天，人们的审美意识也因价值观的不同而存有差异。因此，在本书展开对于采石废弃地审美价值的论述之前，有必要对本书所基于的价值观基础进行说明：首先，在提倡可持续发展与生态文明建设的时代背景下，本书秉持一种生态整体主义的价值观，即在满足人类自身发展需求的同时需要兼顾自然生态系统的健康稳定发展；其次，在强调场所精神与地域文化的后现代主义思想语境下，本书秉持一种关注文化多样性的价值观，即在社会更新演进与文化交融的同时注意尊重人类发展的历史遗迹以及保护地方弱势文化。

"自然审美"是指人们对于非完全人工的外在自然环境所产生的审美感知。这里的自然与上文提及的四类自然相对应。

人类对自然的审美活动由来已久，尤其在以中国为代表的东方文明中有着更早的发展。中国自魏晋南北朝便逐渐形成了以山水审美为核心的自然美学理论。相比之下，西方世界对自然的审美活动发展较为缓慢，自然审美直到很晚才被纳入到以艺术哲学为主要传统的现代美学研究对象范围内[②]。从18世纪的如绘运动，到19世纪荒野审美思想，以至20世纪的环境美学发展，西方对自然的审美体验与理论探究逐步得到深化。美国环境哲学家尤金·哈格洛夫曾就此问题提到：在过去的300年中，依靠艺术与科学的带动，自然环境的审美之维已经越来越多地受到公众关注（Eugene C. Hargrove，1979）。当代自然美学发展早期，罗纳德·赫伯恩在写于1966年的论文《当代美学及其对自然美的忽视》中指出，若要达到这个使自然审美欣赏经验真正从肤浅转向严肃认真的目标，就必须使审美欣赏回归并面向自然本身，而这一过程包含着人们对审美客体真正特征的关注与把握。

3.3.3　采石废弃地的审美发现与审美价值组成

长期以来在环境保护主义者看来，采石场总因代表一种罪恶而显丑陋。马尔科姆·韦尔斯（Malcolm Wells）在《温和建筑》（*Gentle Architecture*）一书中有这样一段叙述："我们是如此残忍地从大地掠夺建造所用的材料，这简直能使第一次看到的人目瞪口呆。一个伐木搬运厂、一个水泥矿厂，或者一个深陷的砂砾坑，尤其在精美绝伦的美妙自然中偶然发现这些时，你会震惊！会感到恶心！"然而我们同时要看到，古今中外不同地域环境与形态类型的采石废弃地在人们不自觉的自然感知中也会获得审美发现，并因此成为人们审美游憩的去处以及艺术创作的主题。

1．中国古采石场的审美发现

受山水审美思想的深远影响，我国古人对于手工凿岩开采而成的石宕口很早便形成了审美认知。例如绍兴柯岩因其造型奇特的"云骨石"与"柯岩大佛"，在唐代已成为公共游憩场所，更有传说宋代画家米芾对"云骨"绕石叩拜而被称"石痴"。如今，江浙及珠江三角洲地区的古采石废

---

① 哲学家乔治·桑塔亚那（George Santayana）是19世纪极少数细致考虑自然美问题的哲学家。1896年，他在其出版的《美感》一书中指出对于人化的自然环境，"我们经常处于一种审美的无意识中"（史蒂文·布拉萨，2008）。
② 一直以来，西方美学家们对作为审美对象的自然景观很少给予关注，而是将美学等同于艺术哲学，并认为自然不必要是一种艺术形式。黑格尔便贬低自然美，认为自然美是理念发展的低级阶段。赫伯恩对此指出，哲学家缺乏对自然的关注，部分原因在于自然的不确定的边界或者"无框架"的性质；与之相对，艺术作品是分立的且容易界定的。自20世纪60年代以来，西方美学家已经意识到这一偏见，并指出美学不能被简略为艺术哲学或者艺术批评。例如斯托尔尼兹（Jerome Stolnitz）在其《美学和艺术批评哲学》（*Aesthetics and Philosophy of Art Criticism: A Critical Introduction*）中说道："显然，我们不仅审美地欣赏艺术作品，而且审美地欣赏自然对象"。

弃地多已成为风景名胜。而各代文人墨客在其采石岩壁上题词作诗，形成的摩崖石刻更是印证了人们的审美认同（图3-37）。

2. 我国现代采石废弃地的审美发现

一般来说，爆破与机械开凿的采石废弃地很难像古采石场形成悬崖峭壁和奇岩异洞等嵯峨幽邃的美妙风景。尽管如此，目前国内数量惊人的采石废弃地中依然不乏一些引起人们注意的优美佳处。例如，一篇名为《古今岩宕露峥嵘》的游记对湖州西山村的一处废弃石宕有如下描述："由远而近朝下看，在漾畔与山崖之间，多出了绝似桂林山水的大盆景，这就是开山采石留下的意外惊喜！水塘映蓝天，矿路绕奇峰，蛮石所砌的残墙，似古关万夫难撼！山顶古松与山前湖漾相叠映，妙合为一幅山水长卷。东麓绿韵飘渺，似北宋巨然淡墨轻岚的'披麻皴'；西崖黄石见骨，似南宋马远残山剩水的'斧劈皴'。"（图3-38a）同样，在江苏徐州九里山也有一处采石宕口群，因其层峦耸翠与湖光山色的美丽风景而被当地人趣称"小桂林"，并成为周末郊游的绝好去处（图3-38b）。

（图3-37）

（图3-38）

（a）

（b）

其实，许多废弃很久的采石矿坑和裸露崖壁从远距离观看与近距离观看甚至身处其中的审美感受会有所不同：远距离观看会构成视线干扰和视觉污染的崖壁，近距离观看时会感觉崖壁美景度有所提高，尤其当身处其中更能获得意外惊喜。

3. 近现代艺术对于采石矿场的审美发现

在西方，人们对于采石废弃地的审美发现大致始于19世纪。一方面，某些手工开凿的采石宕口被改造成私人花园或墓园；另一方面，此时采石场已成为非常普遍的郊野景观，其中一些废弃地作为可供欣赏的风景被描绘出来（图3-39）。此外，美国摄影师卡尔顿·沃特金斯（Carleton.E.Watkins）在19世纪下半叶完成了许多表现美国西部采矿工业场景的作品。"他所发展出来的这一新的工业视觉语言很大地推动了西部景观审美的形成"[1]（Christine A. Hult-Lewis，2011）。

除此之外，一些摄影艺术家通过照片更为直接形象地向人们展现出采石废弃地非同寻常的审美价值。1965年，Rivkin-Brick Anna出版了相片图册《死海工业：采石场与景观》（*Dead Sea Industry, Quarry and Landscape*）。1987年，意大利著名新闻摄影师罗玛诺·卡格诺尼（Romano Cagnoni）出版了一本关于其家乡Apuan Alps的大理石矿山与矿工题材的摄影作品集《卡罗·马尔默》（*Caro Marmo*）。日本摄影师畠山直哉从1986年开始拍摄石灰石采石场，其系列作品《石灰山》展示了人们如何去挖掘石料，以及日本工业化是如何挑战传统的日本社会对美的认识。在畠山的跟踪调查中，这些石料在随后不仅可见于东京的地上建筑，甚至连不可见的地下建筑也都是由这些石料建成的，诸如东京地下隧道和涩谷河。这些都能让人以更深入的视角去审视人类建筑的故事——"采石场和城市像一张照片的正反两面"，畠山这样评价

（*a*）Edinburgh from Craigleith Quarry，（*b*）Bell's Park and Quarry，1890年代，　　　　（*c*）1929年，作者BISSIÈRE Roger
　　1860年，作者John Bell　　　　　　作者William Simpson

（图3-39）

---

① 原文：His newly developed industrial visual language contributed to the development of a Western landscape aesthetic.Watkins privileged transformation over stasis, economic development over preservation, and clarity over ambiguity.

图3-37　浙江绍兴吼山风景区
（图片来源：网络）
图3-38　浙江湖州西山采石宕口群形成桂林山水一般的景色（*a*）与江苏徐州九里区"小桂林"（*b*）
（图片来源：a《古今岩宕露峥嵘》；b 网络）
图3-39　采石矿场为主题的风景绘画
（图片来源：ARTstor艺术图像数据库）

他的作品。1995年之后，畠山成为拍摄采石场爆炸场面的专家，其作品《爆炸》十分精彩地呈现了采石场石灰石爆炸的瞬间（图3-40），而展现破坏的目的和影响正是其工作的核心。人为破坏和自然自我更新之间不断变化的边界通过其作品被传达出来，虽然静谧却强而有力。

　　加拿大摄影艺术家爱德华·伯汀斯基（Edward Burtynsky）关注于因现代工业生产和人类资源开采而被改变的大地景观与废弃地，因此被称为"受损景观（ruined landscape）的安塞尔·亚当斯[①]"。矿场、垃圾场、加工厂与工业废料场是其摄影作品的常见主题。从一个艺术家的观察视角，伯汀斯基展现了这些受损景观美丽震撼的迷人风景。其作品在反映人类发展对自然环境造成破坏的同时，又具有强烈的视觉冲击力和艺术美感。特别的表现对象、非正常的视角、奇幻的色彩以及恢宏的叙事方式使其作品充满了工业的力量感以及人与自然相互作用的巨大张力。他曾拍摄了大量以规格石材矿场与废弃矿坑为主题的作品，并将矿坑惊人尺度和奇特形态中所潜藏的审美价值展现在人们面前（图3-41）。

　　当然，上述所及仅是管中窥豹，并未详尽人们对于采石废弃地的审美发现内容。但正是借助这些人，尤其是艺术家们的独特视角，我们对采石废弃地的审美价值建立了越来越清晰的认识。

（图3-40）

（图3-41）

根据上文对于采石废弃地的审美发现，结合田野调查与理论思考，本书对于采石废弃地审美价值的解读将从风景审美、生态审美与废墟审美三个方面展开，分别对应采石废弃地在物质空间、自然生态与社会文化三个基本维度的审美认知（图3-42）。这些层面相互杂糅，共同形成人们面对不同类型采石景观的复杂审美感知。本书第4、第5、第6章将分别对这三种审美价值属性进行深入解读。

　　需要说明的是，由于所处区位环境或自身形态特征的原因，并非所有采石废弃地都具有审美价值，而它们也有着"外显"与"潜藏"的双向特性。外显的审美价值更容易被人们发现与识别，而潜藏的审美价值则很难被察觉。相对于普通公众，具有一定专业素养的风景园林师、建筑师以及艺术家更容易识别那些"潜藏"的审美价值。而如何利用这些外显或潜藏的审美价值进行采石废弃地修复改造再利用也正是本书关注的主要内容。

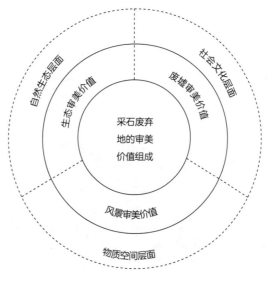

（图3-42）

① 安塞尔·亚当斯（Ansel Adams，1902～1984年），美国摄影师，以美国西部山岳风景的黑白摄影作品著称，著有《负片与照片》并提出了区域曝光理论，同时也是美国环境保护运动的象征人物之一。

图3-40　畠山直哉采石"爆炸"摄影
（图片来源：www.tianxiasy.com）
图3-41　爱德华·伯汀斯基的采石废弃地主题作品
（图片来源：www.edwardburtynsky.com）
图3-42　采石废弃地作为第四自然的审美价值组成

8 7 6 5 4

第 4 章

采石废弃地风景审美价值识别、评价与发掘

根据第2章的形态特征描述，我国采石废弃地往往具有旷奥变化丰富的矿坑空间、皱纹肌理分明的悬崖峭壁以及形态各异的岩体石柱，其中废弃较久的还会有湖泊池潭和灌木草丛。这些独特的自然风景能够给人们带来奇妙愉悦的视觉感知与空间体验，本书将之称为采石废弃地的风景审美价值。基于风景审美基本概念、源流表征与内涵特性概述，本章内容归纳总结了我国采石废弃地风景审美的要素组成、获得途径与评价方法，并对一些采石废弃地风景园林修复改造案例中的风景审美价值发掘进行了解析。

4.1 风景审美概述

4.1.1 概念解析

"风景"是指一定地域内由山水、花草、树木、建筑物以及某些自然现象（如雨、雪）形成的可供人们观赏的景象。中国古代南北朝时已出现此词，见于南朝刘义庆《世说新语》之中，乃指风光景色之自然物。"风景"一词产生之初便融入了人们对于自然环境审美情感的表达[①]。在英文中，"landscape"（景观）最初在很多时候等同于"scenery"（风景），都是视觉美学意义的概念。例如，在20世纪60年代美国开展的"景观评价"（landscape assessment 或 landscape evaluation）便主要是景观视觉质量（visual quality），即风景质量（scenic quality）和风景美（scenic beauty）的评价。然而如今"landscape"一词的涵义被不断拓展和泛化，所以本书中的"风景"选择对应于 scenery 一词，风景审美为 scenic aesthetic。

"风景审美"是指人们面对或身处形态优美或险峻的景观地域时产生舒适愉悦和兴奋惊喜的视觉感受与空间体验。在本书中，它更加强调自然环境作为物质空间实体给人带来的审美经历。风景审美是自然审美最为重要的组成部分，地形、植被、水体等自然要素以及尺度、比例、节奏等几何原则构成了风景审美的基础。以这些要素为基础的视觉空间体验的质量高低决定了风景审美价值的大小。

4.1.2 研究概述

风景审美不仅在中国传统文学与绘画艺术中占据突出地位，而且是古往今来人们进行风景评价、保护、营造与管理的重要基础。关于风景审美的研究大致包括以下几个方面：

首先是关于风景审美内容与特征的探究。在我国，风景审美又称为山水审美，是伴随魏晋以来山水诗画艺术的发展而兴盛起来，并形成许多美学理论。例如，文学领域，南朝梁刘勰认为美是自然和客观的，并总结出"日月叠壁""山川焕绮"之自然美是天和地的自然规律所形成的。该观点从理论上概括出自然美存在名山大川之中，需要到真山真水中去领略。唐代柳宗元对于风景审美空间感受之变化做出了"旷如也，奥如也，如斯而已"的精辟概括。绘画领域，宋代山水画大师郭熙著作的画论《林泉高致》基于对自然山水细致入微的观察总结出一系列风景审美理论。地理学领域，明末地理学家徐霞客所著的《徐霞客游记》在探求自然科学成因的同时生动描绘了名山大川的山水审美特征。而如今，被同行称为"现代徐霞客"的北京大学谢凝高教授在其著作的《山水审美——人与自然的交响曲》（1991）中对山水美的含义、发展历程与内容特征以及山水审美层次与途径等进行了系统论述。另外，中国科学院地质研究所陈诗才教授开创了地学美学理论（2012），剖析了自然形式美的地学属性以及地学规律的科学美，从而拓展了山水审美的研究视角。

其次是关于风景审美感知的心理学研究。20世纪六七十年代，西方国家为了克服风景资源美学价值的"不可捉摸"性缺陷所导致的法律保护不力问题，展开了关于风景审美感知的理论研究。研究人员来自风景园林、心理学、地理学、生态学以及森林科学等众多领域，并逐渐形成了四大学派：专家学派、心理物理学派、认知学派和经验学派（Zube，E.H.等，1982）。其中的认知学派，又称行为学派或心理学派，形成了更为完整的科学理论体系，影响深远。除了上文介绍的"瞭望-庇护"理论与"情感/唤起"模型之外，美国心理学者开普勒夫妇在1980年前后提出了"风景信息审美模型"，认为风景的可解性与可参与性两个基本特性将影响人对风景的审美感知。俞孔坚（1988）将认知学派理论介绍到国内，并基于这些理论提出了景观美学价值系统以及观光旅游资源评价的信息方法理论模型。

再次是关于风景资源评价保护管理与风景营造实践的研究。20世纪八九十年代，我国风景园林领域出现过针对风景资源评价的研究热潮。冯纪忠（1984）提出对国土范围内的风景资源进行系统性评价识别与保护利用，并随同刘滨谊（1991）提出科学化的风景资源普查方法。俞孔坚（1986）介绍了包括调查分析法、民意测验法与直观评判法等自然风景的评价方法。刘滨谊（1988）建立了科学的风景旷奥度评价模型，并利用电子计算机和航测技术辅助进行风景规划设计中的定量分析。王晓俊（1992）提出了风景资源管理和视觉影响评估模型，希望借此减少因快速发展带来的视觉污染问题。风景营造方面，冯纪忠在《组景刍议》（1979）一文论述了如何通过不同的风景点组织方式提高空间变化的总感受量，并强调伴随风景概念变化"开辟"风景的重要性。

4.1.3　源流与表征

风景审美思想作为东西方文明共有的一种文化现象，在不同时间地域中形成了不尽相同的

---

① 《世说新语》有云：过江诸人，每至美日，辄相邀新亭，藉卉饮宴。周候中坐而叹曰："风景不殊，正自有山河之异！"

源流与表征。所谓源流，是指文化现象形成发展的溯源与脉络；所谓表征，是指文化现象的外在表现与特征。二者紧密联系，难分彼此。本书将它们组合在一起来对自然审美思想的主要组成内容进行阐述。

综观古今中外，风景审美思想的源流与表征包括以下几个方面：

1．东方传统的山水审美思想

山水审美是以中国为代表的东方美学最为独特的精神传统，并已形成了包括山水画、山水诗、山水园林以及山水盆景等丰富的山水文化。在中国，山水审美萌芽于先秦，形成于魏晋南北朝，盛行于唐宋，深化于宋明。古人面对山水风景的态度从最初的自然崇拜转变为游览审美和陶冶心情，以至对自然的科学解释。先秦时代，人们在祭祀美报过程中流露出对自然的咏赞，《山海经》便是反映当时山水观的代表作。汉代出现包括张骞、司马迁在内的不少旅行家，其对后世游览名山大川的审美方式产生深刻影响。魏晋南北朝时期，老庄的天道自然和返璞归真思想十分盛行。游山玩水成为一种风尚，更有一些失意文人官宦肆意遨游、寄情山水。山水诗与山水画开始诞生，并成为中国古人山水审美的主要表现形式。与此同时，佛教与道教开始兴盛，并多于风景秀美之地建造寺庙道观，进而形成诸多兼具自然与人文魅力的风景名胜。在此过程中，文人名士、诗人画家与文化修养深厚的高僧交好结友，促进了山水审美观与美学哲学的发展（图4-1）。此外还有许多能工巧匠以其精湛技艺创造出

废弃采石矿山：
形态、审美与修复再生

（图4-1）

建筑石刻雕像等山水文化。唐宋时期，游览名山大川蔚然成风。山水审美伴随山水诗词、书画、盆景以及园林等文化形式蓬勃发展。古人对自然美的开拓，无论其深度和广度，都达到了极高的成就。同时，伴随宗教性的朝山进香活动，游山玩水的风景审美从士大夫文人活动扩大成群众性的社会活动，也进一步推动了风景名胜区内寺庙道观、文人别墅以及寓所书院等的建设。宋明清时期，山水审美及风景营造的理论和实践都达到很高的水平，而且出现了研究名山大川成因、探索其科学价值的科学家和先进的地理理论，代表人物有宋代的沈括、明代的徐霞客和清代的魏源等。山水审美与山水科学结合起来，促进了山水美学的深化发展。

中国古人总结了丰富的风景审美理论，体现在物质空间层面强调"对比、动态"的审美方法[1]，偏爱"非对称"的形式语言，并追求"步移景异"的游赏趣味。谢凝高（1991）将中国山水的形象美归纳为7种基本类型：雄、奇、险、秀、幽、奥、旷；王旭晓（2008）将之概括为雄、奇、秀3种类型[2]。山水审美不仅关注风景之"势"的丰富变化，也注意对岩石林木水体之"质"的细腻描绘。例如基于山水审美体验，山水画总结出披麻皴、卷云皴、雨点皴等技法来表现岩石树木的质感与肌理，而对山水画的研习领会又会反过来影响人们对自然风景的审美体验。

2. 西方传统的如绘式审美思想

相比东方，西方文明欣赏自然风景之美开始较晚。经过中世纪的神学束缚，以彼得拉克为代表的意大利人文主义者重新发现了自然美。西方风景审美思想在中国陶瓷山水画影响下开始孕育，伴随17世纪荷兰风景画派兴起而发展，并在18世纪英国"如绘运动"中日渐成熟并影响到园林营造。如绘式审美（picturesque aesthetic）习惯于将风景置于图框之中进行观赏，讲究画面的构图、比例与要素搭配，并形成了崇高与优美两个重要的美学概念（图4-2）。

"崇高"，又有译作"壮美"，是指因为超出寻常的尺度和形态让人产生敬畏、悲壮甚至恐惧等强烈的情感。英国学者艾德蒙顿·伯克在其《关于壮美与优美概念起源的哲学探讨》的美学论文中解释道"最强烈的情感"有近乎"悲壮"的涵义，"带有痛苦的思绪将比通常意义上的欢乐要有力得多"，所以他将壮美的特征归纳为"宏伟""博大"和"阴暗"。同样，宗白华也阐释道："壮美的现象……使我们震惊、失措、彷徨。然而，越是这样，越使我们感到壮伟、崇高。……在壮美感里我们是前恭而后倨。"18世纪以来，伴随阿尔卑斯山风景审美潮流的出

---

① 例如宋代山水画大师、山水理论家郭熙在《山水训》中写道："山近看如此，远数里看又如此，远数十里看又如此；每远每异，所谓山形步步移也。……山春夏看如此，秋冬看如此，所谓四时之景不同也。如此是一山而兼数十百山之意态，可得不究乎。"
② 雄的表现有大、旷、疾、强、险与壮美；奇的表现有异、特、妙、绝、幻、奥与新奇；秀的表现有小、柔、缓、弱、幽与优美。

（a）尼古拉斯·科普桑，The Funeral of Phocion，1648年　　（b）克洛德·洛兰，Landscape with Dancing Figures，1678年　　（c）萨尔瓦托·罗萨，River Landscape with Apollo and the Cumean Sibyl，1655年

（图4-2）

现，崇高之美更多体现在山地风景审美当中。高耸的峡谷、崖壁、湖潭以及瀑布成为此类风景绘画特别流行的一种类型[①]。

与崇高审美的有力、巨大和雄伟特性不同，优美审美的对象更为舒缓与平静，在形态上多为平缓起伏的地形、安静的湖体和疏密有致的林带。如绘式历史研究专家约翰·康荣曾说："优美的形式倾向于小巧和平滑，变化得极为巧妙而细微，在色彩上精致而美丽"。另有描述认为"优美就是小巧、平滑和逐渐的过渡，它在潜质布朗设计的缓缓起伏的风景当中得到最简明的体现。"

3. 美国的荒野审美思想

荒野审美（aesthetic of wildness）是在18~19世纪浪漫主义思潮影响下，伴随美国中西部大开发过程，人们对其宏伟壮阔的荒山戈壁与瀑布悬崖等自然地貌所形成的独特审美思想。酝酿于中世纪以来宗教绘画中对蛮荒之境的配景描绘，以及不断见诸报刊"荒和野"的见闻促使西方人形成了关于荒野的朴素认识与审美感知。19世纪，托马斯·科尔（Thomas Cole，1801~1848年）开创了美国本土第一个绘画流派——哈德逊河风景画派（图4-3）。他在《论美国风景的散文》中指出美国景观的最为动人的特征，便是它的"荒芜"。美国自然学家威廉·巴特姆（1739~1823年）在其《旅游笔记》中首次使用了"壮美"一词来描述美国的自然特色，进一步丰富了崇高审美概念。

4. 西方现代"艺术的形式主义"风景审美思想

艾伦·卡尔松（2011）在其《当代环境美学与环境保护论的要求》一文中提出了与如绘审美同样作为西方传统自然美学的"艺术的形式主义"理论。艺术的形式主义理论出现于20世纪早期，是在现代艺术理论驱动下产生的一种与如绘式审美相关又不尽相同的一种"艺术化"自然欣赏模式，其代表人物包括英国艺术批评家罗杰·弗莱以及克莱夫·贝尔。该理论认为"使得一个客体成为艺术品的原因是此物的内在属性，是一个对线条、形状及色彩的动态融合，因而，艺术的审美欣赏就被限制在对其形式结构的欣赏上"。贝尔据此提出了著名的"有意味的形式"，并视形式美为审美体验最恰当与唯一的焦点。于是，如果将自然当做"一种纯粹的线条与色彩形式组合"来体验时就具有了审美价值。

虽然形式主义理论同如绘式审美传统都主张"以艺术家的眼光"审视自然，但二者所推崇的绘画作品并非一类。保罗·塞尚是贝尔最喜爱的画家，他许多以圣维克多山为主题的绘画作品，都是形式主义对待自然风景的经典代表。而纵观20世纪前半叶，众多艺术家与绘画流派都以不同方式发展了这一风景欣赏的形式主义传统（图4-4）。

（a）托马斯·科尔，《怀特山峡谷》
（ the Notch of the White Mountains ）

（b）J·H·卡斯，《蓝岭的委若保德瀑布》
（ the Weatherboard Falls, Blue Mountains ）

（图4-3）

（a）保罗·塞尚，《圣维克多山》，1885年

（b）安塞尔·亚当斯拍摄的优胜美地大峡谷，1935年

（c）乔治亚·欧姬芙，《灰色山体》（ Grey Hills ），1941年

（图4-4）

---

① 例如J·H·卡斯（J. H. Carse）的《温特沃斯瀑布、蓝岭、新南威尔士》（ Wentworth Falls, Blue Mountains, New South Wales ）以及尤金·冯·圭拉德（Eugene von Guerard）的《新西兰的米尔福德峡湾》（ Milford Sound, New Zealand ）。

图4-2　如绘式风景画示例
（图片来源：ARTstor艺术图像数据库）
图4-3　哈德逊河风景画派作品示例
（图片来源：ARTstor艺术图像数据库）
图4-4　艺术的形式主义绘画与摄影作品示例
（图片来源：ARTstor艺术图像数据库）

4.1.4 内涵与特性

风景审美作为最主要的自然感知途径与审美思想，具有如下内涵与特性：

1. 符合基本的形式美法则

风景审美首先关注的是自然风景的形式美。形式美系指事物的轮廓、形状、样式及质材所表现出的美感体验，包含构成事物的物质材料的自然属性（色彩、线形、质感等）以及其组合法则（主次、齐一、节奏、平衡、比例、和谐等）所传导出来的审美特性等。人们在欣赏自然风景时，审美客体首先便是以形式美的方式作用于人的感觉器官，而这也是上文艺术的形式主义所着重推崇的。从山水审美到如绘审美再到荒野审美的流变过程[①]中，其承袭关系也决定了三者具有许多相似的形式美特征。

自然界作为风景审美思想的根本来源，其形态特征决定了基本的形式美法则。这包括非对称的自由形式、统一中富有变化、主次分明且保持均衡关系等等。美国学者约翰·康荣总结如绘式风景审美的特征是"复杂而古怪、多变而不规则、丰富而有力、富于生机活力"。

2. 自然要素构成主要感知内容

山、水、植被、云霞等自然要素构成了风景审美体验的主要内容，是人类欣赏自然风景的主要审美对象。从上文所述诗歌、绘画与摄影作品可知古今中外尽然。《世说新语》对此有精辟的描述，其中说顾长康（恺之）"从会稽还，人问山水之美，顾云：'千岩竞秀，万壑争流，草木蒙笼其上，若云兴霞蔚'。"

3. 强调视觉愉悦感与空间体验

不同于平面式的绘画或摄影艺术审美，风景审美的审美对象是人可身处其中的物质空间实体。山、水、植被等自然要素遵循基本的形式美原则，形成连续变化的空间组合体。风景审美便是人与空间体相互作用的结果。冯纪忠先生认为，按照人与空间组合体的位置关系可分为景外视点与景中视点，分别对应旁观与身受两种感知方式。前者审美结果主要是优美的视觉愉悦感，后者除了视觉感受之外还可获得的是奇妙的空间体验。需要说明的是，本书中的风景审美客体一般都具有非同寻常的景观品质，并非日常生活所见景象。高山叠瀑、悬崖陡峰、茫茫草甸等优美或壮丽的自然风光才更容易给人带来雄、奇、险、秀、幽、奥、旷的美的感受。此外在风景审美中，山水自然要素随时间、气候、光照不断发生变化，更加丰富了视觉与空间层面的审美体验。

4. 通过风景审美实现精神升华

风景审美是人与大自然复杂的交往过程中所形成的精神文化需求，是人类社会发展到一定阶段的一种较高层次的精神文化生活，其审美行为由浅入深可分成"悦形""逸情"和"畅神"三个层次。尤其在中国山水文化中，除了视觉感知与空间体验之外，风景审美讲求审美主客体之间的充分交融，达到"物与神游"的境界，实现人与自然、人的情感与风景以及人文景观与自然景观的和谐与协调。此外，中国山水审美思想还蕴含着更为丰富的精神追求，包括神仙精神、崇拜自然精神以及君子比德精神。在本书中，风景审美思想并不过多强调逸情与畅神的精神追求，而更多停留在物质空间视听感知层面。

4.2　采石废弃地的风景审美价值识别与评价

根据上文对于风景审美的描述，现代开采技术形成的采石废弃地是否具有风景审美价值？从审美客体而言，其审美价值具有哪些要素组成与识别规律？哪些废弃地形态具有更大的风景审美价值？哪些形态的价值较小甚至没有审美价值？从审美主体而言，人们从中获得审美感知的途径又是什么？

4.2.1　中国古采石场的风景审美价值

我国江浙等地区的古采石场具有令人流连忘返的风景审美价值。这一命题已通过绍兴东湖、柯岩等众多古采石风景名胜得到普遍的认同。谢凝高所总结的山水审美中雄伟、奇特、险峻、秀丽、幽深、奥秘与旷远的形象美特征同样构成了中国古采石场的风景审美基础。在浙江绿意葱葱的低山丘陵秀美风景之中，古人采石形成了奇峰异石林立、硐矼山环水绕的独特风景。这些手工开凿而成"鬼斧神工"一般的人造风景因不同于周围普通山林而大放异彩。明末清初的著名文学家与史学家张岱曾对古采石风景形成原因进行分析，并揭示了其背后所隐藏着"受摧残之苦而反得摧残之力"的辩证关系。

首先，他认为，采石风景是人们在开凿石料的生产活动中无意识形成的，受到人工开凿与自然造化的双重作用。古人采石基于石材质量和生产效率进行操作和取舍，似乎并无特别的造景意识，而其浑然天成的结果也绝非人力所能控制的。其《越山五佚记·曹山》一文中这样写道："曹山，石宕也。凿石者数什百指，绝不作山水想。凿其坚者，瑕则置之；凿其整者，碎则置之；凿其厚者，薄则置之。日积月累，瑕者堕，则块然阜也；碎者裂，则岿然峰也；薄者穿，则砑然门也。由是坚者日削，而峭壁立焉；整者日琢，而广厦出焉；厚者日垒，而危峦突焉。石则苔藓，土则薜荔，而蓊蔚兴焉；深则重渊，浅则滩濑，而舟楫通焉；低则楼台，高则

---

① 由上文可知，如绘式审美在西方的酝酿发展与中国山水画的引入传播有着直接关系，而荒野审美在美国的出现也是基于如绘审美思想的进一步发展。

亭榭，而画图萃焉。则是先之曹山，为人所废，而人不能终废之；后之曹山，为人所造，而人不及终造之，此其间有天焉。人所不能主，而天所不及料也。"文中所述曹山位于绍兴吼山北侧，现在即为吼山风景区的重要景点。

其次，张岱认为适度开采与有所取舍是成功塑造采石风景的关键，不做改变和改变过度都无法形成恰到好处的绝妙风景。采石生产虽然对山体林地造成了干扰，却也因此赋予普通平凡的山林丘壑独特的美学价值。"吾想山为人所残，残其所不得不残，而残复为山；水为人所剩，剩其所不得不剩，而剩还为水。山水倔强，仍不失其故我。而试使此山于未凿之先，毫发不动，则亦村中一坵垤已耳，弃之道旁，人谁顾之？又使此山于既凿之后，铲削都尽，如笠簪诸山，行迹不存，与土等埒，弃之道旁，又谁顾之？则世有受摧残之苦，而反得摧残之力者，曹山是也。"

总之，悬崖峭壁的错落有致、奇峰异石的光怪陆离、山水植被的相映成趣以及旷奥交迭的空间变化等构成了中国古采石场的主要形态特征，并为我们今天对于采石废弃地的风景审美识别提供了许多启示与参考。

4.2.2 要素组成与评价标准

1. "悬崖峭壁" 壁立千仞的崇高险峻之美

冲刷与断裂等地质作用形成的天然山体悬崖峭壁是风景审美最为常见的形式，经常用来表现崇高壮美的风景审美观念（图4-5）。国内外的风景画家都敏锐地注意到并致力于表现山水间众多的石面，例如绝壁、石台、石矶等。徐霞客对不同岩石山体的悬崖峭壁有着形象的描述，例如描写武夷山的红色砂岩崖壁为"大藏壁立千仞，崖端穴数孔，……鸡栖岩半有洞，外隘中宏"，描写黄山为"四顾奇峰错列，众壑纵横"等。

（图4-5）

与天然悬崖峭壁相对应，我国采石废弃地经开采形成的崖壁边坡经常表现出相似的形态与面貌。如图4-6所示的台阶式崖壁边坡便与重庆金佛山的天然崖壁台阶以及海滨悬崖极为相似；而图4-7（b）中北京市门头沟区的直壁式崖壁在自然恢复的植被映衬下，更是与金佛山以及太行山嶂石岩地貌①中的垂直崖壁相差无几。加之现代采石废弃地具有较大的空间尺度规模，更是加强了悬崖峭壁的真实感觉。

根据田野调查经验，悬崖峭壁的风景审美价值大小与其高度和坡度大小关系密切，高度与坡度越大，价值越高。对于相同岩石类型和表面肌理的崖壁，高度和坡度越大，给人的视觉感受与空间体验越强烈（图4-8）。从这一点来讲，直壁式崖壁一般强于跌落式和台阶式崖壁，坡度大于70°甚至90°的崖壁要强于坡度小于70°的崖壁。坡度大于70°的直壁式崖壁高度多在

（a） （b） （c）

（图4-6）

（a） （b） （c）

（图4-7）

---

① 嶂石岩地貌分布于太行山局部山区，发育于岩层平缓，质地刚硬，颜色绯红的元古代石英砂岩底层，在水流侵蚀与风化作用下，形成顶平、身陡、棱角明显、整体性强的绵延大壁、复合障谷为主要内容，并发育着方山、石墙、塔柱、排峰、洞穴、崖廊等的奇险造型地貌（郭康，1992）。

图4-5 William Dyce（1806~1864年）作品Pegwell Bay，Kent
（图片来源：网络）
图4-6 重庆金佛山的天然崖壁台阶（a）；爱尔兰莫赫悬崖（b）与某大型采石废弃地的台阶式崖壁边坡（c）
（图片来源：a、b网络）
图4-7 重庆金佛山的金龟朝阳景点的天然崖壁（a）、北京门头沟区石佛村附近采石场形成的人工崖壁（b）与河北石家庄赞皇县嶂石岩地貌风景区内的天然岩石峭壁（c）
（图片来源：a、c网络）

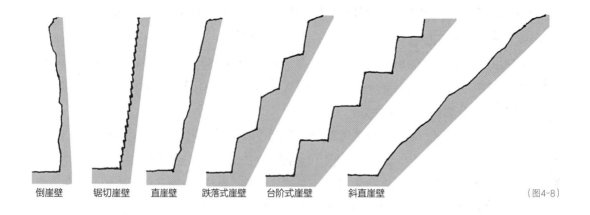

倒崖壁　　锯切崖壁　　直崖壁　　跌落式崖壁　　台阶式崖壁　　斜直崖壁　　　　　　　（图4-8）

30~40m，坡度小于70°的崖壁可以更高，但机械锯切的规格石材矿坑崖壁坡度接近垂直，高度亦可达到50m甚至近百米范围，这与岩体结构稳定程度有关。相比之下，台阶式开采的大型骨料石材矿坑每个台阶高度在20m左右，整个崖壁高度可达百米以上。

2. "孤峰岩柱"平地耸云的挺拔俊秀之美

除了悬崖峭壁之外，我国采石废弃地（尤其骨料石材矿坑）还经常形成四周峭壁围绕的孤立山峰与高耸岩体，本书称之为孤峰岩柱。其形成原因一方面是由于我国采石场多小而零散，相邻采石场之间会形成过渡岩体保留下来；另一方面，围绕孤山四周剥蚀开采之后会剩余中间的山芯，因操作不便而被弃置；再一方面，一些凹陷砂石矿坑为了安置电线杆等设备，也会形成突出的孤岛。与西方大型矿坑比较，孤峰岩柱是我国采石废弃地十分独特的形态特征，并构成了独具特色的风景审美要素组成。

除了峭壁立面斑驳的岩石肌理之外，此类孤峰岩柱峭立挺拔的姿态和空间组合也增加了形式美感。经比较发现，数个孤峰岩柱组合在一起的风景面貌与雅丹地貌①有着许多形似之处。如图4-9所示，废弃不久的贫瘠平台迹地与裸岩山体就像广袤荒漠戈壁中的天然城堡一样壮观奇险，并表现出西部荒野之美的特质。

除了雅丹地貌，不同岩体和开采类型的采石废弃地还能够形成或改造成为其他多种山貌风景类型（表4-1）。例如，一些碎石骨料采石矿区将一定范围内的山体开采殆尽之后同样剩余许多孤峰岩柱，当其地下水蔓延成湖且植被恢复之后，往往会形成类似桂林山水一般"平地涌千峰"和"群峰倒影山浮水"的壮丽风景（图3-38）。因此，孤峰岩柱都因为奇特的空间形态而具有较佳的风景审美价值，而形态的稀缺性是评价其风景审美价值大小的标准之一。

废弃采石矿山：
形态、审美与修复再生

（a）

（b）

（c）

（图4-9）

表4-1   中国重要山貌风景比较

山貌风景名	岩性	成因	风景特点	实例
岩溶	碳酸盐岩	主水溶蚀	峰丛、峰林、陡崖、波立谷	桂林、长江三峡
丹霞	砂砾岩	风化侵蚀溶蚀	顶平身陡麓缓的峰柱或陡崖	丹霞山、武夷山
花岗岩层球状风化	花岗岩、花岗片麻岩	层球状风化	球状或柱状景致	黄山、泰山、华山
广义雅丹	泥、砂、页岩	风砂磨蚀	风蚀城堡、风蚀蘑菇等	新疆乌尔禾魔鬼城

资料来源：陈诗才，2012年。

3. "岩壁肌理"的丰富变化之美

正所谓"远观其势，近观其质"，除了上述残山之"势"的险峻挺拔之外，某些采石废弃地岩壁边坡的肌理之"质"也具有这外显或潜在的风景审美价值。岩壁肌理是在岩体结构、开

---

① 雅丹地貌是一种典型的风蚀性地貌，主要分布在中国新疆和青海西北地区。"雅丹"在维吾尔语中的意思是"具有陡壁的小山包"。

图4-8 不同形式的高耸崖壁边坡断面示意图

图4-9 新疆准噶尔盆地雅丹地貌"魔鬼城"中的天然岩体（a）、河北三河县采石区内形成的人工岩体（b）与山东嘉祥县某采石废弃地形成的石柱山（c）

（图片来源：a 网络）

采方式以及自然风化多重作用下形成的，不同形态特征的岩壁边坡具有不同的风景审美价值大小。首先，肌理清晰、凹凸错落明显并且主次有别的岩壁边坡的风景审美价值普遍较高，一些平滑面状整岩崖壁美景度也较高；其次，肌理不丰富、层次不明显的匀质斑驳状岩壁以及某些平滑面状整岩崖壁的风景审美价值相对较低；再次，大多数松散破碎状的土石边坡以及某些匀质斑驳状岩壁基本不具有明显的风景审美价值。

在上述调研基础上，结合田野调查结果，本书归纳总结出以下一些具有一定风景审美价值的肌理类型（图4-10）。①光滑匀质的面状整岩崖壁：岩面致密无密集节理裂隙，较大坡度与高度者风景审美价值极大（图4-10a）；②层状肌理的面状整岩崖壁：岩体内包含沉积紧实不易分离的分层岩石组分，表面或有轻微的凹凸起伏和稀疏的节理裂隙（图4-10b）；③有等距水平锯切纹理的面状整岩崖壁，其表面平直规整，几何特征明显，岩石组成致密均匀，偶尔出现节理裂隙，角度陡直接近90°，极具高耸挺拔之美（图4-10c）；④岩面平行于节理方向的层状结构崖壁，因局部或整体分层剥落而形成凹凸错落的岩壁肌理，且会局部出现成片的匀质光滑岩面（图4-10d）；⑤岩面垂直于节理方向的层状结构崖壁，层状岩体平均厚度越薄，裸露面越容易风化，其结构稳定性越弱，最终也会形成凹凸错落状崖壁边坡（图4-10e）；⑥岩面与节理方向成一定夹角的层状结构崖壁斜坡，根据岩石特性和岩层厚度会形成多种形态的凹凸错落或斑驳肌理，图4-10f中所示为水平倾斜的层状结构边坡形成的鳞片状风化剥落形态；⑦块状凹凸错落的层状结构崖壁边坡，其层状节理与裂隙发育不成熟，结构稳定性较好，在爆破或凿岩分离技术作用下容易形成匀质斑驳或凹凸错落的崖壁肌理（图4-10g）；⑧凹凸错落的块状结构岩体，节理裂隙发育明显，形态变化丰富并与自然裸露的岩壁形态相近，其多出现在地表开采的崖壁边坡（图4-10h）；⑨地表裸露的黏土崖壁边坡，存在于少数地表土层较厚或土质成分较高的采石坑体或排土场堆体，具有鲜艳的土壤色泽以及雨水浸透形成的长短不一的沟壑裂隙，其坡度一般较为陡峻，具有一定的形式美感（图4-10i）。

通过上述调查可知，线条明晰的层次感、凹凸错落或光滑平整的肌理以及丰富的色彩是判断崖壁边坡风景审美价值大小的主要标准。另外，对崖壁边坡肌理形态特征的判断经常会因观察者距离观看对象的远近而有所差别。对于一些远观不佳的裸露岩壁，当人们走近时其肌理会更加清晰明显，加之光影变幻更加丰富，崖壁更显挺拔险峻，从而使其具有更大的风景审美价值。

4．"植被水体"交融渗透的葱郁润泽之美

无论对于何种风景，植被与水体总是能够增强人们的审美热情，提高审美感知程度，本书对此无需做过多解释。因此，对于以裸露岩壁边坡为主的采石废弃地而言，湖泊池潭与绿色植被确实能够极大地缓解贫瘠矿坑的负面影响。尤其当采石废弃地经过较为充分的自然恢复之后，人为破坏的痕迹减弱，自然侵入的痕迹增强，矿坑和周围环境中的地形植被与水体更好地渗透与融合，同时采石废弃地的视觉破碎化问题较开采之初也得到极大改善。

5．"空间体验"旷奥变化的寻幽探奇之美

本书第2章已经对我国采石废弃地的空间层次做过介绍：尺度小、数量多并且成片集聚的

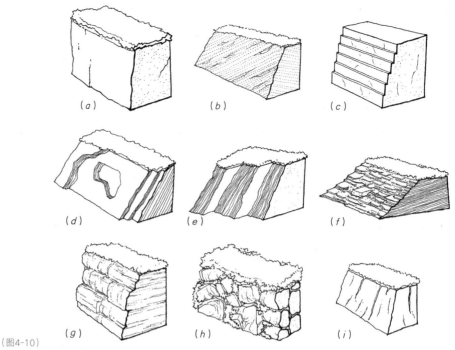

(图4-10)

采石场分布特征导致我国采石废弃地的空间层次比西方同等规模的大型矿坑更为丰富。这不仅体现在宕口群大的空间形态划分，也体现在孤峰岩柱、土石堆体以及偶然性的出露岩体和植被对空间和视线的阻隔。因此，步行在废弃矿山之中往往能够获得如同在山水名胜间忽而曲折通幽、忽而廓然开阔的空间体验。例如在房山青龙湖镇马家地—高家坡北侧采石矿区，笔者首先穿过一火车轨道下面的涵洞（洞内有积水），然后进入一条百余米长的堑道，左侧为崖壁林木，右侧为1m多高的挡墙，接着沿长长的下坡土路进入一个三面山岩环绕的矿坑坑底，从坑底往上看时，数十米高的坡顶正有数人站在高处远眺俯望。可以说，对旷奥空间变化的喜爱与人们寻幽探奇历险[①]的心理诉求有密切关系。

本书基于田野调查归纳总结出16种采石废弃地最基本的空间形态原型（图4-11），这些原型相互组合会形成旷奥变化和层次丰富的空间体验。其中，不同类型的峡谷、深坑、悬崖、堑道、崖壁平台、孤峰岩

---

① 对此，清代启蒙思想家魏源对山岳诸景观因素的作用变化以及人与山水形态之间的感应关系作过辩证的分析："寻幽不惮遥，山深误亦好""奇从险极生，快自艰余获""好奇好险信幽癖，此中况趣谁知之。不深不幽不奥旷，苦极斯乐险斯夷"（谢凝高，1991）。

图4-10　具有风景审美价值的崖壁边坡类型

第4章
采石废弃地风景审美价值识别、评价与发掘

柱与矶岩等因为较为陡峻奇特的空间形态而更具风景审美吸引力。

（1）通道式峡谷空间（图4-11a）：该类坑体空间两侧有绵长高耸的崖壁边坡夹持，两端保持开敞，多出现在位于山谷的带状采石矿区。一般而言，崖壁高度与谷地宽度的比值越大，峡谷越显深幽，人们的空间体验越独特强烈，其风景审美价值也越大。当该比例小于1/4甚至1/5时，高耸逼仄的峡谷的空间体验会转变为开阔谷地的空间体验。

（2）尽端封闭峡谷空间（图4-11b）：该类坑体空间与通道式峡谷空间相似，但其长度较之略短，并在峡谷尽头会有崖壁阻隔，从而形成尽端封闭形式。此类空间较为少见，一般出现在集中较短距离向山体纵深方向挖掘的山坡露天矿坑和部分狭长形的凹陷露天矿坑。

（3）悬崖浅滩峡谷空间（图4-11c）：该类坑体空间一侧为线性高耸崖壁，另一侧是较为低矮平缓的带状山体或斜坡。二者围合出的狭长形浅滩谷地形成封闭而又开敞的空间体验，并可以使人们从浅滩一侧的不同距离与高度欣赏对面的崖壁风景。

（4）平地凹陷深坑空间（图4-11d）：该类坑体空间常见于机械锯切开采的规格石材矿坑以及台阶式开采的大型骨料石材矿坑。前者平面形状以矩形为主，长度在50~100m，深度亦可达50m甚至100m以上，其崖壁接近垂直角度，异常险峻奇特。后者平面形状以椭圆形为主，与大型金属矿坑相近，其尺度可达数百米甚至一公里以上，深度亦可达数百米，其崖壁边坡坡度一般为45°~60°，险峻感较弱但更显恢宏壮阔。

（5）平地凹陷浅坑空间（图4-11e）：该类坑体空间以干枯河滩砂石矿坑以及部分开采较浅的凹陷露天矿坑为主，其坑体面积一般较大，崖壁围合度和遮蔽视角都较低。此类坑体容易形成开阔的湖泊水体空间。

（6）高崖连低坑空间（图4-11f）：这是由山坡开采转为凹陷开采所形成的坑体空间类型，高起的崖壁一直向下延续成为坑体边界，极大丰富了坑体空间要素、崖壁界面和欣赏视角位置。坑体有深有浅，崖壁有高有低，不同组合亦会产生不同空间体验感受。因此，此类坑体较之普通的崖壁平台空间具有更佳的风景审美价值。

（7）单侧线形崖壁平台空间（图4-11g）：该类空间普遍存在于大多数山坡露天矿坑中，尤其是带状群聚的直壁式开拓宕口群。平台一般高出地面10m左右，对外视线开阔，也使得裸露崖壁对于外部环境的视线干扰也较严重。尽管平台区会有一些地形起伏变化，该类坑体空间的风景审美价值大小更多取决于其崖壁形态的美景度。

（8）崖壁台阶通道空间（图4-11h）：该类空间多出现在台阶式开采的山坡或凹陷露天矿坑崖壁中。崖壁台阶10m左右的宽度为人们提供较为局促的通行空间，同时提供一种贴崖临渊的独特空间体验。

（9）台阶式开阔平台空间（图4-11i）：一些骨料或规格石材矿坑会形成若干层不同高度的开阔作业平台，相邻之间以陡坎连接。此空间原型由于缺少高耸的竖向围合要素而显得较为平淡，风景审美价值一般较低，但更适于开展建造活动。

（10）单侧扇形崖壁平台空间（图4-11j）：该类空间多出现在位于山体端头的山坡露天矿坑，崖壁呈倾斜扇面状，对外视线开阔。由于该空间形态围合度较弱，其风景审美价值大小同样取决于崖壁形态的美景度。

（11）半开放崖壁平台空间（图4-11k）：该类空间普遍存在于形态相对独立完整的山坡露天石材矿坑。尽管坑体接近于三面围合，但因为对外开口过大而形成半开放的空间感受。

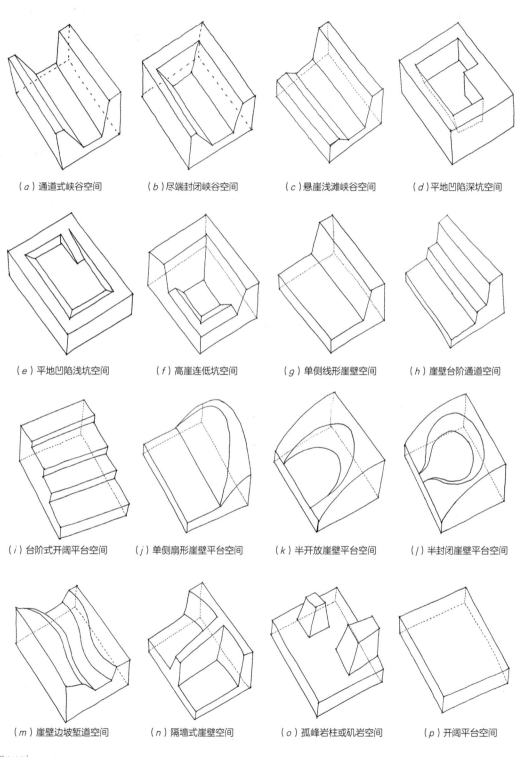

| （a）通道式峡谷空间 | （b）尽端封闭峡谷空间 | （c）悬崖浅滩峡谷空间 | （d）平地凹陷深坑空间 |

| （e）平地凹陷浅坑空间 | （f）高崖连低坑空间 | （g）单侧线形崖壁空间 | （h）崖壁台阶通道空间 |

| （i）台阶式开阔平台空间 | （j）单侧扇形崖壁平台空间 | （k）半开放崖壁平台空间 | （l）半封闭崖壁平台空间 |

| （m）崖壁边坡隧道空间 | （n）隔墙式崖壁空间 | （o）孤峰岩柱或矶岩空间 | （p）开阔平台空间 |

（图4-11）

图4-11　基本空间形态单元类型

（12）半封闭崖壁平台空间（图4-11*l*）：该类空间与上一类型相近，但其对外开口被控制在尽量小的尺度，使坑体接近四面围合，从而形成半封闭的空间体验。较之其他山坡露天矿坑，该空间类型坑体对外界的视觉干扰更小，给人的空间体验也更加独特，从而使其具有更大的潜在风景审美价值。

（13）崖壁边坡堑道空间（图4-11*m*）：该类空间是由较为低矮的线性崖壁边坡或料堆边坡夹持形成的近似堑道形态，其经常出现在地形高低起伏的平台迹地范围内，为人们在采石废弃地中的游走体验增加诸多空间层次。

（14）隔墙式崖壁空间（图4-11*n*）：该类空间是当相邻两个坑体经过挖掘在中间形成一堵挡墙式的线性崖壁时所产生的。崖壁阻挡了坑体之间的视线，增加了空间层次，并为独特风景的营造提供了可能。

（15）孤峰岩柱与矶岩空间（图4-11*o*）：该类空间主要表现为开阔平台或凹凸起伏场地中耸立着陡峭巍峨的挺拔孤峰、岩柱或者矶岩。孤峰岩柱四面陡直，矶岩体量更大，除一两面为陡直崖壁之余还会与邻近山体连接形成平缓高岗或斜坡。这些岩体要素可以很好地避免空间单调乏味和增加空间层次，具有较高的风景审美价值。

（16）开阔平台空间（图4-11*p*）：该类空间是极少数山坡露天矿坑将整个山体铲除之后所形成的，由于缺少剧烈的地形变化和高起的崖壁岩体而会显得较为单调，因此其风景审美价值一般较低。

每一处采石废弃地由上文所述空间原型构成不同空间组合，人们在其中游走将获得多种多样的空间感受。那么如何较为客观地对其空间层次进行评价？

空间的主要属性包括尺度与围合度：尺度决定了空间的大小，围合度决定了空间的开放与封闭程度。本书所研究的采石矿场都为露天开采，其空间组成都缺少顶面围合，而是以天空为盖[①]。所以，通过平面、立面、断面以及透视图等方式可以大致表现出特定矿坑空间的基本特征。基于空间是由三维界面围合而成，本书尝试利用场地的平面几何图式对其进行描述，并根据其围合所成空间的数量、体量和组合方式来实现空间层次的量度。

以图4-12为例，空间围合边界的选择以实现空间内各点之间通透无遮挡为原则，因此单个空间应当可以抽象为向外膨胀且几乎无内凹的饱和球体。在图示表达中，实体界面以实线表示，非实体界面（例如开敞面）以虚线表示。在无完全隔离的不同空间体之间会相互渗透与重叠。综合平面与断面图示，可以获得某场地空间的数量、大致体量及其组合关系。

上述方法是否能够有效反映采石场地的空间层次？为此，笔者分别对空间形态逐渐复杂的三组凹陷露天与山坡露天骨料石材矿场进行图示分析与量度表达（图4-13），结果发现伴随着场地形态的异化与分隔界面的增多，采石矿坑的空间数量增多、大小变化增强，其空间层次逐渐增强。同时，该试验也证明了上述方法的有效性。

在图示表达过程中，平面表达中阻隔与围合界面的选择标准可以根据空间表达的精细程度进行变化：如果仅表现整体的空间结构，那么阻隔界面的高度选择可以在10m甚至20m以上，这一情况仅将一些主要的崖壁边坡和坑体包括在内；如果要表现非常完整与精准的空间结构，那么界面高度可以选择为5m甚至2m，即以导致视线阻隔为标准，这一情况则将一些小型出露

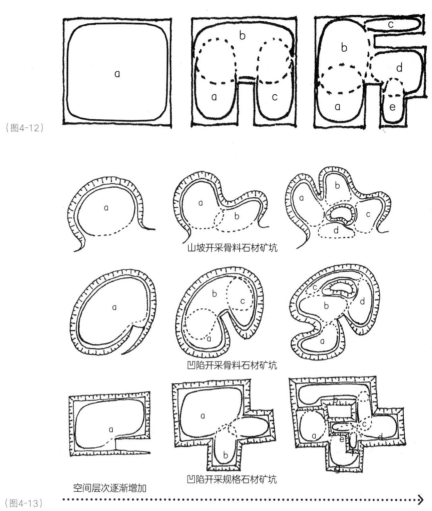

(图4-12)

山坡开采骨料石材矿坑

凹陷开采骨料石材矿坑

空间层次逐渐增加

凹陷开采规格石材矿坑

(图4-13)

岩体、机械构筑和料石堆体等也包括在内。

综上所述，崇高险峻的悬崖峭壁、挺拔俊秀的孤峰岩柱、丰富变化的岩壁肌理、葱郁润泽的植被水体以及旷奥变化的空间体验共同构成了采石废弃地外显或潜藏的风景审美价值要素。一般而言，物质空间形态特征的独特性与稀缺性决定了采石废弃地风景审美价值的大小。崖壁边坡的高度与坡度、孤峰岩柱的独特形态、崖壁肌理的层次感与丰富性、植被水体的多少以及空间层次的大小则构成了对其价值大小进行评价的具体标准。而对于同一处废弃地，旁观与身受的不同形式或者视点距离的远近所获得的审美体验也会有所不同。

---

① 因为地下采石矿场不在本书研究范围，所以巷道、硐穴等有顶面围合的封闭空间不包括在内。

4.2.3　获得途径

人们为何会对一些采石废弃地产生风景审美的感知体验？本书认为包括以下几个获得途径：

1．生物学本能构成了采石废弃地风景审美的先天性基础

采石废弃地的一些风景审美识别规律可以通过生物学及心理学层面的理论原理予以解读：

首先，人类对于植被水体、岩壁洞穴及开阔视野具有本能的审美偏好。英国地理学家阿普尔顿（Jay Appleton）在其《感受风景》一书中，基于达尔文的自然选择和进化论学说提出了"栖息地"（Habitat）理论[①]和"瞭望庇护"（Prospect-Refuge）理论[②]。根据这两个理论，在类人猿进化成为人类的演进过程中，出于生存需要多喜欢选择居住在林木茂盛、水源充沛、方便掩蔽同时又视野开阔的地方，例如森林草原边缘地带以及岩石洞穴等。这一栖息地选择的实用功能原则经过漫长的积累如今已成为人类潜意识、先天性的环境感知方式，这也在一定程度上解释了人们为何会欣赏采石废弃地中悬崖峭壁、洞穴、植被、水体等要素。

其次，具有新奇陌生感与独特性的悬崖峭壁和孤峰岩柱等采石废弃地风景更容易激发人们的审美体验。这一现象可以利用美国环境心理学家开普勒夫妇（Kaplan）1980年前后提出的"风景信息审美模型"（Landscape Reference Model）来解释。该理论认为风景的可解性（making sense）与可参与性（involvement）影响着人对风景的审美评判。风景的可解性表现为风景的结构的可把握性和对风景认知的明晰性；风景的可参与性表现在风景的可索性、挑战性及具有新的信息的潜在可能性。如表4-2所示，不同寻常的事物将会增加风景的神秘性，从而激起人们探索新的信息的本能冲动。

另据李泽厚（2001）的解释，"因为人的生理感官容易疲劳，所以需要……新鲜活泼的刺激，才会有继续生存、活动的生命力。新的刺激使感知得到延长，甚至紧张，从而使知觉专注于对象，不至于因'习以为常'而'视而不见'"。这也解释了为何风景区里的居民不会留意身边美景，同样采石矿场工人对于身边奇特雄伟的峭壁也多习以为常。19世纪教育学家赫尔巴特（J. F. Herbart）的形式主义美学也证实了与旧经验有联系又差异的新经验最易产生审美愉快。综合以上观点，上文提及的悬崖峭壁、孤峰岩柱等采石废弃地形态要素正是因为形成了此种"似曾相识"而又新奇陌生的审美性，所以才激发起人们的审美愉悦体验。

表4-2 风景信息审美模型（Kaplan）

	可解性	可参与性
二维画面	一致性	复杂性
三维空间	可识性	神秘性

资料来源：俞孔坚，1988。

再次，适度的丰富多样性能够促进人们的风景审美体验，而过度的杂乱破碎化则会降低风景的审美价值。这一现象在本书的社会问卷调查中有着充分的体现：一方面，包含更多植被水

体要素，抑或凹凸错落层次更多的矿坑得分更高，相反要素单调且无太多变化的矿坑得分一般较低，体现了适度的丰富多样性的审美作用；另一方面，如果废弃地景观面貌变化过于丰富以至于要素杂乱无章，结构不清晰，抑或同一要素（如岩壁、碎石堆）过于零散且支离破碎，其得分普遍较低。因此可推断，那些具有一定的丰富多样性、主次分明而又结构清晰并且没有破碎杂乱要素干扰的采石废弃地景场所有着更高的风景审美价值。

同样，上述审美识别规律仍然可以用开普勒的"风景信息审美模型"来解释。一方面，可解性反映在二维画面与三位空间的风景审美特征表现为"一致性"（或可组织性）与"可识性"。根据开普勒的观点，人们接收处理信息的能力有限，如果风景内容太杂乱，各种信息之间缺乏联系，即一致性差，那么该场景就不容易被理解，其风景质量也相应较低；同样，深入风景之中的人们也必须能够清楚其所在方位和感到安全才能更好地欣赏风景。而另一方面，对于组成过于单一的风景，虽然其可解性很好，但会使人感到已没有新的信息可探索，即可参与性（可索性）差，从而导致风景质量也会较低，因此需要适度地增加风景的可参与性，而这反映在二维画面与三维空间的风景审美特征便表现为"复杂性"（或多样性、丰富性）与"神秘性"。根据上述开普勒的理论，布朗等人在1979年提出了用于大面积国土景观审美质量的实用评价模型，总结出风景空间内部地形的丰富性和内部地势的高度对比，与风景的可参与性有正相关作用。地势相对较高的风景，山崖陡峻和地形复杂的风景会具有较高的美学质量。这在一定程度上也证明了采石废弃地独特而变化剧烈的地形条件对于提高风景审美质量的积极作用。

2．文化基因构成了采石废弃地风景审美的后天影响

根据朗格关于审美的文化决定论观点，特定时间与地区人们的审美行为受到主流社会文化意识的普遍影响。这种意识通过语言、图像与行为等后天性的文化途径逐渐浸染而成。基于此，如今采石废弃地所处的公众审美状况就跟不久以前甚至现在的古村落与地域建筑一样，并未得到大多数社会公众的审美认可。一方面，社会主流的生态环境保护意识导致人们对于目前无节制采石行为的负面印象；另一方面，出于危险、偏远等种种原因，多数人普遍对采石废弃地缺乏充分的了解，而这些便造成上文所述风景审美价值未能被主流社会文化意识发现识别的尴尬境遇。

3．个人艺术修养会促进采石废弃风景审美价值的识别

在社会文化意识的普遍影响作用之下，不同人之间依然存在明显的审美差异，而这与每个人的生活背景、价值取向与知识构成等因素相关。一般而言，许多建筑与风景园林专业的资深

---

① 栖息地理论认为，人类在进化过程中形成了特定的环境感知能力和栖息地选择方式，当其发展到高级阶段的时候，栖息地选择的实用功能原则开始削弱，满足人类生存所需的环境实体逐渐符号化为"有意味"的风景形式，而对特定有利生存环境的感知能力则部分转变为对应自然风景的审美满足。

② 瞭望庇护理论在栖息地理论基础上形成，是指人在选择所处环境时总是偏爱兼具瞭望和庇护特征的场所，从而满足其"能够看到别人，同时又不被别人看到"的心理本能和潜意识。

设计师对于采石废弃地风景审美价值具有更加明显突出的识别能力。我们暂且可以认为，个人艺术修养的加强有助于提高人们关于采石废弃地风景审美价值的识别。

综上所述，采石废弃地的风景审美价值识别途径可以从生物学、文化与个人三个层面进行解释。针对审美客体而言，一些符合生物学审美规律的采石废弃地场景更容易获得审美认知，例如包含植被水体、新奇独特的形态、主次分明的结构以及没有过多破碎冗余要素等等。针对审美主体而言，加强个人艺术修养可以帮助突破社会文化意识的束缚而更容易获得审美感知。

4.3　风景园林营造的风景审美价值发掘

风景审美是风景园林学科最为传统与核心的关注对象，古往今来人们造园的重要目的之一便是为了欣赏优美的自然风景。本节对风景园林营造中的风景审美价值发掘进行简要概述，是为下一节采石废弃地修复改造实践中的风景审美价值发掘案例研究做铺垫。

4.3.1　发展概况

古今中外的风景园林营造多与有关自然风景审美的绘画诗歌艺术密切相关。在中国，古典园林的形成发展受到山水画、山水诗的极大影响，而其中艺术成就最为突出的文人园很多便是由诗人画家设计完成；西方同样如此，英国自然风景园的出现直接来源于欧洲风景绘画的兴盛，而包括布里奇曼、肯特、布朗、钱伯斯以及雷普顿在内的造园大师也多半是画师出身；另外，旨在保护和欣赏美国荒野风景资源的国家公园制度的产生也与哈德逊河画派以及亨利·梭罗和约翰·缪尔等人的自然文学作品有着密切的关系。从这些绘画诗歌中提取而来的风景审美思想与形式语言一直以来都是风景园林师遵循的最为重要的营造法则。

中国古人对于山水自然的欣赏与向往不仅孕育了"壶中山水"的古典园林艺术，而且对于指导风景名胜营造也起到重要作用。谢灵运隐居始宁（今浙江上虞）时，利用其风景审美意识开拓建设了相当规模的自然风景区——"经始山川"。通过分析山水风景特色，他因山就势，布置建筑和游览路线，"选自然之神丽，尽高栖之意得"，充分体现了山水美学思想的指导作用。与此同时，许多直接从事建造的能工巧匠，以其精湛的技艺创造出佛寺、道观、别墅精舍、摩崖石刻、石窟造像、壁画雕塑等丰富多彩的山水文化。从真山真水中获得的审美体验也被古人用于庭院花园营造之中。山石水体要素的组织无不遵循它们在自然界中的组织方式与存在规律。

英国自然风景园大师们以画家的眼光审视自然并对其进行符合如绘式审美标准的改造。自由起伏的地形、团簇分布的植被、曲线柔美的湖泊、点景的神庙与雕塑以及创造出神秘鬼魅色彩的岩穴洞窟与瀑布深潭等要素构成了自然风景园营造的常见手法。英国自然风景园设计手法伴随浪漫主义思潮及城市美化运动在欧美国家乃至全球范围内迅速传播开来，成为19世纪以来公共园林的主要营造方式。

4.3.2 一般原则与方法

基于风景审美价值的风景园林营造伴随实践形成了许多介绍其营造方法的著作，例如中国明代计成的《园冶》、日本的《作庭记》以及英国雷普顿的《风景花园理论与实践》（*Theory and Practice of Landscape Gardening*）等等。这些著作介绍了不同社会文化背景下的造园思想与技术方法，虽然其内容有巨大差异，但依然能够从中总结出一些共同的基于风景审美的风景园林营造方法与规律。

首先，基于风景审美的风景园林营造一般多采取非对称几何形状的自然式语言。这与原始自然少有直线有关，当然本书并非因此否定和排除直线几何式园林的风景审美价值。按照自然式的基本美学原则，此类风景园林营造多采取动态均衡的构图方式，追求步移景异的令人愉悦的视觉感知。"巧于因借，精在体宜"，风景园林师需要充分利用场地原有风景资源，并因地制宜进行地形植被与构筑的营造。

其次，基于风景审美的风景园林营造非常注重自由变化的空间组织，并通过安排游览路径形成丰富的空间序列体验。欲扬先抑、小中见大、封闭与开放等是常见的造景方式，而对尺度、体量、距离与节奏等要素的控制把握更是影响到舒适、紧张抑或优美、崇高等场所气氛的创造。

最后，基于风景审美的风景园林营造擅于利用植被、山石、水体创造出丰富的自然风景。种植设计是园林营造的重点内容，不仅致力于运用植物营造空间，而且着重表现植物的形态与色彩。山石是风景式造园的常见要素，并以群组假山、湖岸、洞穴、登山道、点景石等多种形式存在，对活跃风景气氛起到重要作用。水体毋庸置疑是风景营造的关键因素，并有溪流、瀑布、湖泊、池潭等形式。这些要素的使用为人们创造出贴近自然的审美体验。

4.4 采石废弃地修复改造实践中的风景审美价值发掘

在人类修复改造采石废弃地的历史上，基于风景审美价值发掘的改造再利用方式较之土地复垦与生态修复等类型似乎有着更为悠久的历史。如第3章所述，古代中国江浙地区开山采石形成的宕口群很早便成为文人墨客寄情山水的风景名胜，同时也成为寺庙道观的选址场地之一。例如浙江四大石佛中，柯岩石佛（唐代）与羊山石佛（隋文帝开皇年间，581~600年）都是在采石形成的硕大孤岩基础上雕刻而成。由此可见，隋唐年间，这些古采石场便已开始成为人们烧香拜佛、游玩赏景的好去处。同样在西方社会，"一些私人土地所有者在他们自己土地上进行采矿活动时会精心安排将来作为农田或其他类型的土地用途。19世纪，庄园主在庄园内开采石材建造房子并常将遗留矿坑改造为岩石花园。

在本书收集的国内外风景园林途径的采石废弃地修复改造再利用案例中，不乏一些案例对其废弃场地内外显或隐藏的风景审美价值进行了发掘。

4.4.1　法国巴黎肖蒙山公园

1．项目概况

肖蒙山公园（Parc des Buttes-Chaumont）作为西方世界较早将废弃采石矿坑改造为城市公园的经典案例，在风景园林学的近现代城市公园发展史中亦扮演着重要角色（图4-14）。19世纪中叶，该场地位于巴黎市东北郊区，曾作为刑场、石膏矿场和垃圾场。1862年，在奥斯曼巴黎改造美化运动过程中，这一面积24.7hm²的废弃采石场被巴黎市政府购买并计划改造为服务于当时周边工人阶级社区的公园。1864年，该公园开始建造，并于1867年4月1日作为巴黎万国博览会的参展项目建成开放。

当时的法国正经历着如火如荼的现代工业革命。面临政治活动的风起云涌、社会经济的日新月异以及城市生活环境的急剧恶化，拿破仑三世时期开展了规模巨大的巴黎改造运动，希望借此维持社会秩序、展现政府职能，并希望通过清理贫民窟和引入"绿肺"净化城市空气、美化城市景观。因此，可以说肖蒙山公园是在中央集权体制中自上而下完成的采石废弃地改造再利用实践。对比之下，如今我国快速城市化进程中，各地政府面临着严峻的社会经济与自然环境问题。通过政府和部分市场力量自上而下进行产业调整、环境整治与生态重建已成为我国采石废弃地改造项目的主要背景与运作方式，这与肖蒙山项目有着相似之

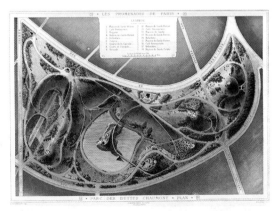

废弃采石矿山：
形态、审美与修复再生
（图4-14）

处。此外，肖蒙山公园改造之前作为一废弃场地的区位条件、尺度规模及矿坑形态等诸多方面与我国目前采石废弃地也有相似之处。因此，肖蒙山公园改造案例对于我国目前采石废弃地的公园改造实践具有重要的借鉴意义。

就设计风格而言，肖蒙山公园明显受到英国如绘式自然风景园流派的影响。主持设计师亚道夫·阿尔方德（Adolphe Alphand）在主持建造了巴黎另外两个大型城市公园[布洛涅森林公园（Bois de Boulogne）与文森森林公园（Bois de Vincennes）]之后开始投入肖蒙山公园的建设。其中的自然地形、蜿蜒园路甚至神庙景亭[1]等造景元素都明显承袭了前两个公园的经验，而肖蒙山因采石形成的独特地形则促使形成了高耸的崖壁、幽深的洞穴以及壮观的索桥等景点，从而使其成为一个更加富有浪漫主义色彩的园林作品。如今，肖蒙山公园以其迷人的自然风景、变化的地形、茂盛的植被和丰富的生物多样性而赢得市民的喜爱。另外，肖蒙山公园改造项目应用新的工业材料与工业技术创造一个如绘式自然风景园风格的城市公园，恰当地表达了万国博览会"艺术与工业"的主题，并塑造了工业化与自然体验过程之间的奇妙关系。

2．风景营造方法

在工业革命技术进步以及英国如绘式自然风景园流派的综合影响下，肖蒙山公园的风景营造主要体现在地形塑造、人工造景和材料运用三个方面。

（1）"重塑"式的地形处理

地形塑造是肖蒙山公园建设的重要内容，也是土方施工的主要难点。设计师对原有地形进行了较大规模的重新整理与塑造。阿尔方德在他记录自己所主持巴黎改造工程的著作《巴黎大道》（*Les Promenades de Paris*）中这样写道："公园建设之前，场地内贯穿着环形的铁路轨道和费萨德街（street fessard），满眼是灰蒙蒙的干枯山体和开挖的矿坑。（图4-15）"该书还刊印了一张地形图，公园建设前后的等高线用不同颜色线条叠加在一起[2]。

（图4-15）

---

[1] 例如建造于1855~1866年的文森森林公园中多梅尼勒湖畔（Lac Daumesnil）的爱情神庙（The Temple of Love）与肖蒙山公园的西比勒神庙（the Temple de la Sibylle）形制几乎完全相同。
[2] 阿尔方德利用他在1838~1843年在皇家桥路学院（ÉcoleRoyale des Ponts et Chaussées）学习到的土地测量与调查技术首先对修复前的25hm²矿坑绘制了等高线地形图。

图4-14 肖蒙山公园平面图
（图片来源：Alphand，1867年）
图4-15 肖蒙山公园改造过程照片
（图片来源：网络）

通过对比发现，肖蒙山公园的地形处理包括了破除、雕琢、填埋与覆盖等多重技术手段。
首先，湖中山体在改造前与南部地形连为一个整体而呈现半岛形态，改造将山体部分破除从中
断开，并通过一个22m高的砖石拱桥将其与南侧山坡连接；其次，使用蒸汽动力机器与爆破
技术对数十米高的湖中山体进一步切削与雕琢，增大四周崖壁的坡度使其更显峭直；再次，面
对场地内贫瘠的裸露岩体，设计师专门修建了一条铁路线运来大约20万m³的表层种植土进行
周围起伏地形的覆盖塑造，从而为植被恢复奠定条件。基于图纸发现，改建前场地的最低高程
由46m提高到湖底高程的57.4m，最大高程由99m提高到105m。肖蒙山公园恐怕是人类第一
次面对采石废弃山体的大规模园林营造活动。整个地形处理工程花费两年时间，大约1000名
工人参与进来，所花费用（2465769法郎）占了总投资（3422620法郎）的很大比例。

　　肖蒙山公园的地形塑造融合了加法与减法，可以称其为"重塑"的地形处理方式：减法主
要为崖壁的雕琢，加法主要表现在柔缓起伏的地形塑造。通过图4-16中五组改造前后的剖断
线比较可以发现，阿尔方德利用重塑方式极大地加剧了场地地形的高差变化。这不仅体现在对

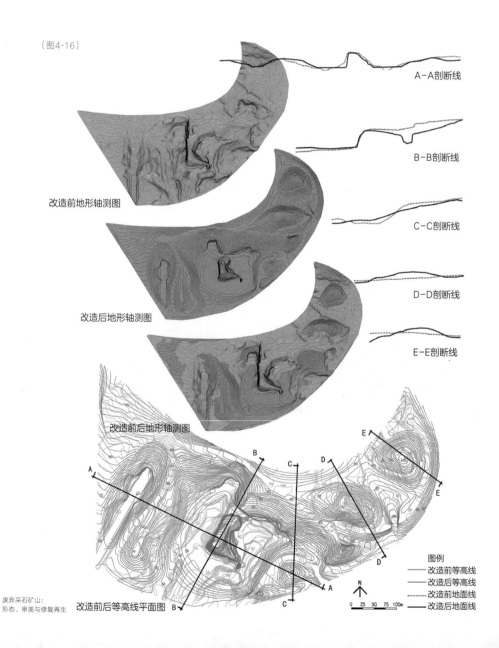

（图4-16）

A-A剖断线

B-B剖断线

改造前地形轴测图

C-C剖断线

D-D剖断线

改造后地形轴测图

E-E剖断线

改造前后地形轴测图

图例
—— 改造前等高线
—— 改造后等高线
‥‥‥ 改造前地面线
—— 改造后地面线

N

0　25　50　75　100m

改造前后等高线平面图

废弃采石矿山：
形态、审美与修复再生

中心半岛的割裂上，也体现在东部若干人造山丘的塑造上，而这些山体改造前后降低和抬高的幅度一般都在10m左右。

（2）如绘式造景

如绘式造景是指按照17~18世纪法国古典主义以及英国浪漫主义风景绘画中所描绘的场景进行园林营造。这在肖蒙山公园建设中也得到充分的体现。建造在湖中山峰顶端的名为西比勒神庙（The Temple de la Sibylle）的观景亭是如绘式造景的典型手法。该景观亭位于高出水面50m的陡峭崖壁上，成为整个公园的制高点与视线焦点，而其灵感则源自普遍存在于浪漫主义绘画中的意大利蒂沃利维斯塔神庙（the Temple of Vesta）。维斯塔神庙是18~19世纪许多风景绘画的表现主题，在画面中通常高踞在陡峭山崖的顶峰（如图4-17所示），而山脚下便是幽深的洞窟和激荡的瀑布流水。于是，设计师一方面对山体崖壁立面进行了精心的雕琢，并环绕崖壁表面穿洞架桥地布置了173步登山台阶，从而创造出不同寻常的风景体验；另一方面还基于开采石膏矿形成的人工洞穴营造出充满梦幻色彩的洞窟风景，包括人工钟乳石与石笋装扮的石壁以及从附近乌尔克河抽水入湖而形成的瀑布溪流景致。此外，位于山峰两端的63m长的吊桥和22m高的砖拱桥在组织交通的同时也起到了重要的造景作用。在公园其他区域，设计师主要运用自由起伏的缓坡草地与林地要素形成自然风景园的典型特征，并在其中点缀着富有乡村情调的荷兰小屋、山石跌瀑与溪流景观。

（图4-17）

图4-16 肖蒙山公园地形重塑示意图
（图片来源：吴乐 绘）

图4-17 蒂沃利的维斯塔神庙
作者Christian Dietrich，1750年
（图片来源：网络）

与其他自然风景园相比，肖蒙山公园的如绘风景营造更加接近风景绘画中所描绘的优美兼具崇高的审美氛围。这与其采石形成的剧烈地形变化有着密切关系。结合19世纪的其他一些采石废弃地园林改造案例可发现剧烈的竖向变化、陡峭的崖壁等地形基础使得采石废弃场地更加有利于如绘式风景的营造。

（3）材料与技术创新

在肖蒙山公园建设过程中，阿尔方德成功应用了近代工业革命产生的一些新技术和新材料，使该公园取得园林工程方面的诸多创新。例如，使用铸铁材料煤气路灯以及碎石路面铺砌技术，使用水泵形成人工瀑布，使用新的栽植与灌溉设备以及开始使用温室培育外来植物。

当然，建设过程中使用的最为重要的新材料是波特兰水泥制作的混凝土，其在该公园建设中有三种主要用途：一是用作不透水的溪流和湖底材料；二是装饰水泥材料；三是仿木质的钢筋混凝土[①]。石灰石的多孔结构使其场地很难通过开挖和填埋处理创造水体景观。基于经验，阿尔方德使用不透水混凝土材料作为池底，从而解决了这一问题。装饰水泥出现在18世纪中后期，可用作替代石材的墙体防护材料。阿尔方德首次将其应用在园林建造中，而其使用的装饰水泥于1824年在巴黎出现，并在1850年代被广泛使用。工匠Hilaire Muzard使用这一材料制作了许多模仿自然和乡村风情的园林构筑，例如仿木质的栏杆扶手和遮雨棚等。此外，建造者还结合铸模混凝土仿造了一些天然岩石材料，例如石板铺地、裂隙的坠石、地下岩石隧道以及形成石贝壳装饰物等。这些混凝土材料的大量使用，使得肖蒙山公园形成一种"工程式的如绘风景"，也旨在通过发掘新材料美学价值来引领公众审美意识。

综上所述，肖蒙山公园不仅因为其成功的如绘式风景营造而至今大受赞誉，更因其作为人类第一次针对采石废弃地的大规模风景园林改造而意义非凡。

4.4.2 法国喀桑采石场高速公路景观改造

1. 项目概况

法国A. 837号高速公路（Autoroute A.837）经过法国西部罗什福尔（Rochefort）附近的喀桑（Crazannes）休耕区，而其中很长一段穿越了大片废弃的喀桑旧采石场。该地区采石历史可追溯到高卢人的古罗马殖民化时期，石材曾是当地重要的贸易和出口产品，并曾为科隆大教堂、德国凯旋门、圣玛丽修道院等重要建筑提供石料。在公路施工之前，这些旧采石场多已被碎石土堆及荒草植被湮没，形成坑坑洼洼的荒地，并偶尔有岩壁洞穴暴露在外面，暗示着这里曾经发生过什么事情（图4-18）。法国南部高速公路公司（Autoroutes du Sud de la France，ASF Group）通过调研，决定开采露出地面的石灰石层，以提取公路建设所需的混凝土材料，同时将公路通道嵌在采石废墟之中，从而形成一条几米高的带状豁口。

著名艺术家与风景园林师贝尔纳·拉絮斯（Bernard Lassus）作为法国公建及住房部公路局的公路景观政策顾问，参与了A. 837号高速公路休息区选址及沿线景观规划设计工作。拉絮斯率领的景观设计师同地方公路局的施工人员通力合作，对现场的人文、历史、自然、地理条件作了大量调研工作，并将公路建设与景观设计施工的全过程融为一体。其中，在该高速公路与19号支线交汇地段，拉絮斯对公路两侧暴露出来的采石场地进行了精致的风景营造，从而使本已湮没的采石废墟转变成奇妙迷人的谷地式岩壁景观，创造出令人耳目一新的行车体验（图4-19）。

　　该段路程总长约3km，如果车辆以100km/h速度驶过该地段，时间大约为2min。于是，该项目以人们在高速公路上快速运动状态下的景观感知作为设计的出发点，并将设计的重点放在景观中视觉节奏感的创造上。整个地段由北向南分成"罗什福尔湾""罗石尔采石场"和

（图4-18）

（图4-19）

① 钢筋混凝土用作制作仿木质的栏杆扶手等，表面的木纹材质可以通过模具制成，这种材质已成为阿尔方德商标（Alphand trademark），反复出现在博览会的许多地方。

图4-18　喀桑旧采石场开通公路前原貌
（图片来源：Michel Conan，2004）
图4-19　喀桑旧采石场高速公路景观改造后的风景
（图片来源：Michel Conan，2004）

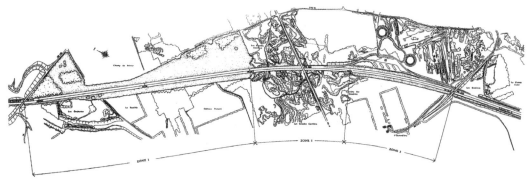

（图4-20）

"桑特狭沟"三个部分（图4-20）。两端部分以水平伸展的石崖带为这段意外体验提供暗示，中间部分是由凹凸错落、跌宕起伏的岩壁洞穴构成的核心地段。在南段桑特狭沟，拉絮斯于靠近休息站规划设计了一处深入喀桑采石废墟深处的漫步场所；他建议向游客开放采石遗迹以展示附近城镇和港口的悠久历史以及其在欧洲商业活动中曾经发挥过的重要作用，但该计划后来未被采纳实施。因此，项目的重点最终集中在公路沿线景观的营造上。

拉絮斯认为公路景观的营造应该帮助行人感觉到道路穿过这片区域不是一种强制野蛮的侵入，而是非常自然和理所当然的结果，并能够与周围环境发生对话。为此，他曾写道："我们必须避免做任何强行穿越此地的事情，因为我们的观念不是穿越此地和弄伤它，是为了发现而横越。"在这一理念指导下，拉絮斯于1994年12月递交了穿越喀桑采石场的公路景观美化方案。该方案没有采取常规的修建堤坝方式，而是设法将与公路正交的侧面岩石层显现出来，并对其进行适当的处理，从而创造出空间光影变化丰富的岩石风景。该工程从1994年年末开始一直持续到1996年2月才基本结束。

2．风景营造方法

2004年，法国学者、美国哈佛大学敦巴顿橡树园园林与景观研究部主任米歇尔·柯南（Michel Conan）出版了著作《穿越岩石景观——贝尔纳·拉絮斯的景观言说方式》（*The Crazannes Quarries by Bernard Lassus: An Essay Analyzing the Creation of a Landscape*），专门对该项目设计实施过程与拉絮斯的风景园林设计思想进行了详细深入的介绍。结合米歇尔的评析，本书归纳总结了该项目对采石废弃地风景营造带来的启示，包括以下几点内容：

（1）强调感官体验与场所精神，追求文化的异质性

作为一名艺术家，拉絮斯一直关注艺术的社会功能。受梅洛-庞蒂现象学的影响，他坚信艺术创造的含义只有通过使用者的交互感知才能呈现出来。因此，拉絮斯在休息站散步场所的概念方案中充分调动游客在布满蕨类植物的矿坑废墟中的视觉与触觉体验（图4-21），而这与

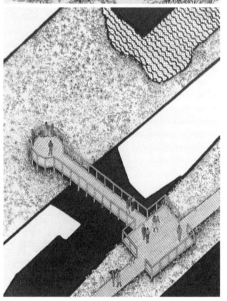

（图4-21）

汽车在运动中的体验是完全不同的。同样在公路两侧岩石层的处理过程中，拉絮斯基于梅洛-庞蒂的身体理论[1]以及格式塔心理学的分组组合现象[2]，在工人手工与机械帮助下对岩石组合进行精心的安排，使人们身处道路之中获得整体性的空间体验。例如，罗石尔采石场内许多各不相同的大型岩层——它们的垂直朝向不同，有的覆盖着植被，有的则没有——基部的水平岩层进行着一种对话，而这些岩层又与罗什福尔湾内长距离的水平岩层编织出一条纽带。

应当说，拉絮斯对喀桑采石场高速公路段景观如此独具特色的岩石风景营造与其对异质性文化的追求有密切关系，柯南将之描述为"杂岩（the Hétérodite）"的艺术途径。受米歇尔·福柯的异质性空间与异托邦思想[3]的影响，拉絮斯在该项目中追求一种文化多样性与风景异质性。文化多样性存在于当地居民与外来游客等人们对于场地不同的场所感知与文化态度。为此，本设计的关键是寻找出场地任何留存至今的历史痕迹，认识这些历史沉淀下来的文化差异，并力求传达出这些相互遮蔽场所中的景观多样性，将其往昔痕迹中点点滴滴的特征再次呈现出来。这使其有点像考古发掘，但不同于工业考古学寻求保持和展现采石场原始组织的所有残存遗迹以及试图发现古今的场地差异，拉絮斯"竭力想使过去文明遗留下来的痕迹变得可感知，致力于唤醒神秘而富有魅力的过去"。

---

① 梅洛-庞蒂认为，身体是我们在这个世界得以存在的中介。由于身体是能动的，也在世界之中活动，在世界之中落脚，在世界之中给自己以方向，所以身体给予我们人类所经验的世界以意义；身体是使世界向我们的意识开放的原始条件（普里莫兹克，2003）。
② 拉絮斯的术语"公分母机制"（mechanisms of common denominators）类似于格式塔心理学的分组、组合现象，这些具有相同特征的岩层创建其同质分组，形成了有意义的整体或者格式塔而呈现在人们面前。（米歇尔·柯南，2006）格式塔的分组组合现象是指具有相同形态的不同对象能够形成视觉心理上的连贯性，而使它们成为一个整体。
③ 异托邦（Hétérotopia）这一术语出自福柯《另类空间》。通过对人居空间多样性的观察报告，福柯批评了现代主义者采取中立态度将空间简化为几何表达和单一功能的乌托邦式的规划。他强调了空间的异质性与文化的多样性，认为异托邦有可能通过互不兼容的社会关系将不同场所并置在一起，这些场所同时进行着表现、竞争和转化，而其现有文化和先前文化之间的"脐带"并不被割断（米歇尔·柯南，2006）。

图4-20 喀桑旧采石场高速公路景观改造总平面布局
（图片来源：Michel Conan，2004）
图4-21 休息站采石废墟中的散步空间方案
（图片来源：Michel Conan，2004）

（2）基于现场互动与身体接触式的动态造景方式

一般来说，采石废弃地地形异常复杂，加之岩石风化碎裂和乱石杂草弥漫，因此风景园林师很难迅速获得准确的场地信息和形成精确的设计图纸。加之场地原有岩石崖壁都处于遮蔽状态，因此拉絮斯及其团队在该项目中采取的是一种基于现场互动与身体接触式的动态造景方式。场地内有价值的岩石洞体伴随着荒草植被以及碎石风化层的清理而不断被"发现"出来。米歇尔根据时刻变动的场地条件不停调整着设计草图（图4-22），并根据现场施工人员通过铲车、铁锹形成的"身体性接触"来最终决定对于具体岩体的处理方式：摧毁还是巩固、改良还是按原样保持、削低还是增高。其草图经常有一些实用的符号和文字：清除、加深、清除抬升、水平对称、重组抬升、制造起伏和加大景深等。同时，负责具体操作的工程师和机械驾驶员也利用他们的双手、视觉和思想发挥着重要作用，他们围绕拉絮斯周围"建立起一个共同合作的整体，并调动起一股相当大的探索感性世界的行动力量"。

该项目建立在与自然对话的基础之上，因此其创造并不随着方案的实现而结束——恰恰相反，方案的实现是创造的开始。因此正如曾任哈佛大学敦巴顿橡树园研究中心当代景观设计收藏主管和亚洲项目总协调人的吴欣教授所总结的：该项目中景观的创造是一个动态的过程而非一步到位的完美画面。

（3）雕刻与减法的场地处理方式

在该项目中，喀桑旧采石场被岁月掩埋的场地条件决定了设计者采取去伪存真的"减法"处理技术（图4-23）。作为一个雕刻家，拉絮斯很清楚地意识到，正如一个雕刻家琢磨着一块石头的纹理一样，他是在继续探索着构成这个被遗弃的采石场的物质材料，其方法亦如雕刻家

废弃采石矿山：
形态、审美与修复再生　　（图4-22）

（图4-23）

把一块大理石变成栩栩如生的雕像一样。这种细致的清理与雕琢工作又可以被认为是一种"考古式的重建"，其目的是复活一个消失了的世界。拉絮斯从现场逐渐揭示的岩石痕迹展开工作，像雕刻家一样利用"他所见物质的感性特质和他猜想的存在于那里的物质的感性特质"对岩石进行仔细雕琢。而这里"他猜想的存在于那里的物质的感性特质"便是他作为设计师所发现的场地"潜在"价值。因此，最终形成的喀桑旧采石场公路沿线风景是一个艺术创作，而不能被简单地认为是一个建筑学或土木工程概念。

根据暴露的岩石条件，拉絮斯清理了多余的碎石砂土，并去除一些不稳固的风化层，最终形成凹凸有致、主次分明、层次丰富并且整洁细腻的岩石崖壁风景。按照不同岩石组的形态特征，拉絮斯为它们起了极其形象的名称，诸如"针尖山狂想""塔岩""糖面包山""防御墙""罗什福尔大门""望孔"等。虽然这些岩石岩层表现出丰富的多样性，但人们仍然能够感知到沿途风景自始至终的统一性。

喀桑旧采石场高速路段景观改造项目最终获得极大的成功，成为法国十分著名的公路风景营造案例，拉絮斯因此于1997年再次获得法国公路景观设计金缎带奖。同时，我们也可以看到基于风景审美价值识别与发掘的采石废弃地修复改造具有极为普遍的应用意义，除了公园建造之外，还能够而且应该应用在道路、住宅、工厂等等各种类型的人居环境建设活动中。通过该项目，我们看到了"将工程做成景观"的可能性，而这也需要不同学科间的充分交流来实现科技、工程与审美的统一。

图4-22　喀桑旧采石场高速公路景观改造草图示例
（图片来源：Michel Conan，2004）
图4-23　雕刻与减法的场地处理方式
（图片来源：Michel Conan，2004）

4.4.3　加拿大布查特花园

1．项目概况

加拿大布查特花园是世界上著名的采石废弃地改造再利用案例。从1904年建造至今，布查特家族对其在园艺和观光接待上的投入已经超过一个世纪，现在这里每年接待将近一百万名游客。2004年布查特花园被评为"加拿大国家历史遗址"。

罗伯特·皮姆·布查特先生原是安大略省的一名干货商人，他从1888年开始生产波特兰水泥，并获得极大成功。受加拿大西海岸丰富石灰岩资源的吸引，布查特于19世纪末20世纪初在温哥华开办工厂，并举家迁到这里。1904年，当一处临近布查特家的矿坑石料开采殆尽之后，珍妮·布查特夫人突发奇想希望让这处荒凉贫瘠的矿坑重放光彩。于是，她从附近农田运来土壤，并从栽种几株豌豆花和玫瑰开始，最终将此矿坑改造为远近闻名的家庭花园。之后，珍妮继续拓展花园范围，并建造了日本园（1908年）、意大利园和玫瑰园（1929年）。布查特先生收集豢养了来自各地的大量珍奇动物。到1920年代，该花园已声名远扬，每年吸引超过5万人前来参观。为表示欢迎，布查特夫妇将这里称为Benvenuto（意大利语"欢迎"的意思），并从日本Yokehama苗圃购买了樱桃树种植在通往植物园的大道两侧并增加了多个园中园。而无论何时，下沉花园（Sunken Gardens）始终都是游客驻足的焦点（图4-24、图4-25）。

2．风景营造方法

（1）覆盖与加法的地表处理方式

因为采石矿坑停采之初便开始介入人工修复，布查特花园在人工覆土基础上进行植物栽培，从而逐渐遮蔽了矿坑原来贫瘠的平台迹地、砂石料堆以及裸露岩壁。单从建成效果来看，

（图4-25）

很难看出这里曾经是一处采石矿场。因此，本书认为布查特花园项目最主要采取的修复改造措施是覆盖与加法的地表处理方式。

（2）园艺造景技术

家庭园艺花园的朴素想法使得这处再平凡不过的普通石灰石矿坑一举成为享誉世界、独一无二的游览胜地。可见合理的功能定位对于采石废弃地修复改造具有重要意义。更为重要的是，布查特花园应用传统英国园艺花园的建造方式，与矿坑地形进行了精致而巧妙的结合，使得低于周围地面20m的下沉矿坑转变成为舒适宜人的半开放空间。在下沉花园的南端有一个三面崖壁包围的水潭，其中设置的"玫瑰喷泉"在墨绿色背景下喷射出晶莹闪亮的水光，吸引着世界各地的游客（图4-26）。另外，下沉花园还有意保留了一个烟囱作为场地历史的标记。

（图4-26）

图4-24 下沉花园弧形台阶
（图片来源：网络）
图4-25 布查特花园下沉花园改造前后示意图
（图片来源：William H. Langer, Lawrence J. Drew, Janet Somerville Sachs, 2004）
图4-26 "玫瑰喷泉"
（图片来源：花园官网）

4.4.4　浙江新昌大佛风景区般若谷景点

1．项目概况

浙江新昌大佛风景区般若谷景点是东南大学杜顺宝教授主持设计的一处石宕口改造项目，因为其丰富空间营造与佛教文化主题表达而成为我国现代采石废弃地风景园林改造的经典案例之一（图4-27）。

原场地位于石城山山谷，凝灰岩质地较软，长期以来人们以手工方式开采凝灰岩规格石材，开采之初颜色泛白，时间一久便成深灰色。因为这里靠近大佛风景区，当地政府为了避免大规模开采破坏，后来买下了这几个宕口，但小规模开采活动直到改造之前一直没有间断。杜顺宝团队在1997年完成了大佛风景区的详细规划以及景区主广场的设计，并在1998~1999年开始接触这一采石宕口群，希望将其改造为新的景点。

原场地包括四个大小不一的石宕口。一条景区园路南北向穿过场地，道路西侧两个宕口为凹陷矿坑，面积较大，坑体较深，空间落差极其剧烈；道路东侧两个宕口为尺度较小的山坡露天矿坑，在林木掩映下形成洞窟和小面积水潭。

面对琐碎凌乱的巨大岩石坑体，设计者基于深厚的专业技能和艺术修养很快识别出场地蕴藏的风景审美价值。通过加工、整理废弃石宕口原有环境肌理，并深入挖掘大佛寺史迹人文内涵，设计者最终确立规划设计构思——以自然地形、地势为物质依托；以植被、水面为氛围烘托；以主体石壁"三僧造像"浮雕为景观主题；以跌落的台地、流动的水体、毗邻的宕口为延续空间，逐步展开景观意向的长卷（图4-28）。该项目在2000~2001年建设完成，由绍兴市古建园林工程公司承建施工，项目经理王孝达工程师[①]对于保证设计意图的全面落实发挥了重要作用。项目建成之后深受人们喜爱，吸引了大批游客参观。

（图4-27）

（图4-28）

2. 风景营造方法

该项目的以下几种风景营造方法值得借鉴：

（1）游览路径与空间序列的串接组织

四个石宕口在改造之前分属不同队伍开采，彼此间相对独立。设计者根据异常丰富的地形条件梳理出一条游览路径：首先从西侧两个宕口原来共用的进出通道进入外宕口，然后沿登山步道上至位于两个宕口交界位置的"揽月台"，接着环七级瀑布可下至主宕口内部，最后设计师根据巨大高差开凿了一条五十多米长的隧道连通主宕口与东侧宕口，游客可沿此通道上升至东侧两个小宕口，再回到主园路上。沿此路径依次可经过旷奥变换、动静交替的丰富空间体验。

（2）结合场地文脉的叙事表达

由于该景点位于新昌大佛风景区内，设计者有意赋予新的场地以佛教文化内涵。基于上述游览路径，设计者依次赋予不同空间以佛祖出世、菩提成佛、叠水禅源、三僧造像以及观音和神灵童子雕像等主题，从而形成完整的叙事性空间序列（图4-29）。

主宕口作为故事的高潮部分，设计者发掘了新昌大佛寺"三僧造像"的真实典故。相传新昌大佛是南朝三个和尚（僧护、僧淑、僧佑）历经三代开凿而成。设计者于是将此故事转化成壁画凿刻在主宕口崖壁上。另外设计者还利用开凿形成的若干台层形成七级瀑布从山顶依次跌落入宕口深潭内，这一措施极大地增加了场所的动感体验。

（3）雕刻技术的应用

雕刻技术的广泛应用是该项目的另一特色。一方面，大量使用浮雕、圆雕技法形成佛教主题雕像和壁画；另一方面，还充分利用凝灰岩石材质地较软的特性，采取雕刻方式形成隧洞、登山道、栈桥等构筑设施。这一基于地形条件因山就势凿刻而成的处理方式，保证了材料质感的统一与形体的完整，并强化了空间体积感。

（a） （b） （c）

（图4-29）

---

① 同法国喀桑旧采石场项目一样，该项目自始至终都没有精确的施工图，所有操作都是根据现场条件完成。这便需要经验丰富的施工人员配合，王孝达经理在其中发挥重要作用。例如主宕口中为了对提水泵进行遮掩，王经理用混凝土将其遮盖并做石质表面处理，使其对整体氛围的破坏降到最低。

图4-27 改造前采石矿坑
（图片来源：杜顺宝）
图4-28 项目平面图
（图片来源：东南大学建筑学院，2012）
图4-29 般若谷景点部分照片
（图片来源：a、c网络；b仲美学 摄）

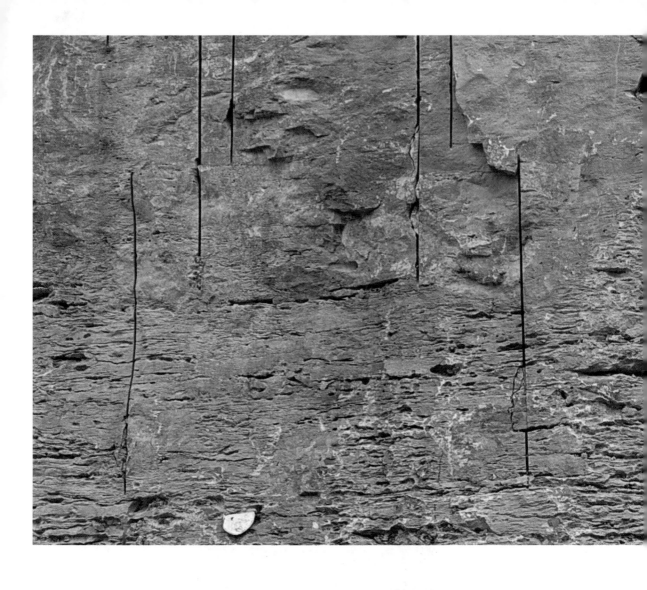

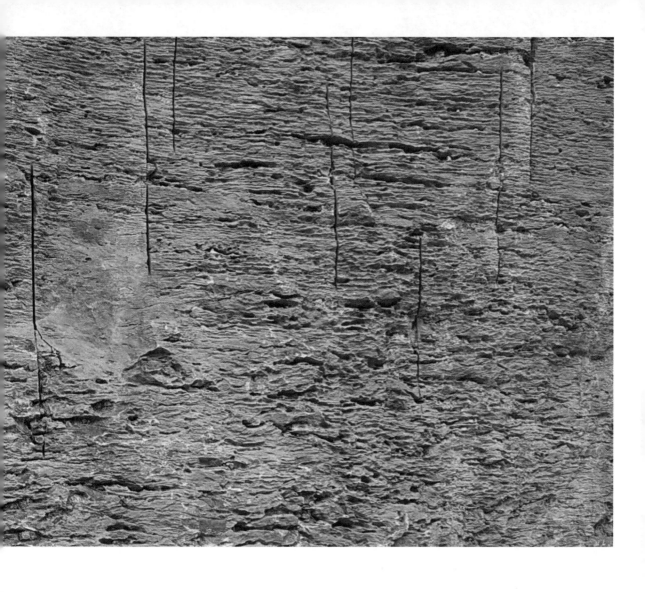

8 7 6 5

第5章

采石废弃地生态审美价值识别、评价与发掘

作为一种第四自然，自我修复的采石废弃地内更为普遍和突出的形态面貌是平台迹地蔓生的野草、崖壁裂隙生长的灌木丛、低洼处汇积的水潭湿地以及因之而出现的虫鱼鸟兽。这些自然要素为采石废弃地带来无限的生命活力，也使身临其境的人们获得独特的生态审美体验。基于对生态审美概念及其源流表征与内涵特性的概述，本章内容归纳总结了采石废弃地生态审美价值的要素组成、评价标准以及获得途径，并在简要介绍了风景园林营造中的生态审美状况之后，具体分析了采石废弃地修复改造实践对于生态审美价值的发掘情况。

5.1 生态审美概述

5.1.1 概念解析

"生态审美（ecological aesthetic）"是指以生态观念为价值取向而形成的一种审美意识，它是20世纪中叶以来伴随环境保护运动与生态主义思想逐渐成为全球普遍意识而出现的一个美学概念。面对环境污染、生态破坏、资源枯竭与社会动荡等严重问题，人类开始反思现代科学发展将人与世界分割开来的机械理性思维方式，主张从人类中心主义向生态中心主义或生态整体主义的价值观转变，追求人与自然的和谐共生，从而产生了生态文化观念与生态美学思想，而生态审美便是其中的核心概念。

伴随生态美学的理论拓展，目前生态审美概念的应用变得十分宽泛，例如形成了诗歌生态审美、民族生态审美甚至禅学生态审美等。无论哪个学科，只要和"人与自然和谐共生"相关的命题都能从生态审美进行解读[①]，而这种概念的滥用也造成了目前生态审美概念的模糊和泛化。本书无意于生态文化、生态美学哲学以及文学或民族学生态批评等方面的理论探讨，在此结合本书需求仅将生态审美作为一种现象、意识和思想进行以下界定与说明。

本书的生态审美对象是动植物等生命体及其赖以生存的自然环境，而不包括人类自身的社会、文化与精神世界。天津社会科学院研究员徐恒醇（2000）提出"生态审美是人把自己的生态过程和生态环境作为审美对象而产生的审美关照"，而人的生态过程和结构"具有多层次特点，除了自然生态，还涉及社会生态、文化生态甚至精神生态"。又如阿诺德·伯林特（2011）所言：经过一百多年的发展，此概念已经从意指一种特殊环境中生物群落中各要素的相互依赖，扩大为解释人类及其文化环境关系的概念[②]。由于本书主要针对采石废弃地第四自然，因此主要关注人们从动植物的良好生存发展状态及其生理生活形态特性中获得的审美感知与体验。简言之，与风景审美以自然的物质空间形态为审美对象不同，生态审美更加关注健康自然生态系统展现出来的生命活力带给人们的感官愉悦[3]。

"生态审美价值"是指特定景观地域已经具有或能够具有使人获得生态审美体验的能力,而场地内自然生态系统的稳定性与生物多样性水平在一定程度上将影响其生态审美价值的大小。

5.1.2 研究概况

1. 美学哲学领域的研究

该方面研究集中在环境美学与生态美学领域,前者在西方学界有着悠久深厚的研究积累,而后者目前在倡导生态文明建设的中国有着更为迅速的发展。

环境美学(environmental aesthetics)兴起于20世纪60年代的西方社会,目前已成为重要的美学哲学派别。它以对整个环境世界的审美欣赏这一哲学命题为关注点,是对传统美学单纯以艺术作为研究对象的极大拓展,也是对"美学是艺术哲学"传统观念的突破[4]。西方环境美学研究的代表人物和理论包括芬兰的约·瑟帕玛基于"人类中心主义"将环境之美与艺术品审美进行区别的环境美学思想、加拿大的艾伦·卡尔松基于"生态中心主义"的"自然全美"观点、美国的阿诺德·伯林特的现象学美学和参与美学思想等。环境美学研究在中国的代表是武汉大学的陈望衡教授及其提出的"宜居乐居理论"等。

尽管西方学者(尤其在北美地区)多将生态美学思想追溯到1949年利奥波德的《沙乡年鉴》一书[5],但"生态美学"一词最早见于加拿大学者约瑟夫·米克(Joseph W. Meeker)发表于1972年的论文《生态美学构想》(Notes Towards an Ecological Esthetic)。然而,长期以来生态美学概念并未在西方学术界得到重视,并因为环境美学研究的传统过于深厚而一直并未成为主流的美学哲学研究领域。

在中国,生态美学研究出现于20世纪90年代,并于2000年之后得到快速发展。目前国内在生态美学领域最为活跃的人物包括山东大学的曾繁仁教授和广西民族大学的袁鼎生教授等。曾繁仁提出了"生态存在论美学观",近些年积极从西方环境美学、中国古代思想和生态批评

---

① 例如有篇题为《论齐白石艺术世界中的生态审美智慧》的文章甚至从齐白石"时刻秉持节约的优良习惯,从不浪费任何的纸墨,将珍惜地球资源、环保节约的时代精神做着完美的实践"来论证其生态审美智慧,着实显得牵强,因为在齐老先生所在的年代,中国社会根本尚未形成生态环保的意识。

② 城市生态学、文化生态学等学科概念,同时日常生活中"生态"一词也越来越多地来被用来形容人类社会中不同社会群体或个人间的利益关系,如职场生态等。

③ 例如佘正荣在《生态智慧论》(1995)中有这样的描述:"河流、雨林、旷野、冰川和所有生命种群,都是作为体验者的我的一部分,我与生物圈的整个生命相连,我与所有的生命浩然同流,我沉浸于自然之中并充实着振奋的生命力,欣赏享受生命创造之美的无穷喜乐。"

④ 赫伯恩在论文《当代美学及自然美的遗忘》(Contemporary Aesthetics and the Neglect of Nature Beauty)中,首先指出美学根本上被等同于艺术哲学之后,分析美学实际上遗忘了自然界。

⑤ 欧洲有人将捷克学者和艺术家米洛斯拉夫·克里瓦(Miroslav Klivar)称为"生态美学"的首倡者,但由于克里瓦本人采用捷克语写作,其研究成果并不为更多的人所知(李庆本,2011)。

等领域吸收理论给养，成果丰硕[①]；袁鼎生创立了"生态审美场"理论与生态艺术哲学概念，并依托广西地缘特色发展了民族生态审美学。此外，山东大学的程相占、北京语言大学的李庆本也在生态审美的美学哲学研究领域卓有建树。

2. 不同学科的生态批评研究

在中国，与生态美学研究同步发展的还有关于文学、民族学、艺术、电影、旅游学以及宗教文化等众多领域的生态批评研究。

文学批评领域出现的文艺生态学通过对古今中外的诗歌、小说、散文的文本分析提取其中的生态审美意识和思想。其代表学者包括苏州大学的鲁枢元教授、成都大学的曾永成教授以及山东理工大学的盖光教授等。鲁枢元著有《生态文艺学》（2000）与《生态批评的空间》（2006），曾永成著有《文艺的绿色之思（文艺生态学引论）》（2000），盖光著有《文艺生态审美论》（2007）。

民族学领域形成的民族生态审美学主要致力于少数民族人类文化发展中的生态审美思想探究。例如，黄秉生与袁鼎生的《民族生态审美学》通过关照弱势民族在处理人地关系中蕴含的生态智慧来探寻人类如何才能审美地生存、诗意地栖居等问题；翟鹏玉的《那文化人地交往模式与壮族生态审美理性》论述了以壮族为主的"那"文化中所体现的人地依存的共生美；吴素萍的《生态美学视野下的畲族审美文化研究》运用生态文化理论探索了畲族服饰与民歌的生态审美意蕴；朱慧珍和张泽忠的《诗意的生存：侗族生态文化审美论纲》解释了侗族的生存特征。

3. 生态审美在规划设计学科的应用性研究

探讨生态审美思想在环境规划设计等实践领域的作用与影响已成为近些年来中西方生态美学研究者与实践人员的热点课题。

在生态审美思想的应用性研究领域，西方最具影响力的学者是美国社会科学家保罗·H·戈比斯特[②]。他基于多年的森林等风景资源管理经验，从景观感知与评估的视角发展了生态美学的理论建设与实践应用。加拿大不列颠哥伦比亚大学森林资源管理学院教授斯蒂芬R·J·夏庞德提出了可视化管理理论——主张结合生态审美探索协调工业生产、人民生活和生态可持续发展的林业管理法则。德国艺术家赫尔曼·普瑞格恩策划编辑了《生态美学——环境设计中的艺术：理论与实践》（*Ecological Aesthetics-Art in Environmental Design: Theory and Practice*）一书，从艺术审美视角收集了大量基于废弃工厂、河流和矿区等受损自然的艺术创作案例，并通过思考自然过程与人类文化进程之间的对话发展了生态美学的环境设计理念。此外，美国学者科欧在1982年发表了《生态设计：整体哲学与进化伦理的后现代设计范式》一文，较早使用了"生态建筑"和"生态美学"这样的术语；1988年他又发表了《生态美学》一文，将生态审美理论与设计原则进行结合提出了"生态的环境设计美学"。科欧将内部统一、动态平衡与互补性原则作为生态审美的三个基本模式，并认为它们能够很好地解释建筑与风景园林等设计领域中的审美体验和美学品质（Jusuck Koh，1988）。

废弃采石矿山：
形态、审美与修复再生

在中国，生态审美思想经过十多年的理论探索与概念普及，已经逐渐应用到城市规划、建筑、风景园林、工业设计甚至包装设计等众多应用型学科内。当然，不可否认其中许多文献仅是对绿色、生态及可持续设计理念的粗浅概述。

5.1.3　源流与表征

1．中外哲学中蕴含的生态审美思想基因

作为古老的农耕民族，中国古人一直强调人与自然的协调关系，中国古代哲学思想中蕴含着丰富的生态审美智慧与观念。《周易》提出了"生生之为易"的思想，指出人与万物蓬勃生长这一符合事物存在规律的自然运行状态就是一种"美"。除此之外，"天人合一"的生态存在论智慧、"和而不同"的"共生"思想、不违农时的古典生态智慧、"知者乐水、仁者乐山"的自然万物亲和之情、道家"道法自然"和"万物齐一论"思想以及佛教众生平等和禅宗境界说等等也都蕴含着或多或少的生态审美观念。

西方哲学注重抽象逻辑推理的特征使其美学思想从一开始便向与自然生态相对脱节的纯理性思考发展。直到18世纪之后，一些哲学家的反思性探索才直接或间接地促进了生态审美思想的萌芽：意大利理论家维柯提出"诗性的思维"是人的共同本性，特别强调了"生而就有"的"强旺的感受力和生动的想象力"等生命本性特质；俄国民主主义思想家车尔尼雪夫斯基提出"美是生活"的命题，并将生命的健康作为美的第一条件[③]；美国哲学家杜威认为审美即是人这个"活的生物"与他生活的世界相互作用所产生的"一个完满的经验"，并特别强调了自然生态在审美中的本源性作用；法国现象学家梅洛-庞蒂论述了"身体"的本体意义及其与空间形成的密切关系，认为在审美之中人的身体与自然生态构成一个有机的系统；据此美国新实用主义美学家理查德·舒斯特曼提出了"身体美学"概念。上述这些带有后现代色彩的哲学思想大多摒弃了人类中心主义思想，而是秉承多元一体的系统整生思想；摒弃了机械主义与本质主义思想，而是主张生命有机思想，并引进了过程与生发的时间维度。此外，生态审美思

---

① 在曾繁仁带领下，山东大学从2001年开始将生态美学和生态文化研究作为科研重点，并专门成立了"生态美学与生态文化研究中心"。该中心分别于2005年、2009年和2012年召开了"当代生态文明视野中的美学与文学"国际学术研讨会、"全球视野中的生态美学与环境美学国际学术研讨会"以及"建设性后现代思想与生态美学国际学术研讨会"，并随之出版了一系列论文集，极大推动了国内生态美学研究进程。

② 1990年，戈比斯特同美国学者理查德·E·切努维斯（Richard E. Chenoweth）合作的《景观审美体验的本质和生态》（*Nature and Ecology of Aesthetic Experience in the Landscape*）从生态美学角度对景观审美体验进行了实证研究。之后，戈比斯特又连续发表了《生态系统管理实践中的森林美学、生物多样性、感知适应性》（*Forest Aesthetics, Biodiversity and the Perceived Appropriateness of Ecosystem Management Practice*）、《服务于森林景观管理的生态审美》、《〈森林与景观：生态、可持续性与美学〉导言》等多篇重要论文，他因此也成为目前国内外颇有影响力的生态美学家（李庆本，2011）。

③ 车尔尼雪夫斯基认为"凡是我们可以找到使人想起生活的一切，尤其是我们可以看到生命表现的一切，都使我们感到惊叹，把我们引入一种欢乐的、充满无私享受的精神境界，这种境界我们就叫作审美享受"。而且，他还将其具体界定为"旺盛健康的生活"，认为"青年农民和农家少女都有非常鲜嫩红润的面色……这对普通人民的理解，就是美的第一个条件"（曾繁仁，2008a）。

想更为重要的一个哲学源流来自德国存在主义哲学家海德格尔，其"天地神人四方游戏说"与"诗意地栖居"思想极大推动了生态审美的理论形成。

2. 西方自然文学中的生态审美情绪

19世纪以来，西方出现了歌颂自然荒野和追求简朴宁静生活方式的自然文学流派（国内又称"生态文学"）。例如在19世纪上半叶的浪漫主义文学中，英国湖畔派诗人华兹华斯创作了大量歌颂自然的诗歌，而柯勒律治的长篇叙事诗《古舟子咏》则被称为英语文学界"最伟大的生态寓言"。19世纪后半叶之后，美国一些自然主义学者和自然科学家通过野外探险与文学创作表达他们对于荒野自然的审美体验，其代表人物包括亨利·梭罗[①]、约翰·巴勒斯[②]、约翰·缪尔[③]、玛丽·奥斯汀[④]以及奥尔多·利奥波德等。梭罗的《瓦尔登湖》在工业革命如火如荼之际预见了其将对自然造成的灾难，洞察了人与自然的本真关系，并倡导一种简单原始并以自然为友的生活范式。缪尔曾抱怨艺术家在游历加利福尼亚山区风景时只关注少数几处风景点，而对于他看来同样优美的草甸沼泽地的秋季风景漠不关心，因为它们难以形成"有效的图画"。这些思想已超越对荒野自然单纯肤浅的风景审美，而具有了对生命万物的人文关怀以及对"非如画"风景的审美发现。

利奥波德是一名生态学家和环境保护主义者，其著作《沙乡年鉴》（1949年）最早提出了"土地伦理"（land ethics）概念（图5-1）。他通过观察自然荒野和研究野生动物，建立了人与土地地位平等的伦理观念，并形成了不同于风景审美的自然审美意识。他批评人们"希望沉浸在风景如画、壮美与惊奇的地方，欣赏高山、瀑布、悬崖和湖泊这些国家公园中的自然，却认为堪萨斯平原显得沉闷以及爱荷华与南威斯康辛的草原非常无聊"（Aldo Leopold，1966）。基于对自然生态的丰富知识，利奥波德提醒人们"朴实无华的自然外表经常潜藏着丰富内涵"，并建议培养审美认知去发现它们。他认为一个地区的审美魅力与它外在

（图5-1）

的颜色和形状没有多大关系，与该地区如画般的风景根本无关，但是与该地区的生物进化和演变进程的完整性有关。可以说，这一想法已具有了生态审美的思想内涵，而利奥波德也因此被认为是生态美学理论的肇始者。

环境哲学家克里考特指出："与缪里和梭罗的早期自然美学写作不同，利奥波德的生态美学思想更多地、牢固地建立在进化史和生态学基础之上"。"利奥波德的生态美学将我们最初发现并保护风景最优美的景观的目的拓展为去发现存在于每一种景观之中的美。他拒绝接受浪漫主义外在美的观念，而将目光投入到欣赏生态的健康与完整性的美学审美理念。这种欣赏既依赖于我们对科学的理解和对自然的研究，又依赖于我们所看到的、听到的与感觉到的出自内心的反应。"

3. 从自然美学到环境美学及生态美学的理论发展

生态美学是基于自然美学与环境美学发展而来的，三者相互重复而又不尽相同，共同为生态审美思想提供着理论支撑。环境美学自20世纪60年代形成以来，经历了从瑟帕玛的人类中心主义到卡尔松的生态中心主义，再到目前更多主张兼顾人类与生态需求的生态整体主义，从而促进了生态美学的发展。此外，卡尔松的"自然全美理论"以及伯林特强调融合式审美的现象学美学和参与美学思想（Aesthetics of Engagement，也翻译为融合美学）也给予了生态美学很多启示。

首先，当代环境美学较之自然美学极大地发展了环境保护论与生态伦理影响下的审美思想。在当代环境保护论看来，包括如画性审美思想在内的传统自然美学存在一些不足，卡尔松（2011）将其归纳为人类中心主义、风景迷恋、肤浅、主观和道德缺失五点。针对传统自然美学的上述不足，当代环境美学形成了认知理论与非认知理论：前者以科学认知主义为代表，强调科学知识能够促人们的审美感知；后者以伯林特的参与美学为代表，认为审美是一种自由感知，强调审美体验与情绪。两者都更加强调非中心的、聚焦环境的以及严肃认真的审美方式，而这些理论进一步为生态审美思想的形成提供了给养。

其次，在一些西方学者看来，生态美学与环境美学都属于自然审美范围，且都建立在生态环境保护的文化立场上，两者没有本质区别。对此，主张生态美学研究的中国学者曾对它们的区别进行了辨析。

---

① 亨利·梭罗是美国著名作家、自然主义者，被称为美国自然随笔的创始者、"美国自然文学之父"，著有影响深远的著作《瓦尔登湖》。
② 约翰·巴勒斯是美自然文学的先驱之一，被称为"美国乡村的圣人"，著有《自然之门》。
③ 约翰·缪尔是美国早期环保运动领袖，著有《加利福尼亚的山脉》（*The Mountains of California*）等大量荒野自然探险的随笔和专著，曾帮助保护了约塞米蒂山谷等荒原，并创建了美国最重要的环保组织塞拉俱乐部（the Sierra Club）。
④ 玛丽·奥斯汀被称为"美国环境主义运动之母"，其名作《少雨的土地》被誉为"沙漠经典"。

图5-1 利奥波德及其《沙乡年鉴》
（图片来源：维基百科）

第5章
采石废弃地生态审美价值识别、评价与发掘

4．生态科学的发展调整了人们对于自然的审美认知

20世纪以来生态科学的发展使人们认识到大地自然除了视觉风景属性之外还具有生态学特征。生态知识的普及促进了环境伦理意识的建立，进而影响到人们对于自然的审美认知方式。受环境伦理影响的生态审美思想倾向从生态整体关系进行审美评判：一种自然物单独看并不美（甚至是丑的），但若对生态整体的健康运行有贡献，那就是美的。例如，环境伦理作家罗尔斯顿（1988）就曾辩称布满蛆的麋鹿尸体在一定意义上也具有审美价值，因为它对于维持生态系统平衡起到积极作用。

生态科学的促进作用还体现在美国风景资源评估体系内的生态审美思想发展上，而其代表人物是美国农业部林务局的社会科学家保罗·戈比斯特。他在从事森林景观评估工作时发现风景园林师与社会科学家采取的以风景审美思想为基础的景观评估方法存在一些问题与弊端：首先，其忽略了一些具有独特生态价值却没有太多风景美感的自然场地和事物，从而导致对它们缺乏保护；其次，这种静态的视觉评估方法会忽略那些动态变化（如动物活动）和非视觉感知（如花香）的特征；再次，其忽略了一些因知识和经验而获得的价值评估，例如对珍稀动植物的识别和保护。这些问题都表明：有重要生态价值的景观可能由于没有视觉吸引力而得不到保护，而长期作为景观评估理论基础的风景审美思想有可能在规划和管理上产生危害生态的结论。戈比斯特将自然的审美价值与生态价值之间的这种矛盾称作"审美—生态冲突"。20世纪90年代，当上述基于应用生态学的生态理念与原则被引入美国国家林业管理中，这一矛盾更加凸显出来[①]。在此背景下，戈比斯特（2011）认为缓解这种冲突的关键在于扩大美学的范围，他从自然科学、哲学、生态艺术和生态设计以及感知心理学研究领域汲取理论营养，逐渐形成了自己的应用生态美学思想。此外，他还提出通过自然科学和哲学以及生态艺术和设计两个途径向公众灌输生态美学思想。

5．生态艺术和设计加强了人们对受损自然的审美感知

20世纪六七十年代以来，伴随后工业时代的来临，一些西方艺术家开始关注生态环境问题，并在荒野自然或受损场地中开展艺术创作，从而产生了包括大地艺术、生态艺术、修复艺术以及后工业景观在内的生态艺术和设计潮流。艺术家们被受损自然自我恢复过程中所展现的生命活力以及生态与文化的相互对话所吸引[②]。他们使用自然要素形成充满视觉冲击力的大地与生态艺术作品，从而促使人们获得具有自然生态意蕴的审美体验。例如其中著名的德国艺术家赫曼·普利格恩一直尝试从艺术与审美维度出发与生态意识进行碰撞，利用火、水、土、木头、石头甚至闪电等自然要素进行创作，形成新的形式语言，通过拼接、混杂，以此展现自然过程的复杂性与丰富性。

5.1.4　内涵与特性

基于上文内容，通过与风景审美比较，本书认为生态审美具有以下思想内涵与主要特性：

1．欣赏自然生命活力及其过程之美，强调生物多样性和生态平衡

生态审美最基本的内涵与特性是对自然万物所焕发的生命活力之美的感知体验。为实现人与世界的协调关系，生态审美思想致力于从"非私利"立场思考复杂的生态现象，以确立生命存在与发展的整体意识，包括对生命的虔敬与信仰、对自然存在的感受而非占有，强调生命的内在充盈而非以"创造"名义实行对外改造。自然有其成长、繁荣、衰败和新生的演替过程，因此自然存在的生命活力首先表现为一种过程之美。这是一种自然而然的产物，洋溢着暂时性和转变的可能性，探求消逝与变化，更接近真实世界的美。

生态审美思想关注的焦点是自然系统的生态平衡和生物多样性。二者是维护一个健康生态系统的必要条件，而人们必须克服人类中心主义的价值判断标准，超越"人类审美偏好"，才能够从其蕴含的自然生命活力中获得审美体验。

2．欣赏"非风景优美的自然"，关注变化侵扰与非平衡的自然特性

对"非风景优美的自然"（unscenic nature）的审美欣赏是生态审美较之风景审美的最大发展（Yuriko Saito，1998）。这一思想从约翰·缪尔产生，由利奥波德予以强化，至艾伦·卡尔松形成了"自然全美"的积极美学观点。卡尔松（1979）指出仅仅将自然作为一系列二维静态的如画风景是不合适的，因为这远远不是自然所呈现的面貌。基于某些合适的接近方式，自然将表现出更为丰富的积极的审美价值。为此，卡尔松提出了"自然全美"理论，认为一切自然均有价值并值得保存。在其影响下，人们开始欣赏日常生活中的普通风景，甚至从以往被认为消极破败的自然现象中获得审美体验。美国艺术家与自然资源保护论者艾伦·戈索（Alan Gussow）曾引导人们欣赏更为质朴与平凡的美，例如定时涨落的湿地和野生生物栖息地，它们的美首先表现在健康与可持续性方面，同时又比大峡谷、黄石公园等壮丽风景更为微妙和不显眼。

---

① 例如：（1）在荒地森林区，风景管理政策要求移除林地废物残片，但从生态视角这样做会增加水土流失、降低土壤生产力，树木也会因减少地被植物保护作用而无法成功再生；（2）在乡村农业区，从风景审美视角，整洁干净的景观更有吸引力，但从生态视角则可能因重型机械、化肥和杀虫剂的使用而造成水土流失、水质污染等危害；相反，在河道和陡坡种植野草可以减轻上述危害，但人们却会认为这是缺乏管理的表现；（3）在城市森林区，繁茂和修剪整齐的草坪、大树是居民们理想的公园和居住环境，但这些状况在大多数地区是难以持续和不生态的，同龄的单一栽培的植物很容易因为害虫泛滥而遭受损失；另外，城市一些场地的生态恢复能够帮助增加生态系统的多样性，但这可能会引起诸如规划内防火树种移除和休养娱乐用途等管理措施的限制（戈比斯特，2010）。

② 当德国艺术家赫曼·普瑞格恩被问及为何对受损毁景观如此着迷时解释道："我发现受损毁的景观如同空帆布一般令人兴奋。一些微小的差异让很多事变得有可能，而这些景观也被证明是艺术创作的积极伙伴：自然一直没有停止过工作；按照自然本身的规律进行的演替过程，通过各种类型的变异重新占领其领地的过程，以及与熵相互影响的演进过程。它们在大地景观中的舞动过程对我来说充满了难以置信的吸引力。作为一名艺术家，我发现使得受损坏的景观如此让人兴奋的是自然的两个基本法则——熵与演进。进一步我发现这两个法则都与生态和文化紧密相关。……当我将这些认识与观点应用到一处受侵害景观时，我将之视作已经开始工作的同伴。我采取的不是白纸板的方法，而我重新建构和组合受损景观的想法也是与其已经发生的自然演替等过程进行的一种对话。一个露天褐煤矿并非一个沙坑，而一个采石场也不是砾石堆。自然已经留下它的印记，而这是我们必须予以关注的"（Udo Weilacher，1999）。

在欣赏一切和谐有序的自然之美思想基础上，美国生态美学研究者贾森·希姆斯（Jason Simus，2004）在其《生态学新范式的美学意蕴》中进一步提出自然系统中的变化、侵扰和非平衡同样可以成为积极的美学因素。按照这一观点，那些杂乱、复杂、无序而又不稳定的自然场地同样具有生态审美价值，例如广泛存在的荒郊野地、野草丛生的沼泽、枯木杂乱的树林等等。

3．强调自然生态知识对审美感知的重要影响

科学认知主义的环境美学认为丰富广博的自然与生态知识能够帮助人们从自然环境中获得更多的生态审美感知。该认知理论多以斋藤百合子的如下观点为旗帜："自然必须用它自身的术语被欣赏"，欣赏自然好比欣赏艺术要具备艺术史和相关批评知识一样，也要具备地质学、生态学等自然科学知识。事实上，利奥波德在《沙乡年鉴》中的生态审美在很大程度上来自于广博的生物学与生态学知识[①]。

关于这一观点，卡尔松还提出了"知识基础理论"（Knowledge-based Theory）。在他看来，自然审美不是由特定创造性行为引导注意（例如我们欣赏绘画作品和钢琴演奏时的体验），而是自然知识在引导我们的自然审美体验。人类在生物学与生态学领域的知识积累使人们认识到丰富变化的自然景观具有其自身的历史、结构与功能。这些自然学习与科学认知使人们不只简单地获取对于自然生态的感官体验，还能揭示解读它们的起源、功能和机制等，而这些将给人们带来感情与精神改变，并使其在与感官体验相互作用下形成新的生态审美欣赏与认同。

4．倡导主客同一的融合式审美方式

根据当代环境美学非认知理论，生态审美思想倡导一种主客同一与物我交融的审美方式。人们需要将身体完全沉浸入自然环境之中，并通过多种感官获得审美体验。

5.2 采石废弃地的生态审美价值识别与评价

基于上一节关于生态审美的概述，本研究发现审美主体（即人）在生态审美行为、意识与思想发生过程中扮演着更为重要的作用，而这与优美风景客体在风景审美产生过程中占主导地位有着很大不同。因此可以说，生态审美具有更强的主观色彩。尽管如此，我们不能否认具备特定形态特征的自然客体是生态审美产生的基础，并对其具有很好的促进作用。采石废弃地是否具有生态审美价值？其生态审美要素组成有哪些？其价值大小如何评价？人们获取生态审美的途径又是什么呢？

5.2.1　生态审美价值发现

采石废弃地作为第四自然，它们受到人为破坏又恢复形成新的荒野自然的双重特征使其生态审美价值评价变得有些模棱两可。基于不同的场地特征与评价视角，人们将会获得相反的审美认知结果。

一方面，按照环境保护论与生态伦理要求，人类需要保护自然环境免受破坏，并欣赏大自然的天然之美。从此角度思考，人们肆意开采石材是破坏人与自然和谐共生关系的错误行为。于是，采石废弃地作为这些自然侵犯行为的见证，给人的印象便是自然责任缺失与生态伦理消极的表现。基于此判断，人们对采石废弃地往往秉持一种消极的审美反应，也更不会从中获得生态审美的体验了。本研究开展的社会问卷调研也证明了这一点：许多公众对没有绿植恢复、岩壁石堆裸露明显的图片都给出了较低的分数，甚至有些公众刚一了解为采石矿坑，便不由分说地对所有图片给出最低分。

然而从另一方面，根据生态审美思想关注生物多样性与生态平衡的基本内涵，采石废弃地经过自我恢复形成的新的群落生境与荒野自然具有积极的审美价值。根据第2章关于采石废弃地自然形态特征的描述可知，某些废弃矿坑较之开采前，生境类型与生物种类更加丰富多样，自然生态系统更加健康稳定。动植物群落不断进行更新演替，茂盛的野草、散落的乔灌木丛以及自由出没的昆虫鸟兽无不体现着大自然坚强旺盛的生命活力，而这些也正是生态审美的要旨所在。从此角度评价，自我恢复的采石废弃地具有独特的生态审美价值。在本书开展的社会问卷调查中，选择了许多满足此类形态特征的废弃矿坑图片，例如一些废弃矿坑具有野草蔓生的岩壁斜坡与种类丰富的植物群落。但结果显示这些图片得分并不是很高。笔者判断，一方面因为生态审美需要人们身临场地之中的沉浸与融入，而这很难通过图片来获得；另一方面，相比人工恢复更为整洁的植被群落，人们目前似乎还无法接受杂乱无序的自然风景。可以说，真正基于荒野自然生命活力的生态审美意识尚未在我国社会公众当中得到普遍建立。

通过上述分析可知，采石废弃地自然恢复的时间长短与程度会影响人们对其生态审美价值的识别评判。虽然动植物与生态学家很早便对采石

---

① 环境哲学家克里考特曾这么评价："利奥波德的大地美学是博学多识和富于认知性的，既不是天真幼稚的，也不是耽于享乐的。它描绘了一种全新提炼的自然环境欣赏趣味及一种有教养的自然敏感性。这一提炼或教化的基础是自然史，更加具体地说，就是进化论和生态生物学"（J. Baird Callicott，2008）。

采矿地区的生态状况进行调查研究，但真正由于心灵震撼与精神感触而发现其生态审美价值的应当还是那些具有前瞻性的艺术家们（图5-2）。

20世纪60~70年代以来，欧美国家出现了大地艺术与生态艺术创作潮流。采石采矿场地作为主要的工业废弃地类型之一成为创作的前沿阵地（表5-1）。艺术家们被矿坑场地远离人烟的荒凉感和暗潮涌动的生命力所吸引，并以之作为背景对各种自然材料进行不同形式的再组织，从而形成富有艺术美感而又蕴含自然生态过程的诗意场所。美国的大地艺术代表人物罗伯特·史密森在其生命的最后几年里为采矿企业提供艺术咨询并进行一些土地改造修复的艺术创造活动。他说："艺术能够成为一种资源来调节生态学者与采矿企业家。生态和工业并不是绝对冲突的，艺术能够帮助提供它们之间的调节剂。"在其艺术方案中，退化的采矿废弃地被赋予新的功能意义和艺术形式，通过改造措施有效地将工业生产和自然环境融合在一起，而这也对其作为一种自我修复的自然生态的审美发现奠定了基础。欧洲生态艺术的代表人物是德国艺术家赫曼·普利格恩（Herman Prigann），他善于使用木材与石头等材料在自然荒野中建造构筑物。其作品"消逝的河流——土波浪"为了唤起场地内业已消逝的Mulde河的景观历史，在矿区荒野内使用岩石、混凝土板和大蔷薇草建造了长约2.5km的土石河流（图5-2）。

（图5-2）

废弃采石矿山：
形态、审美与修复再生

在其最为著名的作品"黄色斜坡"中，普利格恩有意让金雀花等黄花植物伴随自然逐渐侵占整个斜坡构筑，给人营造出别致的生态审美体验。

这些艺术家们擅于发掘矿坑场地内的自然与文化基因，并对场地内的生态过程予以关注。他们的作品往往是粗糙的、变化的和不稳定的，正如自然本身的不确定性、过程变化性和丰富多样性。结合矿坑的自我和人工修复，这些作品充分利用土壤和植物要素来表达自然演替过程中的生命活力。

表5-1 采石采矿废弃地内的大地与生态艺术作品列表

时间（年）	艺术家	作品	场地
1971	罗伯特·史密森 （Robert Smithson）	螺旋山与破损的圆环 （Spiral Hill & Broken Circle）	荷兰埃曼一处砂石矿场
1979	罗伯特·莫里斯 （Robert Morris）	约翰逊深坑30号 （Johnson Pit #30）	美国华盛顿州肯特市一废弃砂石坑
1983~1985	迈克尔·海泽 （Michael Heizer）	肖像冢雕塑 （Effigy Tumuli Sculptures）	美国伊利诺伊州水牛石州立公园
1993	马克·布鲁尼与吉勒斯·芭芭瑞特（Marc Bruni & Gilles Barbarit）	楼梯在上面 （Treppe Nach Oben）	德国普利岑（Pritzen）的一处废弃褐煤矿坑
1993~1995	赫尔曼·普瑞戈恩 （Herman Prigann）	Die Gelbe Rampe黄色斜坡 （Yellow Ramp）	德国科特布斯（Cottbus）附近的露天矿坑
1997~2000	Herman Prigann	Rheinelbe Sculpture Wood系列构筑； Spiralberg螺旋山（Spiral Hill）	德国盖尔森基兴 （Gelsenkirchen）煤矿区
1998~1999	Herman Prigann	Der verschwundene Fluss- die Erdwelle消失的河流土地波浪 （Lost River- earth Wave）	德国比特菲尔德 （Bitterfeld）的戈伊奇 （Goitsche）露天矿坑

5.2.2 要素组成与评价标准

根据上文对于生态审美的论述，结合笔者的田野调查，本书将采石废弃地的生态审美要素归纳为以下几项内容：

1．散乱丛生的野生植被

采石废弃地内自由蔓生的野生植被无疑是最能激发人们生态审美意识的要素：无论在碎石掺杂土壤的平台迹地、裂隙支离破碎的岩壁边坡，还是在季节性涨落的低洼池潭，散乱丛生的野草与乔灌木总是展现出无限的生机和顽强的生命力。在无人为干预的情况下，只要具备一定程度的水热条件和土壤生长环境，采石废弃地都会按照自然演替规律生长出一些野生植被，而这些植被无疑是最适应场地条件的乡土物种。它们对于提高废弃地的生物多样性和维持生态系统稳定发挥着重要作用，而其丰富变化的形态和自由散乱的分布也让人感受到无拘无束的美感（图5-3）。

图5-2 "消逝的河流——土波浪"作品
（图片来源：Herman Prigann等，2004）

与风景审美视角因植被色彩与画面和谐搭配而获得的美感不同，生态审美欣赏的是野生植被蕴藏的动态、变化、无序、粗糙、侵扰、非平衡和多样性等特征。这种美或许只能当人们身临偏僻宁静的采石废弃地，听着脚踩碎石沙沙的声响，嗅着野草雨后的气息才能够真切地感受到。

2. 自由出没的虫鱼鸟兽

采石废弃地演替形成的野生植被为虫鱼鸟兽提供了栖息环境，而诸如蚂蚁、蚯蚓、野兔的活动也会促进自然群落的完善和稳定。更为重要的是，这些自由出没的动物将会使来到这里的人们更加亲近地感受自然万物的生命之美（图5-4）。

3. 荒凉杂乱的野趣空间

丰富生动的动植物群落结合纷繁复杂的矿坑形态使得位置偏僻的采石废弃地往往能够形成荒凉杂乱的野趣空间，而这也是生态审美的重要体现（图5-5）。通常人们认为采石废弃地是"荒凉"与"杂乱"的，当然也有认为其是"富有野趣"的。笔者认为，如果人们身临废弃地之中，持有"富有野趣"态度比例的人应该会更高。杂草丛生、碎石散布、岩壁错落的矿坑形态使废弃地显得杂乱无章，而人迹罕至和野生动物的出没则为其增添了些许荒凉的气息。

综上所述，未经人为过多干预并依靠自然的自我修复能力恢复形成的采石废弃地野生动植物生境群落一般都能够给人带来浓郁的生态审美体验。特定采石废弃地的生物多样性越丰富，

（图5-3）

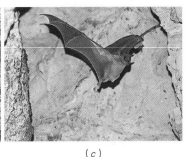

（a）　　　　　　　　　　（b）　　　　　　　　　　（c）

（图5-4）

（图5-5）

在没有人为干预情况下越能够保持生态系统的健康稳定，那么其外显的生态审美价值一般就越大。单纯以此标准来衡量，许多正在开采与废弃不久的采石场地并没有太大的生态审美价值。但经验表明，其中一些场地因为有着丰富多样的空间形态（例如地下水积蓄的深坑、凹凸错落的崖壁边坡），在一定水热环境条件下常常能够较快地恢复至良好的自然状态，从而具有潜藏的生态审美价值。由此可见，生物多样性、自我稳定性、空间形态复杂程度以及所处地理区域的水热条件共同构成了评价采石废弃地生态审美价值大小的一般标准。

5.2.3　获得途径

根据上文论述，自然恢复得越是良好的采石废弃地，其生态审美价值越高。而从审美主体角度来看，人类应该如何才能更好地获得这种审美体验呢？

1．生态审美是人类本性

从生物学层面讲，动物属性决定了人类无法完全脱离自然生态而存在。对自然的依赖是我们与生俱来的人类本性。美国华裔地理学家段义孚与生物学家威尔逊分别将人与土地以及人与土地上的生物之间的这种依赖关系称为"土地链"（topophilia）和"生物链"（biophilia）。同样道理，作为生命体，对自然生态与生命活力的审美感知使人类具有了生态审美的本性，具体表现为人对自然万物蓬勃生命力的亲和。

2．获取自然生态知识，培养生态保护观念

根据上文关于知识重要性的生态审美思想内涵阐述，获取有关自然

图5-3　采石废弃地的野生植被示例
图5-4　采石废弃地的野生动物示例
（图片来源：网络）
图5-5　采石废弃地的野趣空间

（图5-6）

生态的科学知识将有助于提高生态审美的感知能力。科学家对世间万物的考察越深入，便越能发现世界存在之美，这便是"科学美"的概念。生态审美同样如此，生态学家和动植物学家因为对自然有着更深入的了解，所以才能够在对自然细致入微的观察中获得更强烈的心理愉悦，同时也更容易从中获得美的感受（图5-6）。因此可以说，生态审美建立在人类对自然的了解以及自身审美修养提高的基础之上。当然，除了获取自然生态知识，培养关爱生命、保护环境的生态观念同样非常重要，而这也是生态美育的意义所在。

3．灵敏的感官系统能够促进生态审美的感知能力

灵敏的视觉、听觉、嗅觉、味觉与触觉感官系统将有助于人们更好地捕捉到自然生态特性，从而使其与环境更彻底地融为一体，达到物我两忘的审美境界。

5.3　风景园林营造中的生态审美价值发掘

风景园林营造的核心对象是自然环境，因此它较之城市规划与建筑设计更容易受到生态审美思想的影响。基于上文所述，在生态科学、自然文学、环境美学与现代艺术等推动下的生态审美思想促使一些现代风景园林师突破了传统风景审美意识的限制，并对于自然生态产生了新的审美认知与体验。风景园林师开始正视"未经修饰的自然之美"，力图保存自然的"原生态"，反对未经深思熟虑的人为干预，并有意通过改造来显露自然生态的生命过程之美。

5.3.1 发展概况

19世纪下半叶，在西方现代风景园林发展的早期，因受生态学思想的影响便已出现将自然过程引入园林设计的想法。例如，美国中西部地区开发建设浪潮中形成了乡土化设计理念，以西蒙兹（O·C·Simonds）和詹逊（Jens Jenson）为代表的风景园林师创造了"草原式风格"（The Prairie Style in Landscape Architecture），强调对乡土性的植物和材料选择，以适应干旱气候和盐碱性土壤条件。西蒙兹更提议"向自然学习如何种植"，而詹逊受生态学家考利斯的影响，倡导更充分地保护自然景观。该理念已不再拘泥于固定的形式和手法，特定的风景审美模式不再是形式营造的主导，而基于生态审美的风景园林营造方式已初见端倪。

1976年，美国学者罗伯特·萨尔（Robert Thayer）提出了"审美的生态"（Aesthetic Visual Ecology）概念，并提出设计应将自然生态过程视觉化和转变为审美体验。1981年，德国风景园林师克劳斯·斯皮策（Klaus Spitzer）在其《绿色城市》（Grün in der Stadt）一书中倡导生态审美概念，并攻击花园与风景园林中"陈旧的审美设计原则"。"在一个花园中，自然必须是师傅，而园主人应当是学徒。学徒拜访师傅时，作为一名客人，他应当尊重主人家的规律。"斯皮策借此说明人们应当按照自然的规律进行园林设计，并优先满足自然的生态要求。基于麦克哈格"设计结合自然"的思想，路易·勒·罗依（Louis G. Le Roy）解释到"让自然生长——自然将会安排好自己的一切"。在这些"生态中心主义"的设计思想看来，自然在任何时候都是更好的设计师，而她将向我们提供其自身具有的审美品质。

在诸如上述生态审美理论的影响下，20世纪70~80年代以来，保护环境与改善城市生态状况的意识促使欧美地区的风景园林设计中出现对荒野地的保留，并推动着人们生态审美情趣的转向。目前，随着公众对荒野景观的接受与认同，德国已出现越来越多体现生态审美思想的风景园林作品，例如彼得·拉兹完成的萨尔布吕肯市港口岛公园（1985~1989年）与杜伊斯堡北风景园（1990~1994年）、卡尔·鲍尔（Karl Bauer）的海尔布隆市砖瓦厂公园（1989~1995年）等等（图5-7）。这些公园设计充分利用场地内的废弃材料与野生植被进

（a）港口岛公园　　　　　　（b）杜伊斯堡北风景园　　　　　　（c）海尔布隆市砖瓦厂公园

（图5-7）

图5-6　儿童在充满野趣的自然修复的采石废弃地中亲近大自然
（图片来源：Sheila M. Haywood，1974）
图5-7　风景园林营造中的生态审美表现
（图片来源：a、c 王向荣、任京燕，2003；b 网络）

行风景营造，以发掘工业废墟中的自然生机与活力，并尽量避免对场地恢复形成的生物多样性与生态平衡的破坏。而如今，"野生和原始"（wildness）概念在西方已受到越来越多的重视，例如德国在国土规划中便要求保留2%的国土范围不做任何开发建设而保留其自然野生状态。

在美国，乔治·哈格里夫斯的作品将艺术与生态完美地结合，引领着风景园林设计中生态审美思想发展。哈格里夫斯具有欣赏荒野自然的生态审美禀赋[①]。这种对自然之美的敏锐感直接促使他选择了风景园林职业生涯，而大地艺术家史密森对自然进程的表达则最终促使其形成生态审美意识。1982年，他从龙卷风中认识到其可怕的美丽与古典主义神圣而富有秩序感的美和如画的自然式构图的美完全不同——它是一种与自然的创造力和破坏力相联系的美，是一种与变化的、无秩序的可能性相联系的美。由此，他产生了改变美的概念，表达自然界的动态、变化、分解、侵蚀和无序的美的愿望。在此思想影响下，哈格里夫斯在20世纪80年代以来建设的许多公园项目中的植物都不需要灌溉和经常修剪（图5-9）。受雕塑艺术家史密森的"沥青的倾泻"等作品的影响，哈格里夫斯注重在其作品中强化自然的重力、侵蚀和物质性与人之间的相互作用。例如其作品烛台点文化公园（图5-8）便致力于营造一种海风海潮涨落的自然体验。哈格里夫斯将这种方法比喻为"建立过程，而不控制终端产品"。

此外，艺术家罗娜·乔丹、双乔尼斯景观事务所与布劳和卡德维尔工程顾问公司共同在美国华盛顿州Renton设计的水园工程便通过艺术性地设计人工湿地形成丰富生动的植物群落，体现了自然系统的自组织和能动性。美国风景园林师迈克尔·范·瓦肯伯格在其设计的通用米氏公司总部中，拟自然播撒草种创造适宜当地的地被群落，并每年引火燃烧使其次年再萌新绿，都借助了自然的生态过程及其自组织能力。这些策略都体现了设计师的生态审美意识。

（图5-8）

（a）拜斯比公园内的野生草甸　　　　　　　　（b）旧金山金门国家休闲公园内的乡土植被

（图5-9）

（c）旧金山金门国家休闲公园内的乡土植被

受西方设计思想影响，目前中国的风景园林师也已形成了保护荒野自然，欣赏其杂乱无序不稳定特征的生态审美共识，并建设完成了一些富有生态审美价值的风景园林作品。俞孔坚（2001）提出了欣赏"野草之美"的设计概念，主张挖掘大自然中"被遗忘、被鄙视、被践踏的自然之美"。土人景观设计完成的秦皇岛红飘带公园、秦皇岛滨海公园、上海后滩公园以及天津桥园等项目都体现对乡土植物和自然生态过程之美的应用（图5-10a，b）。王向荣与林箐完成的杭州江洋畈生态公园设计最大限度保留了从荒芜的淤泥库自然演替形成的沼泽林地，为公众提供了丰富的自然体验和公众教育的机会（图5-10c）。

① "从童年到青年，他在美国很多城市居住过，也旅行到过许多地方。有一次他来到洛基山脉国家公园平顶（Flattop）山的最高峰，看着那些初生的、纤弱的小花穿破积雪，在贝尔（Bear）湖和周围山上的雪地里开放，他体验到一种'位于恐惧边缘的愉快'和与自然融为一体的兴奋，这是'一种思想、身体和景观联系在一起的奇异的感觉'"（王向荣，2002）。

图5-8　哈格里夫斯的烛台点公园
（图片来源：王向荣、林箐，2002）
图5-9　哈格里夫斯风景园林作品中的生态审美表现
（图片来源：a 王向荣、林箐，2002）

（a）秦皇岛海滨公园　　　　　　　　（b）天津桥园　　　　　　　　（c）江洋畈生态公园

（图5-10）

5.3.2　一般原则与方法

基于上文内容，本书将风景园林营造中生态审美价值发掘的一般原则和方法归纳为以下几点：

1. 生态健康原则：维持生态平衡与提高生物多样性

维持生态平衡与提高生物多样性已成为现代风景园林专业的主要实践任务，同时也是发掘场地生态审美价值的主要内容。因为，只有在无人为干预情况下能够保持健康稳定的生境群落才能够使人们感受到荒野自然的强大生命力；而这些不加修饰的自然具有更加丰富的生物多样性，从而使人们更容易体会到自然生态中物质能量交换转移的丰富性和复杂性。维持生态平衡是指不盲目破坏场地内原有的生态结构和功能，同时也不刻意利用人工措施将该自然系统维持在一个完全静止的稳定状态；提高生物多样性的根本是保持和增加乡土生境群落的多样性，例如修建整齐的草坪在这一方面是无法与自由蔓生的野草丛相提并论的。

2. 最小干预原则：保留野生植被，再利用废弃物，营造野趣空间

生态设计主张一种对自然环境的最小干预原则：尊重场地的生态发展过程、循环利用物质与能源、倡导场地的自我维持和应用可持续处理技术。长期以来的风景园林实践习惯于清除所有的场地信息进行重新设计，基于生态审美价值的最小干预原则认为这是极其短视与错误的——该原则认为应该突破传统人造景观的审美套路，正视自然"未经修饰的美"，在风景园林中保护和发扬这种更加符合自然规律、更加真实、毫无矫揉造作的美。最为常见的具体做法包括保留野生植被、再利用废弃物与营造野趣空间等等。野生植被与废弃材料在形态、色彩与质感等方面较之干净整洁的人工草坪与崭新材料更显丰富与复杂，层次变化也更加多样，且充满不断变化的"动态"特征。

3. 让自然做功原则：利用自组织能力，显露自然过程

"让自然做功"的设计原则强调人与自然过程的共生与合作关系，并旨在通过与生命所遵循的过程和格局的合作减少设计的生态影响。利用自然的自组织和能动性以及边缘效应进行空

间营造等是让自然做功的主要方法。基于生态审美的风景园林设计注重表现自然本身的生态之美，强调将美的形式与生态功能全面融合，从而使人重新感知、体验和关怀自然生态过程。自然的生长变化过程能够给人们带来心灵愉悦，与自然形成通感，并尽量减少人对自然进程的干预。

尽管发掘场地的生态审美价值已成为风景园林的业内共识，并得到一些实践应用，但是生态审美与风景审美思想之间仍然存在着一些分歧，并尚未得到社会公众的普遍认可。这一现象是由荒野自然与人类生存之间的根本矛盾造成的，人类生活需求的满足在一定程度上确实需要以牺牲生态功能为代价。这也是为何在美国纽约高线公园设计竞赛中，试图保留荒野气质的"生态中心主义"方案没有被采纳的原因。面对野草与废弃材料等杂乱肮脏的自然要素，风景园林师更多时候还需要利用人工修饰的整齐和精致来替换。可以说，如何协调生态审美与公众认知及社会功能满足之间的关系依然是风景园林师需要思考的问题。

5.4 采石废弃地修复改造实践中的生态审美价值发掘

目前采石废弃地风景园林修复改造再利用实践中关于生态审美价值的发掘主要集中在一些兼具游憩科普功能的生态修复与自然保育类型的项目中。设计师通过营造健康稳定并充满野趣的动植物群落结构使公众接近荒野自然并从中获得生态审美的体验。

5.4.1 英国采石废弃地生态修复实践

经文献检索与案例收集，本研究发现英国的采石废弃地生态修复实践在欧美国家中有着突出表现。本小节将对英国修复改造实践中的生态审美价值发掘状况进行介绍，并通过与我国目前的生态修复实践比较获得一些启示。

1. 理论基础

20世纪初期，西方一些生态学家便开始对采矿场地的物理化学和生物环境展开基础数据收集和调查研究，仔细描述了其生态系统中地质、土壤、水文、植被和生物等要素的表现特征与变化演替规律。20世纪70~80年代，景观生态学与恢复生态学因为环境保护意识的普及得到快速发展，西方国家形成了一系列关于采石采矿场地生态修复的研究成果。这些为采矿废弃地生态修复实践提供了理论基础。

1979年德国植物生态、景观规划与环境保护专家格哈德·达默（Gerhard Darmer）写作出版了《景观与建筑：再生环境指南》（*Landschaft und Tagebau: Ökologische Leitbilder für die Rekultivierung*）。1992年，美国风景园林师诺曼·迪特里希（Norman L Dietrich）结

合景观生态学理论和美国实际情况出版了《景观与露天采矿：生态修复指南》（*Landscape and Surface Mining: Ecological Guidelines for Reclamation*）一书。这本书的价值在于基于生态景观（ecological landscape）视角，系统性地提出了一套露天矿区修复的指导纲要（guideline）和方法模型。该书首先通过系统研究矿坑采掘（excavation）和废料堆放（spoiling）对矿区地层、土壤、水文、气候和动植物等物质环境与自然变化的影响总结出采矿地区的生态系统模型，并指出地质构造、地形和土壤构成该模型的核心要素；然后基于上述模型形成矿区修复的生态导则，包括坑体和堆体地形处理与生境营造、植被恢复和农林复垦、有毒环境的土壤改善和绿植以及作为休闲活动地区、自然保护地的矿区修复措施等内容；最后简要介绍了矿区"修复规划"概念，指出矿区修复需要与采矿生产和周边地区土地利用规划统筹考虑。该书强调采矿作业需要被提前规划，通过引导和规范其表土清运堆放、采掘操作和地形塑造等工作帮助采后恢复良好的地形、水文和植被关系，从而形成具备新的功能且视觉良好的矿区景观。此外，诺曼·迪特里希（Norman L. Dietrich）（1993）还发现基于景观生态学的斑廊基结构理念的采矿废弃地景观改造可以加强野生生物廊道的生态群落价值，并根据该理念和方法对采矿区地形进行改造并规划了利于野生生物活动的景观结构。

英国植物学家安东尼·大卫·布拉德肖（Anthony David Bradshaw）和生物学家M·J·查德威克（M. J. Chadwick）在1980年合作出版了《土地修复：荒废退化土地的生态与复垦》（*The Restoration of Land: The Ecology and Reclamation of Derelict and Degraded Land*）。该书研究了废弃退化土地的物质环境与自然生态特性，并针对不同类型退化土地提出相应的恢复策略与技术方法。其中的采石矿场一章分别介绍了酸性岩、钙质岩以及天然砂石三种类型采石废弃地的岩石特性、立地条件和植被恢复方式。之后，A. D. Bradshaw又与N.J. Coppin在1982年合作出版了专门针对采石矿场植被恢复的论著——《采石场修复：采石与非金属露天矿坑的植物培植》（*Quarry Reclamation: The Establishment of Vegetation in Quarries and Open Pit Non-metal Mines*）。2000年以来，受第3章所提及的"砂石征税可持续性基金"等科研项目支持，加之广泛开展的砂石矿坑修复实践经验，英国采石废弃地的生态修复理论得到进一步完善。

2．实践概况

英国的采石废弃地以位于平原丘陵地区的凹陷露天骨料石材矿坑为主要类型，另外也包括一些山地地区的山顶或山坡露天矿坑。总体来说，英国采石场生态修复与改造以改善采石场地自然环境质量、恢复其生态系统内生物生产力、提高其生物多样性为主要目标。改善自然环境质量是指消除来自场地内外的污染，为建立稳定健康的生态系统提供条件；恢复生物生产力（biological productivity）[1]是指实现生物体正常的生命活动，以发挥其自然生态功能；提高生物多样性是指增加场地内生物类型与生态系统的复杂程度。这三点构成了此类修复改造活动的基本出发点，其最终目标便是形成一个在无人为干预下能够稳定运作并保持自我平衡的自然生态系统。

在生产企业的资金支持下，生态修复的技术主体多为各类自然环境与野生生物保护协会或者专业的生态设计与咨询机构[2]，参与人员来自植物学、动物学、生态学、水文学、土壤学与工程技术等多个专业领域。目前的修复实践主要包括两种修复策略：策略一，以自然恢复为主，对采石废弃地的群落演替过程不加过多干预，亦或在局部进行适当干预和引导；策略二，通过人工干预为自然恢复提供条件，例如在早期阶段利用工程措施塑造地形、疏导水源以及栽种植被等（图5-11）。

首先，每一个生态修复项目都需要经历科学完整的规划设计步骤，一般包括场地分析、功能定位、场地规划、阶段性修复、最终修复与资源管理等内容。场地分析需要对待修复矿坑进行仔细的物理生物学调查与数据分析，从而制定适合该场地条件的修复方案。例如WWT咨询公

（图5-11）

---

① 生物生产力是指单位时间、单位容积（或面积）内某种生物（或生态系统）可生产出有机物质的能力；根据1966年国际生物学发展规划（International Biological Program，IBP）巴黎会议建议，也可称生物生产率（bio-productionrate）。常用数量、生物量或能量表示，如：个数/（m·年）、kg/（m·年）或J/（m³·年）。

② 例如国际自然保护联盟（International Union for the Conservation of Nature and Natural Resources，IUCN）、英国野生生物信托机构The Wildlife Trust以及伯克郡白金汉郡和牛津郡野生生物信托机构（Buckinghamshire & Oxfordshire Wildlife Trust）等地方保护组织等。

图5-11 英国Swineham采石场修复中利用人工塑造地形促进自然恢复
（图片来源：《国内外典型案例矿山生态修复与景观创意》）

司在英国多赛特的Swineham采石废弃地生态修复项目中，设计师进行了详细的水量平衡及水位模拟计算，并制定了适宜的栖息地恢复技术以及严格的建设种植管理方法。

其次，英国采石废弃地的生态修复工程尤其注重对野生动植物资源的保护。其中许多项目也是由于废弃地被确定为"具有特殊科学价值的场所"（Sites of Special Scientific Interest，SSSI）才得以开展。例如位于诺丁汉郡的贝尔莫与劳恩德矿区停止开采之后自然恢复成为湖区和大量候鸟繁殖过冬的聚集地，于是该区域在2002年被确认为SSSI场地。为此，土地所有者与诺丁汉郡野生动物信托机构（Nottinghamshire Wildlife Trust，NWT）展开了长期合作，开展了该600hm^{2}地区的生态修复改造与管理工作。具体包括修筑4km长的篱墙促进牧草生长，在湖中建造浅滩与岛屿，建造教育中心和游览步道等（图5-12）。

再次，英国应对采石矿坑的生态修复工作一般会持续很长时间。例如Swineham采石场修复从2001年持续到2006年才初见成效，而依靠自然恢复的Miller's Dale采石场则从1930年代便开始群落演替的进程。经过长时间的自然恢复与人工监测，采石矿坑转变为湖泊、湿地、草甸、林地和崖壁等多种生境群落类型，为各类动植物和微生物提供栖息生存场所，并形成了充满野趣和生机的自然风景（图5-13）。

3. 中英对比

在我国土地公有制背景下，采石矿场生态修复的主体是各级政府部门，多涉及发展和改革委、国土资源局、园林绿化局以及矿业管理部门等。在采石矿场分布集中的城市，尤其是一些东部经济较发达地区，自20世纪90年代以来已投入大量人力物力开展采石废弃地的生态修复工作。

（图5-12）

（a）　　　　　　　　　　（b）　　　　　　　　　　（c）

（图5-13）

我国是一个多山国家，采石矿场也以山坡露天开采为主，以某些干枯河道的凹陷露天开采为辅，因此导致生态修复面临的问题及应对方式与英国有较大区别。山坡露天采石形成高耸的裸露岩壁、荒坡台地以及碎石堆，其造成的自然植被破坏、地质安全隐患与风景视觉污染问题是国内采石修复实践应对的主要问题。而其中，风景视觉污染往往是促使地方部门进行修复工作的根本初衷[①]。也正因如此，国内采石修复的重点治理区域一般选择在主要道路沿线、临近城市浅山地带、风景游览地区以及其他影响观瞻的地方。基于上述治理初衷，"恢复矿坑植被覆盖以形成绿色生态面貌"一直是我国各地生态修复实践的基本策略。几十年来，通过吸取道路边坡防护与水土保持工程经验，我国目前已形成了挂网喷播、斜坡筑巢、砌筑植生袋、阶梯复绿、植物移栽以及爬藤绿化等一系列采石矿坑生态修复技术措施（图5-14）。

（a）　　　　　　　　　　　　　　（b）

（图5-14）

---

① 例如，浙江省舟山市国土资源局矿管处在其工作报告中这样解释采石矿坑生态修复的必要性："矿山的开采对舟山当地的经济发展起到了推动作用，但同时也破坏了原有山体的生态环境，使得原来完整的山体遍体鳞伤。在城市主要公路及大桥沿线的可视范围内积累了较多的废弃矿山，对周围的地表植被和生态环境造成了很大的破坏，闭矿后遗留大量的危石、险石，存在崩塌、失稳等地质隐患。另外大量的无序堆放的矿渣、生活及建筑垃圾等，有碍生态环境的整洁甚至造成生态环境污染。由于'大陆连岛大桥'项目的实施，这些废弃矿山成为大桥沿线风景里面的一个个伤疤，严重地影响了舟山市的形象和'生态市'的建设，因此对这些矿山的治理已经迫在眉睫"（来源：http://www.zsblr.gov.cn/mlx/mlx/dzgz/fqkszl/fqkszl_2609.html）。

图5-12　贝尔莫与劳恩德采石矿区生态修复
（图片来源：英国德比郡野生生物信托官网）

图5-13　（a）自然恢复的Miller's Dale采石场形成了野生草地、灌木丛与岩壁等多种生境群落；（b）德比郡某矿坑自然恢复形成的Brockholes橡树林与高沼地保护区；（c）Parkfield Road采石场在湖中增设三个生态筏（图片来源：a、b英国德比郡野生生物信托官网，c ARUP咨询公司网站）

图5-14　（a）浙江舟山富翅采石场复绿前后对比；（b）城北水库某采石场生态复绿前后对比（图片来源：浙江省舟山市国土资源局矿管处）

通过对中英两国采石废弃地生态修复实践对比发现，尽管我国矿坑的人工生态修复营造了更为绿色的山体面貌，缓解了风景视觉污染，但依然存在一些修复理念与技术的误区与不足（表5-2）。首先，将绿化种植等同于生态恢复，片面使用农林复垦、边坡绿化以及城市园林绿化方式开展生态修复工作。如此形成的植被群落往往物种单一、稳定性低，难以形成自我维持的生态系统。其次，忽略采石矿坑作为野生动植物栖息地的生态价值，对丰富生物多样性的生态修复目标关注不够。再次，不能有效利用砂石堆、洼地、出露岩体和裂隙等有利资源进行自然生态恢复，反而在地形整理过程中将其全部清除。破坏和抑制了矿坑通过自然恢复形成丰富生境群落的可能，不利于提高场地的生物多样性。

表5-2 中英两国采石矿坑生态修复实践对比

		英国	中国
修复对象	矿坑类型	以位于平原丘陵的凹陷露天开采砂石矿坑为主，以山坡露天矿坑为辅	以位于山地丘陵的山坡露天开采砂石矿坑为主，以干枯河道凹陷采砂矿坑为辅
	分布位置	城镇郊野农田、丘陵草甸以及山地等区域	主要道路沿线、城市周边浅山地带等视觉干扰明显地区
修复主体	主持机构	采矿企业、环境保护组织	政府部门
	核心专业	生态学、生物学、水文、土壤	水土保持、园林绿化
修复内容	理念	营造生境群落系统，丰富野生生物多样性	恢复植被覆盖，形成绿色生态面貌
	策略	自然恢复为主，辅助人工修复	人工修复为主，辅助自然恢复
	技术	封育、地形整理、水位控制、生态筏	地形整理、园林植栽、攀爬、挂网喷播、鱼鳞穴
	成本	成本较小	投资较大
	持续时间	持续时间较长，若干年	集中快速完成，周期1~2年
修复结果	审美体验	充满自然野趣	人工痕迹明显
	生物多样性	极为丰富	较为单一，自然恢复的较丰富
	稳定性	稳定	欠稳定，需人工维护

上述误区不仅导致修复矿坑的生物多样性等生态服务功能明显不足，而且使得修复工程造价巨大，修复效率降低，此外还会导致部分具有较佳审美价值的岩壁边坡遭到破坏与覆盖。

经分析，产生上述误区与不足的原因包括以下几点：首先，专业协作不足，一直以来，我国采石矿坑生态修复实践以水土保持、园林绿化以及环境工程等专业为主，缺少生态、水文和动植物专业人员的直接参与；其次，缺乏生态恢复的时间观念，形成一处健康的自然生态系统需要缓慢的群落演替过程，然而政府部门谋求"快速见效"的政绩思想无法接受长期缓慢的修复理念；再次，人工修复带来的巨大经济利益是促使这一修复方式发展迅速的根本驱动力。

无论如何，英国采石废弃地关注生态审美价值发掘的生态修复实践为我们提供了诸多启示，有待水土保持、环境工程与风景园林专业对之进行更加深入的研究与借鉴。

5.4.2 德国海尔布隆市砖瓦厂公园

需要说明，该公园基址改造前属于黄黏土矿坑，严格来说并不属于采石废弃地类型。但由于其典型的矿坑形态特征以及在工业废弃地风景园林修复改造历史中的特殊地位，本书将其作为研究案例，希望更好地阐述设计师对于生态审美价值的识别与发掘。

1. 项目概况

该砖瓦厂在开采了100多年的黄黏土之后由于债务原因于1983年倒闭。海尔布隆市在1985年购得这片近15hm²的工业废弃地，并于1989年举办设计竞赛，计划将其改造成公园。鲍尔（Bauer）获竞赛一等奖，并联合二等奖获得者施托策（Jörg Stötzer）共同完成了公园建设（图5-15）。1990年开始项目委托，鲍尔负责总体规划及公园东部的设计，施托策负责公园西部的设计，并最终于1995年5月举行落成典礼。

（图5-15）

图5-15 海尔布隆市砖瓦厂公园平面图
（图片来源：王向荣、林箐，2002）

2．设计策略

在公园建设项目开始委托之时，该黏土矿坑已经废弃闲置了7年，生态环境较之采掘时期也得到了极大改善：昆虫鸟兽重新开始在此活动，甚至还有一些珍稀物种出没。基地已从遭受人类破坏的采掘场地转变为典型的第四自然场所（图5-16）。而鲍尔在此基址上进行公园设计时所确立的主要设计问题便是："工业废弃地不应是衰败而丑陋的象征，在工业废弃地上如何建造一个新的景观，树立新的生态和美学价值，形成新的有承载力的结构，承受人们区域休闲需要的压力，同时又不破坏7年闲置期所形成的生物多样性与生态平衡"。

鲍尔最终采取了以下设计对策：

（1）混合式的公园功能组织：集合市民休闲运动区域、砖瓦厂历史痕迹的保留区域以及自然湖泊多个不同功能区域。每个区域的选择都谨慎地遵循基地的特点，尽量减少投资。

（2）充分保留基地内已经恢复的野生植被：在公园人工景观区域周围，鲍尔保留了大量没有人为干预的荒野区域，并任其植被自生自灭（图5-17）。其中最具代表性的是在靠近15m高的黄黏土陡壁旁边，鲍尔划定了宽约50m的遗迹保护区，并通过挡墙使其生境群落得到严格保护。

（图5-16）

（图5-17）

（3）循环利用废弃材料进行工程建设：砖瓦厂遗留的砾石被用作道路的基层或挡土墙的骨料；石块被用来砌成干墙；旧铁路的铁轨作为路缘。所有废弃旧物都得到了有效利用。

该项目建成后成为海尔布隆市各阶层市民所喜爱的休闲游憩场地，并影响了其他采砂采石废弃地的修复改造实践。

5.4.3 澳大利亚悉尼奥林匹克公园砖厂矿坑环形步道

悉尼奥林匹克公园砖厂矿坑环形步道项目（Brickpit Ring Walk）充分体现了当代风景园林师是如何基于场地生态审美价值识别进行采石废弃地修复改造再利用的。

悉尼奥林匹克公园所在区域位于城市核心商业区西侧，面积共约760hm^2。自19世纪末期，这里开始成为军械厂、屠宰场、砖厂、垃圾填埋场和化学工厂所在地。这些人类生产生活干扰对该区域自然环境造成极大破坏，而伴随20世纪五六十年代悉尼的快速城市化，这里曾经的大片湿地变成了肮脏的垃圾堆和被污染的臭水沟（图5-18）。悉尼在申办奥运成功之后，希望以此为契机推动这片城市消极区域的修复、更新与改造。

（图5-18）

图5-16　海尔布隆市砖瓦厂公园保留的黏土陡壁
（图片来源：王向荣、任京燕，2003）
图5-17　公园内保留的荒野植被
（图片来源：王向荣、任京燕，2003）
图5-18　场地现状照片
（图片来源：网络）

环形步道项目所在场地原是一处砖场，基址内主要是一个低于周围地面数十米的砂岩凹陷采石矿坑，总面积约25hm²。该场地紧邻集中布置的体育场馆区域，对于改造成为供人们休憩娱乐的开放空间有着极佳的区位优势。然而，在1993年公园改造建设开始之初，采石矿坑内发现了濒临灭绝的绿纹树蛙[1]，其种群数目非常可观，而且被保护组织认定为是其所在动植物群落的关键物种（图5-19）。这一发现对该场地的规划、设计与管理定位产生了重大影响，并使其成为奥林匹克公园长期自然保护项目的重点区域。最终，为了更好地保护绿纹树蛙，砖厂所在矿坑被作为最为主要的栖息地进行改造，此外还在那拉旺（Narawang）湿地与温特渥（Wentworth）公地区域建立了两处新的群落生境。最终该公园在90hm²土地范围内一共建设了70个池塘作为树蛙栖息地，并利用地面走廊与道路涵洞连接在一起。

作为一种两栖动物，绿纹树蛙栖息地需要池塘、草丛与岩石区域等不同环境。在其生命的不同阶段，树蛙可能会利用到池塘、芦苇丛、野草地、裸露地、泥炭地、深泥裂地、碎石堆、岩石和原木桩等生境要素。基于对绿纹树蛙生活习性的仔细研究，该栖息地改造最大程度地保留了场地内业已恢复的野生动植物群落和生境条件。

可以说，该矿坑场地作为珍稀动物栖息地的设计策略选择与整个奥林匹克公园强调基于生态审美价值发掘进行生态恢复与自然保育的基本目标密切相关。为了彻底治理整个公园区域在工业时代造成的污染破坏，1991年公园建设机构对整个园区进行了细致的调查，并在1992~2001年开展了长期持续的修复工作。其中包括160hm²污染土地的治理，100hm²河口湿地与20hm²桉树林的保育，900万m³废弃物的填埋，2km长的河口溪流疏通工程（将其原来的混凝土防洪渠恢复成为以盐沼泽作为边界并能够自然涨落的天然水道），35hm²被陆地包围的河口湿地的涨落恢复以及建造新的湿地、草地、树林、盐沼泽等群落生境等。通过一系列的修复保育工作，如今人们可以与大自然进行亲密接触，并获得丰富多彩的生态知识。

作为树蛙的栖息场所与自然保育地，砖厂矿坑需要尽量避免人的进入。为此，设计师在矿坑内设置了一个550m长的"奥运获奖环形步道"（Award-winning Circular Ring Walk），同时也和奥林匹克公园的主题相契合（图5-20）。该步道利用纤细轻巧的钢材高架在矿坑湖体上方，距离地面18.5m。步道外侧使用彩色围挡拼出典雅精致的彩带，加之精细准确的钢架结构形成的人工构筑与矿坑内不加修饰的野趣空间遥相辉映、相得益彰。

（图5-19）

（图5-20）

5.4.4 德国奥斯纳布鲁克大学植物园

奥斯纳布鲁克大学植物园是基于韦斯特伯格区的两个废弃石灰岩采石矿坑改造而成。这一地区从13世纪开始到第二次世界大战之间都是作为奥斯纳布鲁克老城区建设的主要石灰石产地。20世纪50年代停采关闭之后，这一地区逐渐被日益扩张的城市包围，并成为奥斯纳布鲁克大学的一部分。

该植物园成立于1984年，隶属于大学生物/化学部，最初占据一个采石矿坑范围，面积5.6hm²。这里展示着来自全球范围内大约8000种（品种）植物，按照地理区域可分为地中海地区、亚欧草原地区、中国、日本和北美地区等。1996~1997年在矿坑边缘建造了一个占地600m²、高度21m的玻璃温室，其中收集了包括亚马逊雨林植物在内的800多种

---

① 绿纹树蛙，学名*Litoria aurea*，又名绿金雨滨蛙、澳洲金蛙或绿金铃蛙，是澳大利亚东部特有的一种树蛙。绿纹树蛙在1995年通过的《新南威尔士濒危物种保护法》（TSC Act）与1999年通过的《英联邦环境保护与生物多样性保护法》（EPBC Act）中都被列为濒危物种。

图5-19 绿纹树蛙
（图片来源：网络）

图5-20 环形步道与栖息地相分离
（图片来源：网络）

第5章
采石废弃地生态审美价值识别、评价与发掘

（图5-21）

（品种）中美洲和南美洲植物（图5-21）。2011年4月，另一处2.8hm^{2}的采石废弃地被划入植物园范围，而这里经过50多年的自我恢复已形成健康完善的乡土动植物群落。

该植物园在奥斯纳布鲁克大学乃至整个城市中承担着多种功能。首先，该植物园是大学科研与教学的重要资源，植物学、生物学专业的教师、学生定期在这里进行田间试验。其次，该植物园是保护当地生物多样性的重要场所，并在2003年主持成立了多个基因库项目。再次，植物园也承担环境教育与公众科普的功能，每年有大约7万名市民来此参观，儿童和青少年在志愿者帮助下开展形式多样的自然体验活动（图5-22）。

（图5-22）

从风景园林设计的角度思考，该植物园的营造策略可以被认为是基于原有采石废弃地生态审美价值的利用和发掘。两处采石矿坑经过数十年的自我修复与群落演替，恢复产生了种类丰富的群落生境和野生乡土植物。例如土层深厚的谷地地区形成了包括枫树、悬铃木、欧洲白蜡、菩提树和山榆树在内的茂密林地；林地下层可发现柳兰、野草莓、蕨类和苔藓等地被植物；而南向坡地上则有野玫瑰、山茱萸、山楂、女贞等喜阳植物；在水分稀少的干燥砾石堆中有红景天和岩石景天等耐旱植物；即使在裸露岩壁和碎石斜坡中也会生长有三叶草、仙鹤草、圣约翰草等耐贫瘠的植物。此外，在不同类型的生境中还有蜜蜂、蝙蝠、猫头鹰等动物出没。

　　面对如此丰富的野生动植物群落资源，奥斯纳布鲁克大学植物园的设计建造并没有像常规植物园那样利用大量人工培育的园艺花卉和园林树木代替这些野生植被，而是充分保留了采石废弃地自我修复形成的这种荒野氛围（图5-23）。植物园的设计建造者知道这些野生群落如此丰富和复杂，以至于很难完全通过人工技术形成这样的面貌。岩石崖壁、碎石斜坡、树林、朽木与草地等野生生境类型呈现出荒芜的自然景象，而且植物园内没有清晰的路网和干净整洁的道路。在这里，人们对自然野趣的向往得到激发，树木丛和砾石堆成为儿童、青少年冒险的乐园，他们可以用石头、树枝进行手工制作，还能够寻找和观察昆虫世界。通过荒野自然的充分熏陶，人们的生态审美意识在此得到培养。

（图5-23）

图5-21　玻璃温室
（图片来源：网络）
图5-22　公园的环境教育与公众科普活动
（图片来源：Der Naturnahe Steinbruchim Botanischen Gartender Universität Osnabrück）
图5-23　植物园刻意保留的野生动植物群落
（图片来源：左上图引自维基百科，其他引自Der Naturnahe Steinbruchim Botanischen Gartender Universität Osnabrück）

8 7 6

第
6
章

采石废弃地废墟审美价值识别、评价与发掘

　　　　　如同其他工业废弃地类型，采石废弃地内或会遗留一些窑炉库房的断壁残垣、机车器械的锈蚀骨架以及料堆岩壁和野草荒丘。这些采石废墟呈现出的萧瑟破败的环境气氛会使人产生无限遐想，并因其隐藏的文化信息与历史记忆而具有独特魅力和审美价值。基于对废墟审美概念及其源流表征与内涵特性的概述，本章内容归纳总结了采石废弃地废墟审美价值的要素组成、评价标准以及获得途径，并对一些采石废弃地风景园林修复改造再利用案例中的废墟审美价值发掘进行了解析。

6.1　废墟审美概述

　　近年来，废弃破败的古代遗迹、城市拆迁区以及工业构筑因其独特的历史、文化与美学价值而受到人们越来越多的关注。保护利用这些建筑遗迹与历史场所更是成为遗产保护、规划设计与艺术类学科内一项基本共识。那么，为何这些建筑与场所废墟是美的？废墟审美有着怎样的文化基因？又有哪些思想内涵与特性？

6.1.1　概念解析

　　"废墟"一词的含义是指"城市、村庄遭受破坏或灾害后变成的荒凉的地方"，抑或指"受到破坏后变成的荒芜的地方"。其对应的英文词语为ruin（s）。根据美国学者罗斯（Michael S. Roth）的研究，英语中的ruin、法语中的ruine、德语中的ruine、丹麦语中的ruinere都源于一种"下落"（falling）的观念，并因此总与"落石"（falling stone）的意念有关；其所隐含的废墟主要指石质结构的建筑遗存。在本书中，"废墟"的涵义并不局限于石质建筑，而是指一切因遭受遗弃或破坏而形成的并保留有明显人工痕迹的建筑、构筑与场所。"废墟审美"是指人们在面对或身处某些废弃破败的建筑、构筑物和场所时所形成的审美感受与精神体验。

　　一般而言，将某对象称为"废墟"需同时满足以下几个条件：首先，具有较为稳定的固体形态，而诸如污水废气虽然同样被污损遗弃，但不能称为废墟；其次，已丧失对象最初的使用功能，否则也不能称为废墟，即使是同废墟具有相近形态特征的古老民居；再次，形体有残缺破损但并未消失殆尽，已被完全夷为平地的建筑所具有的废墟特性随着原有结构的消失而减弱。

　　根据对象类型和形成原因，废墟主要可分为以下类型：①历史废墟或文物废墟，指具有悠久历史和文物价值的标志性建筑遗址，例如希腊帕提农神庙、罗马输水渠和斗兽场以及我国长城和西安古城墙等；②战争废墟，指因战争而被摧毁所形成，例如废弃的炮台、圆明园遗址等；③建设废墟，指因自然灾害或城市建设而毁坏的普通建筑废墟，例如汶川地震遗址、拆迁了的城市旧城等；④工业废墟，指工业生产场地遭遗弃后所形成的废墟，例如废弃的工厂厂房和机器、矿山铁轨以及矿渣堆等。显而易见，本书探讨的采石废弃地属于工业废墟类型。

通常而言，废墟代表着消逝、衰退、破败、残缺甚至危险和恐怖等消极意象，似乎很难使人形成轻松、愉悦、优美的审美体验。但其实诸如历史文物古迹、废弃建筑的残垣断壁以及工厂废墟中高耸的机械构筑等废墟往往带给人们意想不到的心灵冲击与氛围浸染，并最终构成一种特殊的审美体验。

6.1.2　研究概况

近些年来，国内外逐渐形成了关于"废墟审美"的讨论。废墟美学（aesthetics of ruins）也作为一学术概念越来越多地出现在哲学、美学、社会学、文学、绘画、摄影、电影、建筑、考古学等学科领域内。

西方已出版了大量关于废墟审美或其美学研究的理论专著、论文集、游记和摄影画册。保罗·祖克尔（Paul Zucker）在1968年出版了《腐朽的魅力：废墟、遗迹-象征-装饰》（*Fascination of Decay: Ruins; Relic-Symbol-Ornament*），第一次较为系统地分析阐述了废墟审美。20世纪90年代以来，许多学者、作家及摄影师将他们游历世界各地废墟古迹的体验著作成书，如《废墟之愉》（*Pleasure of Ruins*）（1984）、《废墟的美学》（*The Aesthetics of Ruins*）（2004）、《哈德生峡谷废墟：被遗忘的美国景观地标》（*Hudson Valley Ruins: Forgotten Landmarks of an American Landscape*）（2006）以及摄影集《废墟王国：古代土耳其的壮丽艺术和建筑》（*Kingdoms of Ruin: The Art and Architectural Splendours of Ancient Turkey*）（2010）等等。这些著作充分说明目前西方社会对于历史废墟已形成较为普遍的欣赏热情，而它们关注的主要是人们面对历史文物废墟的一种沉思与凭吊。另有一些关于废墟审美的著作将其讨论拓展到更广泛的废墟类型和应用范围。《不可抗拒的衰变：再生的废墟》（*Irresistible Decay: Ruins Reclamed*）（1997）对艺术与文化中的废墟提出了富有想象力与创造性的解读；《废墟之中》（*In Ruins*）（2001）结合精彩的废墟经历论述了文学、艺术和审美发展历史中对于废墟的应用；《城市荒野景观》（*Urban Wildscapes*）（2011）一书通过调查欧洲、中国和美国不同尺度和类型的城市荒野废弃地，指出这些场所比人们想象得更具内涵意义和实用价值，对其特质的关注能够帮助指向更可持续的规划、设计和管理方法；《废弃物：万物的哲学》（*Waste: A Philosophy of Things*）（2014）一书从哲学视角考察了人们为何对被遗弃的事物会充满兴趣，而使得废弃物长期以来成为艺术家、作家、哲学家以及建筑师们进行创作的宝贵资源；《废墟记忆：新近过去的物质性、审美与考古学》（*Ruin Memories: Materialities, Aesthetics and the Archaeology of the Recent Past（Archaeological Orientations）*）（2014）一书从"当代过去考古学"（archaeology of contemporary past）的视角探讨了现代学术界对于当地废墟的文化与历史价值的研究状况；《工业废墟：空间、审美与实体》（*Industrial ruins: spaces, aesthetics, and materiality*）（2005）一书提出：与通常的建成空间不同，废墟往往能够唤起一种充满无序、惊奇与通感的审美体验，使人们回到过去并获得场所与物质性的空间触觉感受。破碎不完整的特性以及缺乏固定意义使得废墟具有了丰富的内涵。它们模糊了城市与郊野、过去与现在的边界，并与记忆、欲望和场所感紧密地联系在一起。

相比西方，目前中国关于废墟审美的研究气氛要冷清许多。除了在艺术、文学、哲学等领域出现的少些探讨特定人物和作品废墟美学思想的学术论文之外，国内鲜有关于废墟审美的理论著作产生。2012年，著名美术史家巫鸿的著作《废墟的故事：中国美术和视觉文化中的"在场"与"缺席"》出版，对于国内关于废墟审美的艺术理论认识与探讨起到了积极的推动作用。该书对中国由古至今关于"废墟"审美的视觉艺术表达及其背后的社会文化现象进行了梳理，将中国的废墟文化分为三个主要阶段与组成：一是传统中国文化对于"往昔"的视觉感受和审美，包括对"丘"与"墟"两种历史废墟场所的缅怀、对古诗画中碑与枯树等意象的表达、拓片作为文化遗物的废墟内涵以及"迹"[①]的存留和展示；二是在鸦片战争前后至抗日战争之间的废墟视觉文化，包括西方殖民列强以及早期欧化艺术家描绘近代中国的"如画废墟"风景以及基于征服或存亡不同表达目的对战争废墟的记录、创作与宣传；三是解放战争以来当代中国政治、经济、社会变迁中的废墟美学的表达，包括抗日战争与"文革"结束之初的废墟艺术面对满目疮痍所表现出的"绝望与希望的能指"以及20世纪八九十年代以来对城市废墟的艺术再现与反思。除此之外，国内近年也出现一些探讨废墟之美的游记类图书和画册：《新疆美：废墟之美》（2006）描绘了新疆大漠之中丝绸之路、楼兰古城等昔日文明留下的废墟文化；《废墟之美：亚欧大陆上的建筑奇观》（2010）记述了作者在中世纪的矿井、郊外的古代墓园和山顶废弃的度假山庄等废墟中获得的独特审美体验；《废墟之上（行走英国的16个片段）》（2011）探究了英国16处建筑古迹的历史与形貌，考察了英国对历史文化遗产的保护措施。在理论研究方面，天津大学韩亮在其硕士论文《废墟景观与城市记忆的延续研究》（2008）中提出城市废墟景观由建筑废墟和自然废墟组成，并具有历史、美学与经济价值，对其改造利用是拯救和延续城市记忆的关键；对于一般性废墟的改造再利用方式选择，该文提出了从本体、经济、社会、历史文化、生态与美学六个因素方面进行分类列表法的评估方法，并强调应该利用废墟营造出悲剧、神秘和怀旧的场所气氛。

6.1.3 源流与表征

在全球化的今天，废墟审美已成为全人类的一个文化概念。古今中外的众多政治经济与社会文化现象推动着这一概念的形成与发展，并通过文化间的交流共同影响着人们的审美倾向。由于"废墟审美"更多属于一个西方语汇，因此，按照从西方到东方、从古至今的逻辑顺序，本书尝试对废墟审美的思想源流与现象表征进行总结。

---

① 迹即痕迹，巫鸿（2012）认为"迹"强调了人类痕迹的存留和展示，指示了特殊地点或符号转化为往昔之痕的颓变过程，并总将诗意的时间转译为一种空间和物质的存在。他将传统文化现象中的"迹"分为神迹、古迹、遗迹与胜迹四类。

1. 西方文艺复兴至浪漫主义时期的历史废墟审美

文艺复兴时期，对古希腊罗马辉煌文明的考古发现使西方人对当时的神庙和宫殿废墟肃然起敬，从而形成对残缺美的欣赏和利用废墟进行艺术创作的热情。继意大利作家傅迦丘最早将古希腊伯罗奔尼撒地区带有废墟的田园风光写进作品之后，许多画家把象征古代文明的历史废墟作为其绘画的题材。16世纪弗兰德画家布利尔的废墟绘画首次引起关注（图6-1）；17世纪以法国画家普桑和洛兰为代表的风景绘画将废墟作为主要组成要素[②]。这些古典主义画家的废墟绘画作品通常将优美的风景与残破的废墟建筑融为一体，以自然之美衬托人文景观的崇高魅力。

18世纪之后，在以卢梭为代表的浪漫主义思潮影响下，对历史废墟多愁善感的缅怀最终渗透进入文学、绘画、园林、考古等多个文化领域，至今仍然主宰着人们对待废墟的流行态度[③]。例如，18世纪的一些浪漫主义风景画已将废墟从点缀或陪衬转变为画面的主题。意大利画家皮拉内希作为一名建筑师和考古学家，曾经绘制了大量以历史废墟为主题的版画作品，而其最为著名的便是充满破败混乱与躁动氛围的监狱系列作品。另一位德国浪漫派画家弗里德里希同样创作了大量废墟绘画，例如

（图6-1）

---

② 浪漫主义时期之前，涉及废墟题材的风景绘画作品包括布利尔的《罗马古迹》《风景与废墟》和《古罗马神殿废墟景色》，普桑的《阿卡迪亚的牧人》《景色·圣马太与天使》与《花神帝国》以及洛兰的《意大利海岸风光》和《罗马瓦希西诺小广场》等等。
③ 米歇尔·巴里顿（Michel Baridon）（1985）曾对当时废墟审美的流行状况做过如下描述："废墟被格雷（Thomas Gray，1716~1771年）所歌咏，被吉本（Edward Gibbon，1737~1794年）所记述，被威尔逊（Richard Wilson，1714~1782年）、兰伯特（James Lambert，1725~约1779年）、特纳（J.M.W. Turner，1775~1851年）、吉尔丁（Thomas Girtin，1775~1802年）和许许多多其他画家所描绘。它们装饰了肯特（William Kent，约1685~1748年）和布朗（Lancelot Brown，1716~1783年）所设计的花园的平野和谷地。它们使隐士们流连忘返，让古物收藏家心潮澎湃。它们为无数画册增添了光辉，也给很多古玩家的肖像提供了恰如其分的背景"（巫鸿，2012）。

图6-1 布利尔作品《有吉普赛妇女为人看掌心的现代罗马》
（图片来源：网络）

《冬天》《残堡》和《雪中的修道院墓地》等作品更是进一步提高了废墟的文化价值和美学品位（图6-2）。

  与此同时，"如画式"的历史废墟审美也体现在英国自然风景园设计流派之中（图6-3）。通过模仿普桑与洛兰等人的风景画中的废墟场景，18~19世纪的英国自然风景园不仅有意保留一些废弃建筑的残垣断壁，甚至故意伪造一些废墟构筑，并出现了古希腊、古罗马、哥特式、中国式和印度式等多种样式。早期的造园师约翰·范布勒乐于利用荒凉的建筑废墟元素来激发"怀古幽情"；肯特通过在罗厦姆风景园中建造废墟式的神殿来营造奥古斯都大帝时期的罗马风景，也会人为地栽种枯树来模仿古典风景画作中的荒野景象。

（a）皮拉内西的《金字塔》　（b）皮拉内西的监狱系列四

（图6-2）

（c）弗里德里希的《雪中的修道院墓地》

可以说，废墟是浪漫主义精神和审美意识的物质、情感与精神表征。人们不仅从残垣断壁中获得"残缺美"与"悲剧美"体验，而且从中感受辉煌历史衰败之后所保留的沧桑与崇高之美。

2. 西方19世纪以来社会文化变革中的废墟审美

19世纪以来，从不断加剧的工业化与城市化进程，到殖民拓展与两次世界大战，再到率先进入后工业社会，西方世界在剧烈变革中不断发展着关于废墟的审美认知。战争遗迹、衰败小镇、废弃工厂与构筑物等现实生活中的废墟景象对西方现代哲学、文学与艺术观念都产生了极大影响。

在哲学与文学领域，法国诗人波德莱尔与德国哲学家本雅明等通过对欧洲城市废墟的深刻表现进一步丰富了废墟美学思想。波德莱尔的《恶之花》盲目而有兴味地窥视着巴黎的颓败和死亡秘密，并从中挖掘隐藏着的美的力量。腐尸、瓦砾、墓地、破钟以及衣衫褴褛的妓女和醉汉都成为其表现的主题。波德莱尔充满悲剧色彩的废墟美学思想影响了本雅明。本雅明在其著名的"拱廊计划"[①]中乐此不疲地描写着各种城市废墟，并在其"寓言理论"中揭示了语言的破碎性、多义性、忧郁性和救赎性的美学特征，从而将物质世界中的废墟和精神世界中的寓言建立了联系。此外，在文学领域，"四七社"成为德国战后废墟文学的主要阵营，例如其中保罗·策兰的《死亡赋格》与京特·格拉斯的小说《铁皮鼓》更是成为"废墟文学"的象征。

在艺术领域，20世纪以来的现代艺术彻底打破了基于比例与现实描绘的传统学院派艺术对于视觉审美的垄断。现代艺术抽象夸张、扭曲变形的艺术表现为以无序、杂乱、毁灭和衰败为特征的废墟审美准备了条件。最初的达达主义等前卫艺术"重新发现工业世界的残骸和各种毁坏物件的碎片，拿来组装成新形式，……其兴趣不在于创造任何和谐，而是打破一切秩序和一切正统的感觉模式，寻找能够穿透潜意识深处、穿透物质原始状态的新的感觉形式"。后来形成发展的波普艺术、装置艺术、大地艺术、行为艺术以及极简主义等艺术思潮更是充满着对于锈蚀钢板、破砖碎瓦、厂房机器以及矿山荒野等废墟材料、构筑与场所的审美发掘，例如德国新表现艺术流派的安塞尔姆·基弗[②]便以废墟美学气质著称（图6-4）。20世纪70年代之后的大地艺术从最初选址于荒凉贫瘠、远离人烟的地方，到后来转向工业废弃地，其作品伴随时间消逝和自然侵蚀逐渐破败与消融，揭示着废墟之美。

[①] "拱廊计划"并非一本完整的著作，而是本雅明从1926年起的最早笔录到他1940年自杀前不久的若干有关文化、历史、哲学、经济、建筑方面所收集的材料和笔记。他通过对巴黎拱廊街的研究完成了对19世纪资本主义社会商品拜物教实质的隐喻或剖析（彭燕，2010）。

[②] 作为受德国战争废墟深刻影响的一名艺术家，安塞尔姆·基弗以视觉方式不断反思二战历史，既为符号又为载体的废墟成为其作品最具代表性的图像之一。其作品中，无论是建筑废墟还是古代文明废墟，都已超越了单纯的视觉再现而上升为一种美学特征，具有了悲剧美的特质。基弗绘画中的风景多为废墟和荒芜之地，无论土地、建筑、植物、星空、书籍还是塔的不同母题皆以"化为废墟"或"置于废墟"的方式呈现出来，并与其"作为废墟"的形态相吻合。例如基弗笔下的土地以俯瞰构图和黝黯色彩营造压抑之境，呈现出暴力肆虐后的狼藉与荒凉。废墟审美的对象从作为文物古迹的建筑废墟向作为平凡普通构筑物的废墟场景拓展。这在基弗的绘画中也得到体现。1996年之后，基弗创作了一些描绘真正文明古迹的作品，但在同一系列作品中还包括了诸如描绘砖窑厂的砖块等内容的工业废墟题材。可以认为，基弗看似轻松而随意地将"一堆砖块与金字塔放在同一个层面上"，获得的却是对一个广阔境界的思考：永恒与瞬间、高贵与卑微、经典与平庸之间的界限在基弗作品废墟似的表层被模糊，并达到完美的一致性。这正如基弗所说的："最有意思的风景是有一点文明，同时又有一点蛮荒的地方"（傅丽莉，2010）。

图6-2

（图片来源：ARTstor艺术图像数据库）

图6-3 英国自然风景园中的如画废墟审美

（图片来源：陈春红、春蔚，2008）

(a)《无题》，2006年

(图6-4)

(b)《齐格弗里德去往伯伦希尔的艰难道路》，1988年

可以说，在西方19世纪以来的社会文化变革影响下，人们对于废墟审美的认识较之如画式废墟审美有了如下几个方面的突破与发展：①审美对象从具有标志性的历史建筑废墟向更加普通常见的废墟构筑与场所扩展；②受现代主义设计思想的影响，追求事物材料的真实体现；③从丑陋、无序、躁动、腐朽、破败等通常而言"丑"的意象中发现"美"。

3. 中国古代文化中的朴拙枯槁之美与"空无"的丘墟审美意象

尽管较之残缺不全和凋零衰败，中国人更喜欢圆满美好和光鲜亮丽的视觉意象，但我国古代文化中仍然蕴藏有废墟审美的思想基因，主要包括追求朴拙与枯槁之美的艺术美学思想和讲究"空无"的废墟审美意象。

老子美学的自然观强调"虚静无为"和"朴拙之美"，其核心内涵即自然而然，不矫揉造作，通过虚静无为的途径，达到朴拙之美的境界。"朴"指自然朴素，不事人力修饰；"拙"是"朴"的外在表现，强调一种自然天成的稚拙和疏放。废墟处于自然天地之间，随时间流逝而褪去一切浮华冗余的娇柔造势，仅存留最为本真质朴的结构主体，人工

（图6-5）

痕迹渐弱，自然意味渐浓，其审美特性具有朴拙之美的精神内涵。虚静朴拙思想促使中国古代艺术追求"枯槁之美"，这体现在古人对枯藤、残荷的欣赏等。例如苏轼所绘的《枯木怪石图》体现了古代文人的这一审美传统（图6-5）。

另外，通过对中国文化的挖掘，著名艺术史学家巫鸿（2012）发现古代中国的废墟常指的是消失了的木质结构①所留下的"空无"（void），而废墟之美正是人们面对"空无"的"丘墟"所引发的情感触动。屈原的《哀郢》中有"曾不知夏（厦）之为丘兮，孰两东门之可芜"之句，表达了对旧都破败荒芜之所的哀叹，并因此被巫鸿认为是中国第一首"废墟诗"。"丘"以土墩或消弭的台基为特征，"墟"则更多被想象为一种空廓的旷野。丘墟在空旷田野之中，为杂草乱枝覆盖，高度和体积消磨已甚，几乎不见任何建筑残骸，然而仍能够促使观者借助对空间的记忆引发心灵或情感的激荡。

由此可见，朴拙枯槁之美与"空无"的丘墟意向共同构成了废墟审美在我国古代的思想基因。这使一些具有传统艺术修养的人们能够从一些萧瑟冷寂的丘墟场景中获得审美体验，同时也使废墟审美的对象从建筑构筑实体拓展到承载特殊记忆的开阔空间与场所。

---

① 因为中国传统的木质建筑无法存留太长时间，因此长期以来没有形成像欧洲那么稳定清晰的建筑废墟及其在绘画艺术中的视觉表现和审美表达。

图6-4 安塞尔姆·基弗作品
（图片来源：ARTstor艺术图像数据库）
图6-5 苏轼作品《枯木怪石图》
（图片来源：ARTstor艺术图像数据库）

4．中国近现代社会文化变革中的废墟审美发展

1840年以来的近现代中国经历了内忧外患的战争破坏、"文革"十年的喧嚣动乱。每个阶段中产生的各类废墟都成为中国人异常熟悉的视觉意象。伴随不断发展的全球化进程，中国近现代文化在西方文明的熏染下已经形成了本土的现代废墟审美文化。

晚清与民国时期，西方"如画废墟"审美的视觉文化伴随其殖民扩张开始在中国传播。一方面，最初以威廉·亚历山大①、菲利斯·比阿托与约翰·汤姆森为代表的西方画师、摄影师记录了诸如废塔弃园等破败萧条的废墟风景。于是，不论是欧洲游客还是中国摄影师和本地影楼都热衷于拍摄这种"如画废墟"的照片，新兴的中文画报也经常刊登建筑废墟的图像，表明了流行视觉文化的一大转变。另一方面，各种西方艺术作品通过复制性的印刷媒介传入中国，其中废墟图像（例如从古希腊神殿到浪漫派绘画）占据着显著地位。信奉这种文艺浪漫主义的中国作家、画家和知识分子将对废墟概念的审美发现逐渐推展开来。诸如电影《小城之春》、"洋画运动"中的高剑父以及20世纪三四十年代的家族小说②等等都对废墟主题有着更为深切的描绘。

改革开放以来，城市建设与旧城更新摧毁了大量具有历史文物价值的建筑废墟，同时也产生了更多的建设废墟（图6-6）。余秋雨的《废墟》（1992）一文使用生动的语言描绘了废墟作为历史痕迹的文化价值，批评人们对于废墟盲目的刷新、修缮与重建。另一方面，20世纪80年代之后，西方现代艺术思潮的涌入影响了许多艺术家们的废墟审美观念。许江自1995年以来创作的《大轰炸》《围城》《石碑》及《历史的风景》系列油画作品以历史和城市为主题，具有浓郁的废墟色彩。艺术家应天齐先后在西递、观澜、芜湖发起的"废墟再生"计划以及徐冰的雕塑作品《凤凰》、王劲松的摄影作品《百拆图》、张大力的涂鸦作品《对话》都以废墟作为表现主题。在电影艺术创作领域，贾樟柯的《三峡好人》《东》和刘小东的《三峡大移民》《三峡新移民》结合拆迁形成的三峡废墟景象思考着中国当下沉重的社会问题；张猛编剧执导的电影《钢的琴》（2011）更是挖掘了东北重工业基地废弃工厂的废墟美学价值。这些废墟艺术的观念和创作有效地介入社会、反思历史、保存记忆，推动中国当下的公民建设和社会进程，并影响着人们对于废墟意象的审美认知。

5．日本传统文化中的侘寂美学思想

"侘寂之美"（Wabi-Sabi）是日本千年的美学基础，体现在寺庙、建筑、茶道、插花、服饰乃至烹饪等生活的方方面面。美国学者李奥纳·科仁（2013）将其描述为"一种事物的不完美、非永存和未完成之美，那是一种审慎和谦逊之美，亦是一种不依循常规的随兴之美"。该思想最初受中国道家、禅宗以及诗词绘画的影响，并在16世纪末渗透进日本精英文化的各个层面。目前人们普遍认为，侘寂美学起始于禅宗僧人村田珠光（1423~1502年），并在茶道大师千利休（1522~1591年）的引领下发展到最高峰。

首先，侘寂之美从与大自然共生的经验中总结出所有事物都是非永存、不完美和未完成的。出于对宇宙规律的欣赏以及对死亡等不可避免情况的淡然接受，侘寂之美是一种对渐逝事

（a）许江的《废墟系列——火车站》　　　　　（b）张大力的对话系列作品之
《拆：紫禁城》

（图6-6）

（c）张猛的电影《钢的琴》剧照

物的审美态度，表现出一种哀戚之美的心境，追求一种简单、随意和不
经雕饰的简朴之美。简朴即注意将事物"消减到本体，但不减诗意；保
持事物简洁无滞碍，但莫使之消失"。从材质层面，侘寂之美所欣赏的
是材料经过岁月耗损之后质地粗糙的真实状态："它们以褪色、生锈、
失去光泽、沾污、变形、皱缩、干枯和爆炸作为语言，记录了太阳、

---

① 威廉·亚历山大借1792~1794年随马嘎尔尼使团访华之机创作了一千多幅记录中国风情的绘画，
并结集成《中国服饰》（*The Costume of China，1805*）一书。亚历山大所描绘的塔则常处于废弃状
态，或屋顶坍塌或破墙上生长着植被，因此他被巫鸿（2012）评价为第一位以写实风格描绘"中国
废墟"的欧洲艺术家。
② 20世纪三四十年代的中国文坛涌现出一大批描写封建家族走向穷途末路的家族小说，例如张
恨水的《金粉世家》、巴金的《激流三部曲》、林语堂的《京华烟云》以及老舍的《四世同堂》等。
在传统与现代交迭、东西方文化碰撞以及革命战火纷乱的年代里，这些小说书写了各种断壁残垣
的视觉废墟意象，具有重要的文化阐释意义（周坤，2011）。

图6-6　改革开放以来我国表现废墟的艺术作品
（图片来源：网络）

风、雨水、炎热和寒冷。它们身上的裂痕、缺口、凹痕、疮疤、塌陷、剥落和其他形式的损耗都是使用和滥用的历史证据。"（表6-1）与之对应，废墟在岁月剥蚀下褪去所有不必要的繁冗，仅剩下最为简朴的结构框架，体现出一种简朴的真实（图6-7）。

（a）充满简朴之美的茶具

（b）桂离宫御幸门使用不加雕琢的树木枝杈作梁柱

（c）园林中布满青苔的斑驳饮水池

（图6-7）

表6-1　　　　　　　　　　　　　　　　　　　　　　　　　　　　　　现代主义与侘寂之美概念比较

现代主义	侘寂之美
寻找普遍的、原型式的解答	寻找个人的、独特的解答
相信可以控制自然	相信自然之不可控制性
将技术浪漫化	将自然浪漫化
以几何组织的形式呈现 （鲜明、精准、有固定形状、棱角分明）	以有机形式呈现 （朦胧模糊的形状与边缘）
人工素材	天然素材
表现上光滑流线	表面上天然粗糙
需小心维护	可顺应退化和损耗
纯净使其表达更丰富	腐败和脏污使其丰富
不接受模棱两可和矛盾存在	坦然接受模棱两可和矛盾
通常是明亮、清晰的	通常是阴翳、晦暗的
功能和效用是主要价值	功能和效用不是那么重要

资料来源：李欧那·科仁，2013.

废弃采石矿山：
形态、审美与修复再生

侘寂之美认为美可以从丑中引诱出来。例如，早期的茶具也是粗糙、有瑕疵和颜色浑浊的，这使那些尊中国精致华丽茶道为标准的人们对其产生鄙视嫌弃并视之为丑。但侘寂之美先行者似乎故意找出传统的"非美"例子（朴素而不奇特），借此创造出质疑的气氛，进而将"非美"反转为美。废墟审美同样存在着从丑到美的转变过程，并最初在艺术家与设计师群体中发生。

6.1.4　内涵与特性

法国园林文化史专家米歇尔·柯南认为，有两种景观最值得人们注意：一是"人类的劳作把自然转化成艺术品"，二是"自然征服人工劳作产生的废墟"。基于上文对古今中外废墟审美思想源流与现象表征的简要梳理，本节尝试提取总结出废墟审美的如下几点思想内涵：

1．因历史沉淀而产生的怀旧情绪构成废墟审美的精神内核

废墟蕴含的时间性使人产生对逝去历史的追忆、对陌生文化的好奇以及对沉痛教训的反思等，我们可以将之称为"怀旧"[①]的审美情绪。尽管废墟失去了其作为完整建筑场地具有的功能和意义，却仍保留着不可复制的历史信息，同时因其不可移动而具有了独特性与唯一性。20世纪初的李格尔（Alois Riegl，1903）提出，包括废墟在内的建筑残存凝聚了人造物的"时间价值"。可以说，废墟场地蕴含的历史文化价值带给人们的怀旧情绪是形成废墟审美的主要动因，同时也与审美价值的大小密切相关。

2．衰败与荒芜的场所感受构成废墟审美的环境氛围

现代废墟审美对象既包括具有明显实体的废墟构筑物，也包括没有明显构筑的空旷场所。与"空无"的丘墟之美相对应，具有明显人工痕迹的废弃场所多给人一种破败与荒芜的场所印象。

3．残损与破碎的实体形态构成废墟审美的物质载体

因岁月侵蚀而形成的残损破碎形态是废墟构筑最为显著的特征。构筑物因部分结构主体坍塌而仅剩余一些残垣断壁，其表面因自然风化而形成脱落划痕与青苔，裸露的钢铁等金属变得扭曲和锈蚀等等。无论是西方传统的残缺与悲剧之美，还是东方传统的枯槁与侘寂之美，都在这些废墟形态中找到对应的审美物质载体。

---

① 怀旧，也称怀乡和乡愁等，对应英文nostalgia。原指渴望回家的痛苦，最初为病理学用语，后扩展为指代一种沉溺于过去回忆和想象的个人意识与社会文化趋势。从美学的角度讲，"怀旧"是一种独特的审美心理，是一种基于回忆之上的价值甄别和想象构造，是一种想象的文化记忆（赵静蓉，2005）。

图6-7　日本茶艺、建筑与园林艺术中的侘寂之美
（图片来源：周凯，2014）

第6章
采石废弃地废墟审美价值识别、评价与发掘

首先，废墟形体的残缺构成废墟审美的首要形态特征。人类对于残缺之物具有再创造的先天兴趣。格式塔心理学认为，对于不完满的图形，人们有一种使其圆满或封闭其缺口的倾向，这就是所谓的"闭合原理"。废墟残缺的形体促使人们在心理上与其产生互动并调动起想象力，而具有发散性与多义性的想象空间也使这种残缺具有了审美意趣，其中最典型的代表恐怕是维纳斯雕塑的残缺之美了。正因如此，废墟审美思想强调理想的废墟构筑既需要朽蚀到一定程度，又需要在相当程度上被保存下来，才能够呈现悦目的意象并在观者心中激起复杂的情感。

其次，构筑物结构与材料的真实性构成废墟审美的基本特征。真实性是现代主义艺术与设计的基本原则。在所有附庸装饰之物被自然剥蚀之后，废墟构筑往往展现出最为基础、理性和本质的结构方式与材料组成。于是，在注重结构逻辑清晰与材料真实的现代主义美学思想影响下，废墟构筑总是获得人们的青睐。

再次，废墟构筑复杂多变的外部形态表现出丰富的形式美感。破碎与散乱、错落与堆叠、变化与统一构成了废墟构筑的形式语言。粗糙的质感与斑驳的肌理增加了视觉丰富性，而残缺的几何形体增加了废墟构筑的空间层次感和光影变化。

6.2 采石废弃地的废墟审美价值识别与评价

基于上文对废墟概念的解析，本书认为采石废弃地也属于一种"废墟"类型。首先，采石废弃地同普通建筑一样也属于人造物，是在人类作用下形成的，区别仅在于建筑以加法为主，而矿坑以减法为主；其次，采石废弃地同样因时间变得残损衰颓和充满废墟意象，并完全或部分失去了场地原有的功能；最后，采石废弃地内也不乏一些遗弃的建筑构筑与机械设备，更加丰富了场地内的废墟内容。

本节内容包括三个部分：首先根据上文关于废墟审美的理论探讨，结合笔者田野调查过程中的亲身体会对采石废弃地的废墟审美组成进行描述与总结；其次对废墟审美的获得途径进行分析；最后结合问卷调查结果对目前我国公众有关采石废弃地的废墟审美状况进行考察。

6.2.1 要素组成与评价标准

按照废墟审美思想，当人们面对采石废弃地内残损的炉窑屋舍、锈蚀的机械构架、斑驳的岩壁石峰以及杂乱的野草荒丘之时，将能够产生审美感知与特殊的情感体验。对此，本书将采石废弃地废墟审美对象归纳为以下几点：

（1）废墟构筑：包括废弃的工厂厂房等建筑物、破损的石灰炉窑和烟囱等构筑设施，以及锈蚀的龙门吊、锯石机和轧石机残骸等机械设备。这些废墟构筑物在场地内多以点状或面状分布，并常常因为挺拔的姿态、鲜艳的色彩或不同寻常的形式成为废墟场景中的视线焦点与点

(图6-8)

(图6-9)

景之物（图6-8）。废墟构筑是反映采石废弃地场地特质和场所精神的关键要素，也是促使人们识别与发掘其废墟审美价值的原动力。因为同样属于完全由人工搭建砌筑起来的"实体"物，废墟构筑的审美识别方式与传统的历史废墟审美方式十分相近。

参照文化遗产保护领域的相关知识，废墟构筑的真实性、历史性、典型性、独特性与稀缺性特征构成了评价其历史文化与废墟审美价值大小的常用标准。特定采石工业构筑的原真性越强，历史年代越久远，在采石产业发展中越有典型的技术应用抑或在区域范围内越显独特和稀少，那么其外显或潜藏的废墟审美价值则越大。按照此标准，民国时期遗留的采石废弃地要比2000年之后的废弃地废墟审美价值更大；而许多废弃地遗留的简易普通砖房较之形状各异的石灰窑体审美价值要小很多。

（2）废墟坑体：采石遗留的矿坑在不同开采技术作用下会保留不同明显程度的人工痕迹，从而使其同样具有类似人工构筑的废墟审美价值。废墟坑体具体包括开凿锯切整齐的崖壁斜坡、开阔平齐的斜坡平台以及形状规整的浅湖深潭等。废墟坑体构成了采石废弃地废墟景象的基本内容与背景，对于荒凉破败的环境气氛的烘托起到主要作用。与废墟构筑不同，废墟坑体属于经人工切削而成的"虚体"对象，其审美方式可对应我国古代文化中"空无"的丘墟之美（图6-9）。

除了上文关于废墟构筑的评价标准之外，人工痕迹的明显程度同样决定着采石坑体废墟审美价值的大小。机械锯切的规格石材矿坑形状十分规整，可令人不禁联想到高楼大厦的构筑形象，其意象和方式更靠近历史废墟审美。对于一些很难辨认出人工开凿痕迹的坑体，其直接给人的废墟印象会变得十分模糊，从而使其废墟审美价值减弱。

图6-8　废墟构筑物示意
图6-9　废墟坑体示意

（3）废墟堆体：包括砂土、碎石、大块料石甚至建筑垃圾等形成的堆体。这些堆体通常位于崖壁斜坡下方的开阔平台或者被随意倾倒在采石场旁边的山坡上，整体形态较为无序、零碎和杂乱，缺乏风景视觉美感，更多时候被视为垃圾堆而不会成为人们审美的对象（图6-10）。然而，在废墟审美思想指导下，这些料石堆体同样隐含着人类开采石材的历史信息，并往往渲染出荒凉破败的环境氛围。面对荒草蔓生的废墟堆体，人们或许会想象当年采石生产的热闹场景，也或许会反思人类对于资源环境的肆意掠夺与破坏。

然而，由于破碎凌乱的形态特征，大部分废墟堆体确实很难让人产生美的感受，这在风景审美价值识别一章已利用开普勒的"风景信息审美模型"进行了解释。从评价废墟构筑的真实性、独特性与稀缺性角度判断，废墟堆体也很少具有特别之处。此外，大多数料石堆体形体散乱，经过自然风化作用之后便很难保持明显的人工痕迹，从而很难使人对之产生废墟印象。这些因素导致很难建立合理的废墟堆体审美价值评价标准，甚至无法将之纳入废墟审美对象范围。因此，料石堆体废墟审美价值的识别与评价将更多取决于审美主体因人而异的主观判断。

结合上文关于废墟审美基本特性的理论概述，通过对笔者亲身经历的回顾梳理，本书将采石废弃地的废墟审美提取为以下几个层面的内容组成：

（1）历史沧桑的怀旧情绪

采石废弃地内的建筑与机械构筑见证了人们在这里工作的历史，记录了一定时期的工业技术，是记录场地变化与演进过程的实物文献。它为在这里工作过的人们留下回忆，为不熟悉这里的人们创造想象的空

（图6-10）

间。对于了解采石矿场甚至在此劳作过的人们，经历岁月洗礼之后再次回到熟悉的地方会不由自主地回忆往昔；对于不了解采石矿场的人们，在不同寻常的废墟景象面前也会不自觉地对其产生好奇，面对古采石矿坑凹凸错落的岩壁与洞穴，不禁感叹古代匠人手工开凿岩石的艰辛以及凿山成景的智慧；在骨料石材矿区，面对因爆破而千疮百孔的自然山体，不禁谴责开采者的贪婪与野蛮；在规格石材矿坑中，面对笔直光滑的崖壁与均匀成排的切痕，又不禁赞叹人类力量的伟大与大自然无私的馈赠。

（2）多重感受的环境氛围

每一种特定的环境类型都有与之对应的环境氛围，例如游乐场是欢快喜悦的氛围，墓地是庄重肃穆的氛围，而公园绿地是轻松愉悦的氛围等等。笔者通过实地调研发现，采石废弃地有着多重感受的环境氛围：一方面，残缺的构筑、嶙峋的矿体和零散的堆体很容易使人体会到荒凉、萧瑟甚至恐惧的感觉；另一方面，茂密的野草、盘旋的飞禽以及丰富的昆虫走兽又会让人感受到自然无穷的生机和活力；再一方面，处于远离城市尘嚣的荒野或许还会让人感到孤独、宁静与平实。这些感受杂糅在一起，构成了采石废墟审美的丰富内容。

（3）丰富细腻的知觉体验

不同于人工维护下干净整洁的日常生活环境，采石废弃地因其粗糙荒乱的废墟景象而能够带给人们更加丰富细腻的知觉体验。这些体验来自于所有废墟组成的空间形体、几何纹理、材料质感以及声响气味等对视觉、听觉、触觉、嗅觉、味觉的全方位刺激。徜徉在废弃的采石矿场之中，厂房建筑的残垣断壁与机械构筑的错落骨架在阳光下形成生动的光影，更加增强了废墟构筑的立体感与雕塑感；岩壁表面的皱纹肌理、砖墙剥落以及金属机械锈蚀的痕迹极大地丰富了废墟环境的质感层次，使人获得层出不穷的视觉享受；双脚踩在土地、砂地、草地与岩石表面上有着不同的触觉感受，并发出各种各样的声响；野生的灌木丛与草地在微风中散发出自然的气味……在这种荒野体验方面，废墟审美和生态审美有着某些相通性。

6.2.2 获得途径

尽管采石废弃地具有外显或潜藏的废墟审美价值，但不得不承认并非每个人在特定时间身处特定采石废墟之中都能够获得废墟审美体验。根据一些美学理论，本小节从审美主体（即人）的角度出发将其获取途径总结如下：

1. 时空距离导致的现实非功利视野

从艺术美学的非功利特性出发，当废墟审美的主客体之间拉开一定的时空距离，并已基本摆脱了现实的利益联系，将能够更好地获得审美体验。"以西方工业废墟的公众审美为例，目前西方发达国家多已进入后工业社会，工业文明由盛及衰而成为历史，而人们对于工业化风景的审美认同感也会随着时间距离的增大而加强。工业文明自身功利主义造成的功过是非已经成为人们自我反省的重要课题，人们摆脱了功利主义思想的束缚，也得以恢复或持有一种审美的心态来对待工业废墟。"当然这是从宏观层面的观察，而在微观层面同样如此。例如对于采石矿场的工作人员而言，当他每天仍然在此上班并需要靠此来养家糊口时候，加之审美疲劳问题很难对其产生美的享受；然而当其离开这里很长时间，与矿场之间的利益纠葛随时间逐渐淡忘，而回忆起更多的是曾经的生活与工作场景，便会很容易激发出"怀旧情绪"的废墟审美感受。保持一定的个人心理距离可以使废墟审美情绪更为纯粹。

2．一定程度的知识储备与文化修养

与生态审美相似，废墟审美体验的获得一般也需要审美主体具备一定的知识储备与文化修养。有学者指出废墟美属于高级的审美活动，对其欣赏程度取决于一个国家文明发展程度及其国民的文化水平。这是从宏观层面对社会公众废墟审美意识的基本判断。从微观层面，只有当个体获得了一定的知识修养，建立了世事变迁的历史观念之后，才能够更容易感受到废墟物质形态中蕴含的审美价值，并进一步获得对废墟形态的欣赏。或许也正因如此，东方传统文化中的枯槁之美与侘寂之美等多是流行于文人、墨客、禅师与茶道大师等有着深厚文化底蕴的人群当中；而西方的如画（历史）废墟审美传统也是从画家与文人中兴起并逐渐在有着丰富文化修养的贵族阶层中传播开来。当然，这并不是说文化程度较低的采石场工人就不具备而大学教授一定具备有废墟审美的能力。

6.3 风景园林营造中的工业废墟审美发掘

本节将对风景园林设计发展历程中的工业废墟审美发掘进行简要回顾，从而为下文采石废弃地风景园林修复改造案例研究做铺垫。

6.3.1 工业废墟的审美发现

工业废弃地是指工业生产活动停止之后所形成的闲置场地，各类工业厂区与厂房、采石采矿场、用于工业产品运输的铁路与港口等。工业废墟审美是指人们对于工业废弃地内破败的厂房建筑、机械构筑、料石堆体以及空旷场地等建筑物、构筑物和空间场所的审美感受与体验，是目前废墟审美最主要的组成部分。

一方面，工业废墟审美体现在19~20世纪西方社会从古典主义和装饰主义美学向现代主义的机械美学与技术美学的转变（图6-11）。19世纪中后期，在西方建筑史上尽管有水晶宫与埃菲尔铁塔的星火闪亮，但其主流审美思想仍然沉溺于古典主义传统中。即使是富有开创精神的工艺美术运动与新艺术运动，也同样否定工业生产与机器制造在美学方面的先进性。经过工业革命更长时间的酝酿，直至20世纪初才开始有人讴歌机器，其代表是1909年发表的《未来主义者宣言》。同一时期，德意志制造联盟和包豪斯在实践领域建立了以效率、便利和经济为基础的

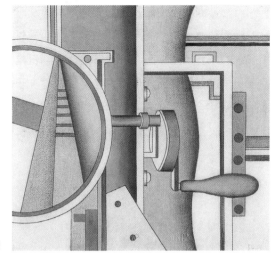

（图6-11）

功能主义设计思想，全面发展了以形式美、材料美和结构美为核心的技术美学与机器美学。以抽象的几何形体、复杂联通的结构系统、纯粹的工业材料以及强烈逻辑性为主要特征的工厂厂房与机器构筑不再被认为是丑陋的事物，而是成为一种美的象征。冯纪忠先生（1979）也曾说过："有些工业以其有力而鲜明的体形轮廓，例如火力电站的立方体厂房、双曲抛物线淋水塔、高耸的烟囱和大线条的自然环境相结合，可以构成动人的而且是前代所不能有的景色"。

另一方面，现代艺术的革新流派也促进了人们对于工业废墟的审美认同。在现代艺术影响下，和谐不再是美的判断标准，不和谐与"丑"的事物也成为审美的可能对象。各类艺术流派与类型都表现出对工业废墟独特物质空间形态的审美发现，并逐渐形成了工业废墟审美意识，即工程技术建造所应用的材料、所造就的场地肌理以及所塑造的结构形式与如画的风景一样能够打动人心。例如美国著名导演大卫·林奇便着迷于工厂废墟，他同时作为摄影师创作了大量有关工业废墟的黑白照片（图6-12）。在林奇眼中，这些高耸的废弃工厂具有大教堂般的庄严与美。他认为"腐败"是一件令人着迷的事，那是机器渐渐生锈而新事物暂未征服此地、抹去记忆之前的一种"绝美"。

（图6-12）

图6-11 法国立体派画家费尔南·勒吉的作品《机器零件》（1926）
（图片来源：ARTstor艺术图像数据库）
图6-12 大卫·林奇工业废墟摄影作品
（图片来源：林霏，2014）

再一方面，迅速普及的历史遗产保护观念也是促进工业废墟审美发展的重要动力。20世纪中期以来，随着世界性历史遗产保护事业的发展和观念的拓宽，越来越多的人开始认识到日常生活文化中的东西同样见证了一个地区的文化发展，并应得到尊重，于是旧工业区突然显示出其他地区所完全没有的品质要素。20世纪90年代以来，随着城市更新项目的增多，工业废墟因其历史、文化与经济价值受到更为普遍的关注。

6.3.2 发展概况

20世纪的工业废墟审美形成和发展历程与后工业景观的风景园林修复改造和再利用保持着相对一致的步调，并在一定程度上推动和影响了后工业风景园林的设计思想、形式语言以及文化诉求。

20世纪80年代之后，西方社会已经基本形成了对于工业废墟的审美共识，即废弃的设施与构筑作为场地工业历史的见证同样具有审美的价值。因此，当德国鲁尔区在20世纪90年代开展国际建筑展埃姆舍公园项目时，当地政府希望"景观必须是生态的、功能的、美观的，工业历史的痕迹要看得出来"（王向荣，2001）。在长达10年的埃姆舍公园国际建

（a）西雅图煤气厂公园

（b）北极星矿区公园

（c）杜伊斯堡北风景园

（图6-13）

筑展（1989~1999年）中产生了包括杜伊斯堡—梅得里奇公园、杜伊斯堡北公园、"关税同盟矿区"、北极星矿区公园以及世纪会堂等优秀案例（图6-13）。此外，德国萨尔布吕肯市港口岛公园、德国海尔布隆市砖瓦厂公园、德国科特布斯露天矿区修复改造项目、美国波士顿海岸水泥总厂改造等项目都在合理保留工业废墟的基础上进行环境改善，从而有效地推动了城市经济的发展。

在上述案例中，笔者认为最能体现工业废墟审美特征的当属萨尔布吕肯市港口岛公园（1979~1989年）与鲁尔区杜伊斯堡北公园（1991~1994年）两个项目。而其设计师——德国著名风景园林师彼得·拉兹也由于极大开拓了基于工业废墟审美价值发掘的设计方法而在现代风景园林设计发展史中占据着重要地位。

在这两个公园中，拉兹均采用了最小干预的设计方法，最大限度地保留场地工业遗迹，并利用"废料"塑造景观。废弃无用的工业构筑物不再被当作肮脏丑陋的事物而努力掩饰，而是被整合到公园结构中并被赋予新的功能或作为点景物供人们缅怀欣赏。在港口岛公园中，拉兹用废墟碎石构建一个方格网格作为公园的骨架并保留了原有码头上的建筑、仓库和高架铁路等构筑物。王建国（2004）曾将其用废弃砖石砌筑的花园挡墙描述为"就地取材，展示废墟美学秩序的港岛改造"。在杜伊斯堡北公园中这一策略进一步得到强化，整个公园几乎完全保留了原有钢铁厂的结构秩序和废弃多年形成的野趣空间。

拉兹的废墟审美思想与其成长经历关系密切，并与其关于工业废墟自然和艺术特性的认知直接相关。拉兹成长在第二次世界大战之后德国重建时期的建筑师家庭，从小便习惯于利用废弃的碎石瓦砾建造房屋，并能够很自然地从废弃工业构筑中获取到审美体验。他认为："（与以往经历的）冲突可能（使人）产生不同的状态，从而在冲突中找到不一样的协调与和谐。正如一个来自低山丘陵地区的人面对不同寻常的采石矿坑时会表现得非常活跃和激动。而一个在二战期间被炸毁的煤仓同样具有这种特质，这种遭到荒废的地方不仅为风景园林师而且为很多人都提供了更大的自由度"。为此，拉兹一直提倡对工业废墟的保护，他认为"因与人的冲突而造成荒废现象，虽然表面上通常被认为是消极的，但其实具有十分兴奋、积极的一面。而进一步看，保护废墟最终甚至也是对自然的保护，因为这些场地往往能够为完全不同的事物发展（如特殊生境的形成）提供可能。"

他将杜伊斯堡北公园场地内位于铁路交会处由众多轨道组成的"铁路竖琴"部分称为一种"大地艺术"。铁路轨道线有规律的分合形成奇妙的形态轨迹和动感节奏，而这是工程师纯粹依靠技术所完成的。拉兹称之为"工程性的风景"（Technical landscape），并认为这种工业技术所形成的艺术表现力应该得到肯定与支持，诸如机械、甚至矿渣堆等工业技术的产物应该被作为文化的丰碑加以保存（图6-14）。因此，拉兹反对许多矿坑修复实践中一味将矿渣堆进行人工复绿的做法。"试图在所有矿渣堆上覆盖植被的做法是荒诞的。人们付出大量努力调整坡度和种植植被，以阻止任何的侵蚀，无论其是否会产生严重影响。现实中修复工作为了达到一种满足审美意义，实则寡然无味的技术图景，需要花费大量的时间和精力来维持这种状态。其实，应对此类堆体的唯一自然原则（应该）是允许一些适当的侵蚀过程发生，使其产生新的形态构造；而最有趣的事情就是促进和鼓励侵蚀的发生，然后利用紧随形成的奇妙的结构来描绘我们的环境。……可以说，侵蚀在某些场合确实是糟糕的事情，但在一些场地中对我来说则具

（图6-14）

有极其重要的意义。"（Udo Weilacher，1999）

在我国，发达地区和城市已陆续进入后工业发展阶段，众多的工业废弃地在城市更新过程中被改造为公园与创意空间等。北京土人景观规划设计研究院于1999~2001年设计完成的中山岐江公园被认为是我国第一个基于工业废墟审美价值发掘的代表作品。在设计师眼中，"那些被视为丑陋的钢铁厂棚、生锈的铁轨和吊车、斑驳的烟囱和水塔，给每个经历过那个时代的人们多少回忆，又给没有经历过那个时代的人们多少想象的空间"（俞孔坚，2001）。然而，尽管岐江公园以及2010年完成的后滩公园很大程度上保留了原有的工厂构筑，但很多还是被涂抹上鲜艳的色彩。这些掩盖做法因为违背了对待工业遗产的真实性原则，使它们对于工业废墟审美的发掘不还够彻底，艺术品质大打折扣。这同时也印证了我国公众尚未建立普遍的工业废墟审美意识。

6.3.3 一般原则与方法

本书将风景园林营造中关注废墟审美价值发掘的原则方法归纳为以下几点：

1. 尊重场地历史文化信息，保留工业遗迹与空间结构

任何工业废弃地都具有独特的形成发展轨迹。在其改造再利用过程中，场地内的历史文化信息应该得到充分的尊重。工业遗迹作为历史信息的物质载体给人以强烈的视觉冲击，是形成废墟审美的基础。原有空间结构作为工业理性的直接产物，为改造后的交通组织与功能使用提供了有效的秩序条件。基于工业废墟审美的风景园林营造主张在尽量保留工业遗迹与空间结构的基础上进行新的功能置入与场地改造。场地原置与新置要素的交织重叠将增加历史信息的层次感和丰富文化底蕴感知，从而使设计更加多元和耐人寻味。

2. 挖掘场所精神，营造历史沧桑的怀旧氛围

场所精神（genius loci）是指一个地方因其独特的气质和氛围而使人们对其产生认同感和归属感。它是建筑现象学的一个概念，也是废墟审美意识得以产生的基础。基于废墟审美的风景园林营造强调对场所精神的挖掘，尤其是利用废墟构筑和空间结构营造出历史沧桑的怀旧氛围。该思想要求保留工业与自然场地的本真面貌，而不能刻意回避和掩饰其中锈蚀破败的钢铁

构筑和场所。

3. 污染治理与安全防护原则

作为主要的棕地类型之一，工矿废弃地因为长期的生产活动会对土地造成或多或少的环境污染和安全隐患。因此，对工业废弃地的风景园林营造需要首先消除场地内潜在的物理与化学污染，并充分利用大自然的自净能力。其次，风景园林设计在为游客提供惊喜、险峻与震撼的空间体验的同时需要通过各种措施保障他们的人身安全。

6.4 采石废弃地修复改造实践中的废墟审美价值发掘

不同于其他以构筑物为主体的工厂废弃地，采石废弃地的废墟审美对象具有较强的自然特性。本节选择了五个有着明显废墟审美特征的改造案例进行解析，以对上述设计原则和方法进行说明，并希望从中获得一些启示。

6.4.1 法国比维尔采石场郊野游憩地

比维尔（Biville）采石场位于法国莱枫丹谷地（The Clairefontaine Valley on the Hague Headland）中有着传统古朴特色的地域景观之中。这一典型的发达国家大型凹陷露天采石场在开采石料十多年后于1989年被关停。1989~1990年，法国风景园林师Anne-Sylvie Bruel与Christophe Delmar受当地市政府委托将其改造成为一个9hm²面积的开放公园，其中包括3.5hm²的湖体和4hm²的种植区（图6-15）。

（图6-15）

图6-14 唐纳德·贾德的"顺序"理念以及卡罗·安德烈（Carl Andre）1969年的镁平原和1982年在德国卡塞尔第7届文献展上的钢的平原作品直接影响了拉兹设计的"金属广场"

（图片来源：ARTstor艺术图像数据库）

图6-15 设计平面草图

（图片来源：www.Brueldelmar.fr设计官网）

矿坑东西可达450m长、南北宽度较为均匀，北侧与西侧由平直的台阶状崖壁包围。东侧与南侧为45°左右凹凸不平的贫瘠边坡，落差在20~40m。整个矿坑崖壁并未被绿化覆盖，而是保留裸露的状态，无意间见证着场地的地质与经济活动历史。L形平面的峭直崖壁分成两个台层，在开阔的湖面倒映下显得如此平静稳重，成为整个郊野游憩地的视觉背景（图6-16）。

设计师的基本理念是不应刻意掩饰石料开采过程遗留的历史痕迹，而是将其作为场地特征保留下来。作为矿坑背景的该段崖壁边坡具有连续数百米长并异常平直规整的裸露岩壁，人工干预痕迹非常明显。这使其如同历史废墟建筑一样向人们展示着这里曾经发生的采石生产活动，并使人们感受到岁月流逝所积淀的场所精神与怀旧情绪。这些潜藏的废墟审美价值在常规的采石废弃地修复改造实践（尤其是人工生态修复）中经常会被忽略，而在该设计案例中，风景园林师敏锐地发现了这一场地潜质，通过设计一系列引导水流的设施和设备，使其坑底汇聚形成湖泊，并利用开阔水体的倒映将其废墟审美价值发掘出来。

对于裸露崖壁之外的坑体区域，设计师采取了人工结合自然的生态修复措施使其与周围自然生态系统保持了连贯性。例如在湖岸种植草坪，并在保护鱼类的防护网中种植水生植物。矿坑内与崖壁相呼应的贫瘠裸露边坡是生态修复的重点区域，设计师通过不同组合方式的乔灌草种植使其恢复至较佳的自然状态。这些植物主要依据斜坡地形采取条带或方块状规则形式，抑或单纯种植低矮团簇的草本地被，抑或成排的灌木搭配单行乔木，又抑或乔木树阵下种植耐阴地被等等（图6-17）。比维尔采石场修复改造中植物选择以乡土植物为主，包括固定边坡常用的石楠、金雀花和荆豆。这些植物群落为整个游憩地营造了良好的自然环境，阶梯状形式将水流引入排水沟从而保护地表免受冲刷，同时成片的乔木也

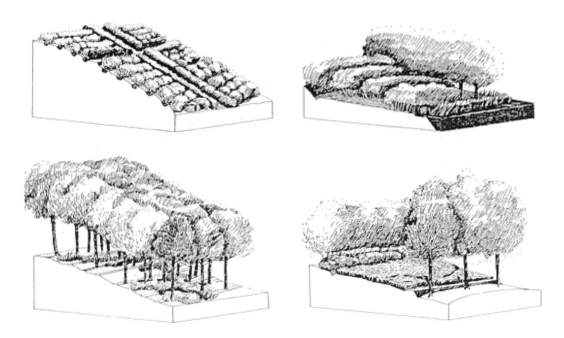

（图6-17）

抵挡了风的侵蚀。此外，斜坡设置有台阶步道方便人们进入谷底，台阶两侧不同高度平台之间有成排的金属网石笼。为满足人们开展各种游憩活动，场地内设置了座椅，并增加滨水平台来满足当地最受欢迎的钓鱼活动。

　　整个郊野游憩地的设计与建造都充满着对场地特质的尊重和表达。种类丰富自由蔓生的人工与野生植被、简单质朴的台阶平台与石笼挡墙、平静沉稳而又气势磅礴的崖壁湖体共同构成了比维尔郊野游憩地放松自然并充满质感的场所氛围（图6-18）。一切要素都以其本真自然面貌呈现在游人面前，灌木草坪不需要过多的人工浇灌与修剪，台阶步道与野生草地自然地嵌合在一起，而裸露崖壁平台上也逐渐长出野生的灌木丛。同许多成功的工业废弃地改造项目一样，废墟审美与生态审美价值相映成趣，在此地得到了充分发掘与体现。

图6-16　安静稳重的连续裸露岩壁成为场地历史记忆的载体
（图片来源：www. Brueldelmar.fr设计官网）
图6-17　边坡植被种植类型模式图
（资料来源：www. Brueldelmar.fr设计官网）

（图6-18）

6.4.2　山东日照银河公园改建设计

　　山东日照银河公园改建设计项目在"真实"胜于"艺术"思想指导下，力求保留场地中原有信息和元素，将展示场地原有的景观特征和历史文脉作为设计重点，从而体现发掘场地废墟审美价值的设计思想。

　　1985年以来，日照由县改市，并因日照港建设而发展迅速，也因此形成大片连续的凹陷露天花岗岩采石矿坑。伴随东港区新城建设，该处废弃的采石场被纳入新城核心区，并于2001年建设成为48.5hm²的城市综合公园。然而在原方案中，采石废弃地的场地特性并未得到重视，许多段岩石崖壁被认为丑陋不堪而被混凝土护岸和粗糙的人工浮雕墙覆盖（图6-19），而这恰恰造成场地属性与特色的丧失。

　　2004~2006年，北京林业大学朱建宁教授对该公园进行全面改造。改造设计以"采石场上的记忆"为主题，通过恢复花岗岩驳岸的自然肌理和历史痕迹塑造出湖光山色的自然风景，并以此唤起人们对公园作为旧时采石场的记忆。"在体现日照低山丘陵自然地貌景观的同时，结合

（图6-19）

历史人文、民间艺术及地方特产等，将银河公园改建成一个野趣横生、粗犷而不粗糙的，既有自然景观特色又有历史文化内涵的城市公园。（朱建宁、郑光霞，2007）"这一设计概念与追求质朴野趣的废墟审美趣味是保持一致的。

结合公园的基本空间结构，具体改造措施围绕中心湖区和岩石崖壁展开。为了增加滨水空间层次，改建设计在湖岸浅水区设置了木栈道、石栈桥以及亲水平台等环湖亲水步行系统（图6-20）。步道一般紧邻高耸或平缓的岩石崖壁，为人们更好地感受采石废墟提供了绝佳的位置和视角。另外，在岩壁步道之间，设计增加大量水生植物，野生植被也使原来较为单调的湖岸岩壁变得生机盎然和野趣横生。

此外为了保障游客安全，改建设计也采取了一系列措施。首先在环湖步道两侧采取抛石和种植水生植物方式防止游人进入深水区；其次，在栈道两侧布置保护网；再次，较高的崖壁顶端安装围栏和密植灌木，以阻止游人靠近。

（图6-20）

图6-18　采石遗迹废墟与自然生态环境相映成趣
（图片来源：www. Brueldelmar.fr设计官网）
图6-19　原方案部分岩壁处理方式
（图片来源：郑光霞 摄）

图6-20　保留下来的岩壁驳岸通过增加亲水步道和水生植被变得野趣横生，并使人们更好地感受到场地采石场的历史记忆
（图片来源：郑光霞 摄）

6.4.3 西班牙佩德瑞斯·霍斯特郊野游憩地

　　霍斯特郊野游憩地位于西班牙米诺卡岛市附近，原是一处古老的红色砂岩规格石材采石矿区，面积共约8hm²。矿区东侧分布着大片手工开采的古采石遗迹，而在西侧存在着两个现代机械开采的矩形矿坑，单体面积比古采石坑更大，形状也更为规整。1994年，当这两个现代矿坑也停止开采之后，该矿区在非盈利的Lithica景观更新组织的修复改造下成为一处充满废墟审美特征的郊野游憩地。

　　霍斯特采石矿坑为凹陷露天开采，坑体和洞窟环环相扣，呈现出零散破碎的迷宫形式（图6-21）。人们漫步其中，仿佛一场纯粹的启蒙之旅，处处能够感受到凿琢、磨蚀、洞穴、直壁的采石痕迹。而这种迷宫式的空间组成主导了Lithica在霍斯特矿坑的风景园林营造方式。古时候的采石工人开凿洞穴获取岩石，并形成别致的岩石空间。因此，游憩地的营造任务之一便是所用采石技术重新诠释采石工人的这一传奇。

（图6-21）

（a）航拍平面

（b）鸟瞰

废弃采石矿山：
形态、审美与修复再生

Lithica希望强化这里作为一处"石"质场所的本质和精华，并希望将创造了这些岩石景观的人工技术显现出来。所有对于岩石坑体的改动以及花园营造工作都需要满足能够使其与石质场所的本质精华相契合的目的。

或许受矿坑基址迷宫式结构的启发，Lithica在进行场地改造时提出了"伟大迷宫工程"的概念（图6-22）。该工程由四个迷宫项目组成："果园迷宫"将利用矿坑内自然恢复的植被以及人工栽植的果树蔬菜来装点岩石迷宫空间；"图腾迷宫"位于剧场矿坑入口"巨人石"旁边的斜坡下方，由志愿者用石块砌筑成的矮墙引导着参观者向迷宫中心探寻；"米诺陶诺斯迷宫"是由古采石场的巷道、密室、内天井相互贯通组成的地下迷宫，有机而肥沃的古采石宕口以及枯燥几何形体的现代矿坑都构成了迷宫的一部分；"平台迷宫"位于地面上，通过曲折有致的步行道将参观者引向不同观景平台，从而可以俯瞰整个矿坑。

场地西侧两个较大矿坑由现代机械开采而成，单个坑体边长约40m，深度可达20多米。当人们下降进入到矿坑底部，周围被高耸陡直且平滑的巨大岩壁所包围，仿佛进入远古文明的神殿陵墓之中，又仿佛置身石材立面的楼宇之间，并会被人类改造自然的巨大力量所震撼。改造设计完全保留了矿坑原貌，利用原有运输通道改造形成坡度。外侧坑体内建造了"图腾迷宫"（图6-23），内侧坑体则利用东北角的巨大裂隙作为背景布置舞台，从而被改造成为独具特色的室外剧场（图6-24a、b）。裂隙后方连通着一个由数个台层组成的狭窄坑体，宽窄不一的台层之间可通过陡峭的台阶上下。单面岩壁、交错的台层和之字形台阶组成错落有致的坑体空间，阳光照射下形成光影斑驳的奇妙景象（图6-24c）。

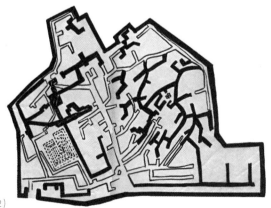

（图6-22）

图6-21　如同迷宫一般的霍斯特采石矿坑
（图片来源：a 谷歌地球；b Lithica官网）
图6-22　"伟大迷宫工程"概念草图
（图片来源：Lithica官网）

场地东侧的古采石矿区主要由手工开凿而成，单个坑体尺度较小，深度约10m。与机械锯切形成的垂直平滑崖壁不同，古采石矿坑岩壁多呈倒弧形，凹凸变化更加明显，且会形成巷道和洞穴等变化丰富的空间类型。另外，由于废弃时间较旧，古采石矿坑内外多已积累一定厚度的土层，自然植被覆盖良好。改造设计利用这一基础形成趣味盎然的各种功能场所。例如某古采石矿坑改造成为中间有喷泉水池的几何式花园，靠近岩壁形成柱廊，菜圃内栽植着种类丰富的果树、蔬菜与花卉（图6-25）。另一个面积更大，视线更为开阔的矿坑被改造成为可用于公共休闲活动的草地（图6-26）。当人们漫步徜徉在尺度宜人、绿草如茵的古采石矿坑内，不知不觉中会受到古代米诺卡岛人们采石历史的熏陶，从而对这一地区的传统和活动获得更多的感知。

（图6-23）

(a)　　　　　　　　　　　　(b)　　　　　　　　　　　　(c)

（图6-24）

（图6-25）

（a）

（b）

（图6-26）

（c）

图6-23　西侧现代机械矿坑、巨人石与图腾迷宫
（图片来源：Lithica）

图6-24　现代机械锯切形成的矿坑剧场的舞台与背景
（图片来源：a、b Lluis Bertran 摄；c Toni Vidal 摄）

图6-25　有中心喷泉水池的几何式花园
（图片来源：Jaime Garcia Pons等 摄）

图6-26　野生植被恢复的古采石矿区与坑底休闲草地
（图片来源：a、b Lluis Bertran 摄；c Lithica官网）

场地在扮演室外历史博物馆功能的同时，也通过风景园林营造成为一处展示米诺卡岛乡土植物的植物园。设计继承了石材开采者在废弃矿场上种植果树林和蔬菜花园的传统，每一处矿坑形成不同的种植群落空间。例如一个矿坑种植果树，一个是灌木，另一个保护橄榄树与芳香植物，还有一个矿坑形成水池种植当地的水生植物。

Lithica作为一个非盈利公益组织，其有限的经济投入和志愿者手工改造方式决定了该游憩地必须采取最小干预的改造方式，而这使得场地内的历史文化信息和废墟审美价值得到充分的保留和发掘，从而达到事半功倍的效果。整个游憩公园为人们营造出轻松自然和沧桑质朴的环境氛围，以鳞次栉比的古采石崖壁和整齐划一的现在采石崖壁界定的连续坑体成为废墟审美的主要载体，而场地内遗留的废弃锯石机和一段铁轨也暗示着这里曾经热火朝天的生产场景（图6-27）。

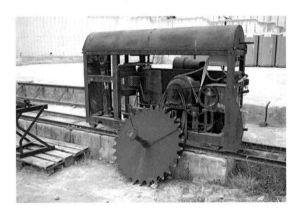

（图6-27）

6.4.4　西班牙克罗斯卡特火山采石矿坑修复项目

该采石矿坑所在的Croscat火山位于西班牙拉卡洛洽火山区自然公园（Garrotxa Volcanic Zone Natural Park）内，是西班牙加泰罗尼亚地区最年轻和最高（189m）的一座活火山（图6-28）。1960年代之后，该火山锥东北翼开始进行火山石碎石开采，在1970年代遭到一系列的抗议。1982年，该地区被划定为拉卡洛洽火山区自然公园，但该处采石活动直到1991年才停止，期间还作为奥洛特市的一处垃圾填埋场。石材开采形成了一条高100m、长400m、倾角40°左右的裂缝，使火山锥内部结构显露出来。1993年，该采掘场地的景观恢复得以实施：覆盖垃圾堆，恢复火山锥的地形以及周围的牧草地，以降低其风景视线影响并防止水土流失。

设计师对于主采石坑体的修复并未采取恢复原貌的方式，而是将之作为一处自然与文化遗迹完整地保留下来。锥形坑体由梯田一般的层层台阶组成，表面裸露着当地岩石的赭石色，与

(a)

(b)

(c)

（图6-28）

周围植被茂盛的山体形成鲜明对比。设计同样没有出于视觉污染对裸露崖壁边坡采取人工绿化措施，而是将其作为场地开采石材的历史废墟供人们游览。面对如此非同寻常的地质地貌，人们不仅会感叹大自然的伟大力量，也会对人类改造自然的历程产生不同的感想。

为了方便人们进入该采石废弃地开展科研教育活动，建筑师布拉蒙·A·塞拉（Bramon A. Serra）与雕塑家L·维拉（Vilá L.）合作在采石矿坑下方较为开阔的平台迹地规划设计了面积约1hm²的公共入口。整个入口区域地势高低不平，可以分辨出石材开采形成的浅坑与台阶坡地。整个设计因势利导，非常巧妙地利用若干片连续的耐候钢板挡墙强化了台阶状的弧形线条，并围合出一个圆形广场。除此之外，设计师未增加任何要素，从而很好地保留了这一采石废弃地独具特色的废墟意境与场所氛围。

图6-27　场地内遗留的锯石机
（图片来源：Lithica官网）
图6-28　西班牙拉卡洛洽火山区自然公园
（图片来源：a、b 互联网；c 维基百科）

此外，该项目尽管设计结果十分谨慎，但却综合了园艺师、生物学家、建筑师与雕塑家，充分体现了多专业协作的实践运作方式。

6.4.5 奥地利圣·玛格丽特采石场户外歌剧院改造项目

这一位于奥地利圣·玛格丽特（St. Margarethen）的户外歌剧院是在一个古代遗留的凹陷露天开采规格石材矿坑基址上改造而成，主要演出一些宗教题材的歌剧。它可算是当今欧洲最令人印象深刻的户外舞台之一。

该采石矿区的历史十分悠久。17世纪前半期，埃斯特哈希的尼古拉斯伯爵（Graf Nikolaus Esterházy，1583~1645年）获得埃森施塔特这片领地，因此这邻近的村庄圣·玛格丽特也属于领地的一部分，而这个采石场提供了很多建筑工程的建材。当时流行的哥德式建筑风格需要用到许多砂岩石材，因此包括维也纳地标——圣·史蒂芬大教堂或者维也纳环城区的兴建工程，都应用了该地的砂岩作为建材。长期以来，该采石矿区一直处于废弃状态，并恢复形成比较良好的自然群落。1997年以来，由艺术总监沃夫岗·维纳（Wolfgang Werner）所领导的户外歌剧音乐节活动（Opernfestspiele）与埃斯特哈希私人基金会开展了十多年的成功合作，在这儿每五年举办一届宗教热情音乐剧（Passionsspiele）的表演。

2005~2006年，Alles Wird Gut Architektur（AWG）建筑事务所受雇于埃斯特哈希私人基金会，对整个矿坑节庆舞台区进行了全面性的设计改造工程。整个设计除了对两个户外剧场及周边交通密集区域进行了地形平整之外，充分保留了岩体凹凸错落的矿坑原貌（图6-29）。根

（图6-29）

废弃采石矿山：
形态、审美与修复再生

据AWG的介绍，该项目基本的设计理念是希望使岩石峭壁的自然荒野氛围弥漫在整个户外剧场，从而为人们创造独具特色和印象深刻的游览体验。这一理念在从矿坑外部平台进入剧场观众席的缓慢步道区设计中得到充分体现。设计师采用耐候钢板材料在一片采石废墟之上建造了一条连续架空的缓坡栈道，从而使进入剧场的每一位观众都能强烈地感受到这一古老采石场蕴含的废墟审美魅力，同时还能够从不同角度俯瞰整个剧场以及眺望周围的广袤风景（图6-30）。

面对这片保留有古代手工开采遗迹的采石废弃地，设计师认识到必须采取细致谨慎的处理方法与该敏感基址相适应。场地内新增构筑以锈蚀钢板材料为主，其笔直硬朗的线条、锈红的色彩和细腻精致的质感与周围灰白色岩石风景的粗犷散乱形成鲜明对比。采石废弃地隐藏的废墟审美价值在视觉对比中得到激活。

（图6-30）

图6-29 项目鸟瞰
（图片来源：谷德设计）
图6-30 进入剧场的架空栈道
（图片来源：谷德设计）

8

第 7 章

基于审美价值识别的风景园林修复改造再利用方法体系

在简要介绍了国内外有关采石废弃地风景园林修复改造再利用的理论研究状况之后，本章基于上文对于我国采石废弃地风景审美、生态审美与废墟审美价值的详细分析与阐述，归纳总结出基于审美价值发掘的设计方法体系。该方法体系包括思想理念、基本策略、设计方法与工程技术4个层面，是本书的核心结论部分。

7.1 方法体系构建

风景园林学作为一门应用型学科，其理论建设注重基于设计实践与案例分析的设计方法经验总结。

7.1.1 采石废弃地风景园林修复改造再利用的设计研究概述

近现代以来，伴随采石废弃地修复改造途径的多样化以及风景园林师越来越多的实践参与，国内外学界逐渐积累了一些关于采石废弃地风景园林修复改造再利用的理论研究成果。

20世纪六七十年代，西方风景园林师已经开始研究废弃采石（矿）场进行农林复垦之外的减弱景观视觉干扰与为人们提供休闲娱乐场所的规划设计策略。1974年，英国女风景园林师希拉·M·海伍德（Sheila M. Haywood）协助英国采石与矿渣联合会（British Quarrying and Slag Federation, BQSF）撰写出版了面向联合会下属企业的采石景观规划设计指导书——《采石场与大地景观》（Quarries and the Landscape）。该书以降低采石工业对英国郊野乡村的景观视觉干扰和生态破坏为初衷，在对采石景观进行详细阐述基础上系统介绍了整个采石过程中的景观规划策略和工程技术措施，涉及土壤恢复、地形处理、排水组织、植被恢复等多个方面[1]。英国风景园林师汤姆·特纳（Tom Turner）在其著作《景观规划》（Landscape Planning）（1987）中对如何减弱采矿工业生产造成的风景破坏进行了专门论述，并提出了4种景观规划策略方法：功能分区策略（Zoning）通过开采选址使采区远离人们视线；隐蔽处理策略（Concealment）采取山脊线、地形植被等措施使采区隐蔽在环境中；复垦保育策略（Conservation）强调对采后矿区土地资源的合理利用，尤其主张恢复到开采之前的使用功能；创新利用策略（Innovation）则是在恢复原貌不太可行的状况下改造作为其他使用功能。这一时期的研究内容更多集中在如何进行采矿宕口视线遮蔽和视觉污染防治方面，研究视野还较为狭窄。

有研究针对具体的采石废弃地风景园林改造实践进行历史及设计思想层面的案例分析。美国科罗拉多丹佛大学风景园林专业的安·E·科马拉（Ann E. Komara）教授通过深入的历史研究探讨了法国巴黎肖蒙山公园改造项目在如绘式风景表面隐藏的工程技术与材料上的创新应用以及地形处理方面的先进技艺。《绍兴东湖造园历史及园林艺术研究》仔细梳理了绍兴东湖经典案例进行园林营造的历史沿革，并对其园林艺术进行解析。《穿越岩石景观——贝尔纳·拉絮斯的景观言说方式》（*The Crazannes Quarries by Bernard Lassus: An Essay Analyzing the Creation of a Landscape*）一书借助记录工程进展的文献、图纸和照片资料详细介绍了法国艺术家贝尔纳·拉絮斯在组织喀桑（Crazannes）采石场高速路段的景观改造从构思到营建的整个过程。这些研究为本书的案例分析提供了大量基础数据。

近几年来，伴随采石（矿）废弃地风景园林改造实践的增加，在国内部分高校风景园林专业背景下陆续出现一些硕士和博士论文开始探讨采石矿场风景园林方向的规划设计思想、策略与方法。《城市矿山区景观化再生方法》以安徽省铜陵市大铜官山公园概念性规划为载体，建立了城市矿山区现状环境分析评价方法体系，尤其确定了环境敏感度的分级评价方法，并对城市矿山区景观环境的保护、恢复和再利用方法进行展开论述。《矿山废弃地的景观资源整合研究》通过案例分析对矿山废弃地景观设计方法、特点和理念进行归纳，提出单一复绿型、综合治理型和再生利用型三类资源整合模式，并介绍了我国矿山公园建设的相关情况。《采石废弃地景观规划与改造利用研究》介绍了采石废弃地景观规划与改造利用的理论基础、改造原理与方法途径，该论文将采石废弃地分为乡村类、城郊类和城市类，并分别提出相适宜的景观改造模式。《矿山废弃地景观再生设计研究——以幕府山白云石矿为例》提出矿山废弃地景观规划设计的4个关键过程：新的价值观的确立作为基本原则；科学的设计方法作为主要途径；专业技术的支撑作为可行性保证；管理维护机制的构建作为运行保障。《采石废弃地的景观恢复规划研究》提出包括规划原则、途径、模式和措施四个步骤以及以行政和运营管理作为连续保障的"四步一线法"景观重建规划策略。这些论文全面涉及了恢复生态学、景观生态学、美学、社会学与经济学等众多领域，极大拓宽了研究视野，给本书很多启发。

此外，《基于潜质的采石矿景观重构》以上海辰山植物园矿坑花园改造实践为依托，探讨了通过挖掘景观"潜质"进行采石矿坑风景园林改造的设计方法。克罗地亚设计师桑加·加斯帕罗维奇（Sanja Gašparovic）等人在其论文《采石场复垦修复的景观模型》（*Landscape Models of Reclamation and Conversion of Quarries*）（2009）中对基于建筑与景观视角的采石矿场改造策略，介绍了其大致发展历程，并对近20年的20个改造案例进行分析，将其景观改造策略分成了景观复垦、景观重塑、建筑植入以及艺术化诠释4种模式类型。该研究表明了采矿景观改造都具有其独特性，并需要平衡社会、经济与生态要素的关系。意大利特兰托大学的伊曼纽拉·席尔（Emanuela Schir）在其博士论文《采掘景观——从采石矿场到废弃场地：特伦蒂诺斑岩矿区的再生方法与未来设想》（*Extraction Landscapes—From the Active*

---

① 该书介绍的改造策略以景观视线控制和自然生态恢复为主，以矿坑场地与乡村环境的景观融合为目的，并强调自然演替本身的作用。需要指出的是，囿于时代思想局限，该书并未很好认识到采石场的工业文化属性，尤其是机械设备等工业构筑的景观价值，而是强调在采石结束之后，除了进出道路、平坦的硬质场地（hardstanding area）、厕所房和泵站等设施场地可以保留之外，其他所有设施构筑都要被彻底清除。

Quarry to the Disused Sites: Methodological Approaches and Future Scenarios of the Porphyry Territory in Trentino）（2010）中，结合2009年参加的"Ex Cave"[①]概念竞赛对采石废弃地多种途径的修复改造策略进行了研究。该论文通过建立矩阵框架，从实体矿石和虚体矿坑、废弃物与再利用、时间与演变等角度出发，通过文献、案例和访谈对这些概念和论题进行解析，并由此获得艺术、建筑与风景园林等不同领域对于采石废弃地的诠释方式。

7.1.2 采石废弃地的风景、生态与废墟审美价值关系比较

本书4~6章所论述的审美价值组成是对采石废弃地这一地景类型从不同视角的审视与解读。风景审美、生态审美与废墟审美三类价值之间不是非此即彼的排斥关系，而是可以相互融合与渗透的，同时也可能存在不可调和的矛盾。本小节将对三类审美价值的相互关系做具体比较与简要论述（表7-1）。

表7-1 我国采石废弃地审美价值比照

	核心视角	思想内涵	审美对象	形态特征	评价标准
风景审美	物质空间视角、静态的、视觉感官为主	关注统一、变化、比例、主次与均衡等形式美法则；以山水植被等自然要素作为感知内容；强调视觉愉悦感与雄奇旷奥等空间体验；由悦形提升到逸情、畅神的意境美	符合一定形式美法则的悬崖峭壁、孤峰岩柱、岩壁肌理和植被水体；有着丰富层次和旷奥变化的矿坑空间体验	主次突出、层次变化、比例协调、均衡、质感丰富、精致、整洁	独特性、稀缺性；崖壁高度、坡度与围合度；肌理层次、丰富性；空间层次
生态审美	自然生态视角、动态的、多感官的	欣赏自然生命活力之美，关注生物多样性和生态平衡；欣赏非风景优美的自然，关注变化侵蚀与非平衡的自然特性；强调自然生态知识对审美感知的影响；倡导主客同一的融合式审美方式	自然恢复的动植物群落；自由旺盛的生态过程；荒野气氛和野趣空间	复杂多样、动态变化、粗糙散乱	生物多样性、自我稳定性、空间形态复杂程度与所处地理环境的水热条件等
废墟审美	历史文化视角、静态与动态结合的	强调时间沉淀所形成的怀旧情绪；欣赏衰败荒芜的废墟环境氛围和残损衰颓的废墟实体形态	废弃的厂房建筑、炉窑烟囱与机械设备；人工痕迹明显的矿坑空间要素	破碎不完整、错落堆叠、粗糙质感、散乱、衰败荒芜	真实性、历史性、典型性、独特性与稀缺性

首先，一些采石废弃地可能同时具备风景美、生态美与废墟美特性，例如一些自然恢复良好的采石废弃地既有引人入胜的优美风景，又充满野生动植物的生机活力，还保留着锈蚀的机器框架作为点景雕塑。当然，在不同的废弃地中，三者的大小比例可能略有不同。另外，生态审美与废墟审美一般具有更强的正相关性，因为二者都更倾向于自由散乱的荒野氛围与粗糙破碎的形态特征。

其次，三种审美价值之间也存在一些彼此排斥的矛盾。例如，一些具有风景美的采石废弃地因为不能自我维持健康稳定的生态系统，抑或其动植物组成因人为控制而异常单一和脆弱，而不具有生态美；一些废弃地虽然有着自由散漫和充满野趣的生态美，但因为过于破碎杂乱而不具有风景美特征。又例如一些残损破败的机械构筑和石料堆体虽然是废墟审美的主要对象，却会多被看作是对风景美的破坏；而许多具有风景美的采石废弃地因为过于精致和整洁而失去

了废墟审美所需要的衰败氛围。另外，一些废弃不久的采石矿坑由于尚未恢复形成良好的动植物群落，因此其表现出的更多是废墟美特征，而很难获得生态审美体验。

正是因为三种审美价值存在这种相互渗透而又彼此排斥的紧密关系，加之不可能存在一致的审美评价标准，便使得人们对采石废弃地形成多种多样的审美认知。而这也导致了基于不同审美价值认知的多种多样的风景园林修复改造再利用方法途径和技术可能的产生。

传统的风景园林营造方式多以风景审美原则作为主要依据，而如今强调多元化与可持续性的时代精神需要人们更加开放地接受和寻求基于生态审美以及废墟审美的采石废弃地修复改造方式。古希腊的前苏格拉底时期，赫拉克利特和巴门尼德分别提出了"万物皆变"和"万物不变"说[2]。针对这一组对立的观点，罗素提出了调和两者关系的一劳永逸的方法：前者（万物皆变说）可以引申出我们的新范式[3]，而后者（万物不变说）则是旧范式的有利说明。对此，我们可以将生态美学作为一种认识世界的新范式，而将风景美学作为一种旧范式。按照罗素的理解，现实状况中两者并非水火不容，而是可以相互补充的。"新范式并非要取代旧范式（事实上，新范式也不可能取代旧范式）。平衡、和谐和秩序等因素依然是积极的审美因素，同时失衡、无序和混乱也可以成为我们的审美目标"（李庆本，2011）。因此，我们有必要将更多的注意力从风景审美转向生态审美与废墟审美观念下的新范式，去发现和发掘采石废弃地这一第四自然在混乱、无序、失衡、破败、衰颓和多样性中存在的美。

7.1.3　基于审美价值识别的风景园林修复改造再利用方法体系构建思路

杨锐教授在其《境其地——风景园林学范畴论》（2013）中提出"境其地"与"地境"是风景园林学的核心范畴，其复杂系统由理论和实践两个组分构成。其中理论组分是由"境道""境法""境理"和"境术"4个基本范畴"聚层"形成，而它们分别描述了"思想""方法""知识"和"技艺"。这四个层级遵循了从虚的精神和主观层面到实的物质和客观层面的变化规律。

根据上述"道法理术"的理论层级，本书将基于审美价值的风景园林修复改造再利用方法体系分成思想理念、基本策略、设计方法与工程技术4个层次。"思想理念"层次是需要风景园林师秉持的根本理念和基本原则，包括基于潜质的风景园林设计理念、让自然和时间做功的理念、风景园林引导开采活动的理念以及多学科协作理念等；"基本策略"层次是风景园林师针对场地可选择的基本态度和修复改造路径，包括无为的、轻触碰的、事件激发的策略等；"设计方法"层次是指针对具体项目可采取的风景园林设计技术手段和具体措施，主要指功能

---

① 该竞赛由意大利北部摩德纳省主办，旨在为省内的众多采掘场地提供更加多样化的规划策略和改造措施。
② 前者的著名说法是"人不可能两次踏入同一条河流"；后者则通过"飞矢不动"等悖论进行证明。
③ 根据托马斯·库恩的解释，此处的"范式"是指人类认识看待世界的方式，即世界观。不同时代的人类社会具有认识世界的不同范式：古希腊时期，人们通过精密的几何学认识世界；中世纪，人们开始乞灵于上帝；而在文艺复兴启蒙运动之后，人们则完全相信科学和理性的力量（李庆本，2011）。

定位、空间营造与文化传达的设计方法；"工程技术"层次是一些具体的工程做法与技术措施，包括视线屏蔽、人工复绿与爆破塑形技术等。这一方法体系在整理提取出文献观点之外，主要来自于对重点分析案例的经验归纳与总结。

7.2 思想理念

在采石废弃地修复改造再利用实践项目中，风景园林师及相关设计、施工与管理人员应该秉持以下"思想理念"，从而保证实践项目更加经济、合理和高效的完成。

7.2.1 基于潜质进行设计

"潜质"的字面意思是潜在的素质、能力与天赋。基于潜质的风景园林设计理念意味着设计师去发掘场地尚未实现但判断出其能够实现的某种品质。它与通常所谓基于场地条件的设计理念有相似之处，但潜质理念更强调场地条件中难以被发现的潜藏的诸多可能性，而这些可能性通常只有专业的设计师能够发觉和捕捉得到。基于审美价值识别的采石废弃地风景园林修复改造再利用实践尤其强调对废弃矿坑场地潜质，尤其是潜藏的审美价值的识别与发掘。

首先，根据该理念，任何采石废弃地都具有其自身的形态特征和得到合理修复改造与再利用的潜在可能。例如，拉絮斯便认为世间不存在白板式的场地；景观就像油酥千层糕一样由许多的历史分层与意义交叠而成，这使任何场地都是唯一和独特的。这些与岁月紧密联系的社会文化异质性导致每个单体往往只能认知到花园和景观中特定层面的意义。因此，现代开放空间的营建者应当为人们提供不同的诠释和体验方式。而拉絮斯便钟情于在景观中为不同人群营造出多样的感官体验，并尽量减少对场地历史信息的干预，从而创造出景观的丰富性。在强调文化多样性的后现代设计语境的今天，人们需要基于采石废弃场地的不同潜质进行修复改造与再利用。诸如巴西库里巴蒂市矿坑歌剧院、法国喀桑采石场高速公路景观以及上海辰山植物园矿坑花园等项目都是设计师基于场地潜质的极富创造性的风景园林营造活动。

其次，采石废弃地的场地潜质一般总与其不足和瑕疵相伴存在，设计师试图弥补不足和消除瑕疵的过程往往便是潜质发掘的过程。瑕疵消除的手段往往是通过实施较小规模的、与场地原有肌理相和谐的改造措施。对于经验丰富的风景园林师而言，场地条件越复杂，其蕴藏的设计可能性便越加丰富。这些不足与瑕疵组成的复杂条件及其伴生的潜质内容同时也是形成"场所精神"的重要前提。例如，在英国自然风景园发展的鼎盛时期，"潜质布朗"造园的过程便是先从这些现存的模式开始，也就是说，从这些场地的"潜质"开始，然后"改进"它，使其更接近它的自然美的概念。同样，在搜集的众多采石废弃地改造案例中，设计师都是在寻求解决场地问题的时候获得设计灵感的。诸如布查特花园、新昌大佛风景区般若谷景点等项目都因此而取得"化干戈为玉帛"的效果。

总之,在日益强调自然文化多样性、场所精神与批判性地域主义的今天,基于潜质的设计理念是人们在进行采石废弃地这种场地条件较为复杂的景观修复改造项目中必须首先秉持的重要思想。

7.2.2 让自然与时间做功

工业革命以来,伴随科技水平突飞猛进的提高,人类改造自然的能力不断加强。于是在建造更为舒适的人居环境之余,更多时候人类由于自私、短视与专横的自然干涉行为而造成许多严重的资源浪费和环境破坏。在此背景下,现代风景园林领域提出了"让自然和时间做功"的设计思想,主张减少盲目的人为控制,顺应自然的发展规律进行干预和引导,并利用自然的演进过程使其自身发挥更多作用,从而使设计朝着对人类需求与自然生态均有益的方向发展。

首先,"让自然做功"的理念强调利用自然的自组织和能动性进行场地设计。盖亚理论认为,整个地球都在一种自然的、自我的设计中生存和延续。自然系统的丰富性和复杂性远远超过人为的设计能力。我们应该在设计中充分利用大自然的自我愈合能力和自净能力,以维持大地上的山清水秀。该思想不仅可以充分发挥自然的能动性,而且可以极大地减少人工投入和降低成本。该理念应用在采石废弃地的修复改造再利用实践中主要表现为最大限度地利用自然的自修复能力和演替规律使矿坑形成健康稳定的生态群落。当然,该理念并非指不允许任何人为干预——可以在人为控制或引导下建立适宜自然自我恢复的外部环境,从而加速健康生境群落和生物多样性的形成。这便需要设计尊重和顺从自然演替的进程方向,而不能违背自然规律行事。

其次,"让时间做功"的理念强调利用风景园林的动态变化与过程性特征进行规划与设计,就是"有意识地、主动地将风景园林设计为一个动态发展的过程,通过引入或引导自然过程产生作用"(冯潇,2009)。这已成为西方现代风景园林设计的主要理念,尤其在一些超大尺度规模的废弃地改造项目中得到了体现与应用。例如在加拿大多伦多当斯维尔废弃空军基地公园改造项目和美国纽约清溪垃圾场公园改造项目中,设计师都采取了注重长期性和分阶段实施的规划设计方法。这些方案以发展策略和要素组成取代具体的形式设计,通常包括土壤污染治理、设施建设、项目开展等多个阶段,并一直保持方案足够的弹性和开放性。其中,清溪项目甚至计划需要20~30年的时间来实施完成。让时间做功的设计思想应用在采石废弃地修复改造实践中,主要体现为废弃地修复不可能也不应当一蹴而就,而是需要经历较长的时间和不同发展阶段来逐渐完成。

尽管风景园林学术领域已提出"让自然与时间做功"的思想理念,但在具体的采石废弃地实践项目中仍然遇到许多现实问题使其很难得到推广。一方面由于在国内风景园林的生态设计理念及其背后的生态审美价值还未获得普遍认同,另一方面,较之人工植被恢复措施,依靠自然自修复能力进行采石矿坑的生态恢复需要更长的时间,尤其在中国湿热条件较差的北方地区,许多新采矿坑估计需要数十年的时间才能达到生态良好状态。然而,即使有着许多现实限制因素，该理念仍然代表着一个更为正确与合理的发展方向。

7.2.3　风景园林引导下的采石规划与生产

该理念将应对采石废弃地的修复改造工作提前到采石生产过程中甚至采石矿场规划审批阶段，旨在通过风景园林师的前期介入最大限度地减弱采石活动造成的负面影响以及借此形成更具潜质和改造利用价值的风景园林资源。基于"天人合一""人与天调"的传统山水园林思想，孟兆祯院士多次提及现代开山采石与城市建设应当继承绍兴东湖采石成景的古代智慧："开石材也要汲取古代有益的经验，或地下开采以坡道运出，或开走石土方而留下一个风景名胜区。"杜顺宝教授在20世纪90年代初太湖风景名胜区木渎景区规划中也提出了造景采石的设想（图7-1）。此外，环境美学家陈望衡教授发现诸如建筑、高架桥、地下管道和高压线等工程带给人类社会福祉的同时也对环境造成生态、审美等方面的破坏，因此针对其双刃性提出了"化工程为景观"的观点：要求在工程规划中加入美学理念，让工程既有利于人们的生产与生活，又有利于人们的审美；并主张在工程建设中秉承功利[①]与审美并重，甚至审美主导的原则。

风景园林专业在应对人居环境建设中的自然审美、游憩活动与生态保育等相关问题时具有其他学科没有的优势。风景园林引导下的采石规划与生产活动对于将来采石废弃地的视线控制、风景营造与生态重建大有裨益。首先，风景园林师通过在规划阶段划定视觉敏感区域以及规定矿场范围来避免盲目开采造成的严重视觉污染，英国风景园林大师杰里科在1940年代的希望水泥厂采石规划便是很好地尝试；其次，风景园林师可以结合风景营造指导开采步骤和范围，从而形成更具审美价值的采石矿坑形态；再次，风景园林师可以有意识地引导采石生产形成更加丰富的地形条件（诸如深坑、裸岩和缓坡），从而为形成多样化的生境群落准备条件。

目前，国外采石生产在前期规划阶段都已要求结合风景园林、生态恢复与土地管理等多专业进行采后矿场再利用规划，并结合规划目的进行合理的生产安排。然而，在中国现在很少有风景园林等专业介入前期规划和生产过程。一方面，由于我国采石生产者多非土地所有者，他

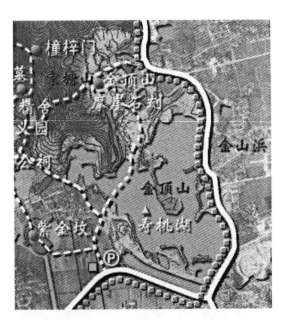

（图7-1）

们只关心获取石材而丝毫不在乎采后矿坑再利用情况；另一方面，风景园林师需要充分了解采石生产方法与技术，应当在保证生产效率和石材产量的基础上进行干预和调整，才能够得到生产者的支持；最后更为重要的是，在中国政府主导的采石生产和废弃地修复改造背景下，需要提高政府管理人员在采石规划阶段关注视线控制、风景营造和生态重建的意识，并通过制度安排保证风景园林专业的尽早介入与多方合作。

7.2.4 多专业协作

受采石活动的剧烈扰动，采石废弃地地形地貌与生态水文条件较之普通场地更为复杂，再利用方向也更加多样。因此，多专业协作将成为采石废弃地修复改造再利用实践需要建立的基本观念。

根据上文关于风景园林途径的采石废弃地修复改造再利用范围的界定，风景园林师的工作可覆盖至采石废弃地的八种主要改造再利用方向（图7-2）。风景园林师除了在风景游憩、生态修复以及部分文化设施与开发建设中发挥主要作用之外，在其他一些类型的改造活动中也能够起到锦上添花的辅助作用。这些辅助作用主要包括在满足核心功能之余对场地审美价值和休闲游憩用途的提升等。从风景园林师的角度出发，不同修复改造再利用方向都需要与不同专业人员进行合作。

（图7-2）

---

① 功利原则是指让工程最大地发挥它的功能性，体现在采石生产中便是最大效率地获取石材资源。

图7-1　木渎景区寿桃湖景点造景规划
（图片来源：张哲、杜顺宝，2003）

图7-2　不同再利用方向的多专业协作

就目前国内采石废弃地修复改造实践情况而言，许多再利用类型项目都缺乏充分的学科交流与专业合作。这与目前我国学科及部门过于分化与缺乏交流的教育和社会现状有关，同时也是采石废弃地修复改造实践理论研究缺位的表现。其负面影响是仅从单一视角出发，从而导致修复改造手段过于简单粗暴，最终效果差强人意。例如，国内采石废弃地的生态修复实践由于以水土保持专业为主导并缺少与风景园林师、文化保护专家甚至生态学家的充分协作，总是简单地将生态修复等同于边坡防护和植被恢复，应对矿坑场地都是采用人工复绿技术进行处理，从而导致本书绪论中提出的诸多弊端。针对目前国内现状，本书呼吁风景园林师开阔视野，更加积极地参与到更多类型的采石废弃地修复改造与再利用实践项目中，这样才能逐渐积累与提高风景园林师在受损土地再生领域的话语权。

7.2.5 保障人身安全原则

由于采石废弃地较为复杂和危险的场地条件，其修复改造实践需要强调保障人身安全的基本原则，而这涉及规划、设计、施工与管理的各个环节。

首先，该原则要求设计师全面地掌握矿坑地质变化状况，并在保障岩体地质结构安全的前提下尽可能保留有利于提高场地风景、生态与废墟审美潜质的形态要素。例如，对于整岩悬崖峭壁，即使其坡度大于90°形成向外倾斜的岩壁，只要其具有相对稳定的地质结构，修复改造不应当随意摧毁或回填防护，而应尽量将之保留下来。它们会形成富有吸引力的岩壁风景和空间体验。当然，对于一些风化严重并紧邻人们活动区域的岩体，即使其具有极佳的审美价值也需要将之进行破除来减少安全隐患。

其次，协调好营造惊险刺激的风景审美体验与人身财产安全之间的关系，并设置必要的安全防护措施。涉及风景游憩方向的采石废弃地改造项目多希望利用采石废弃地不同寻常的复杂地形和坑洞崖壁要素营造引人入胜的游览空间。而充满惊险刺激的地方往往也存在更多的潜在危险，参照辰山植物园矿坑花园的经验，人们在深潭、悬崖等危险地段的活动一定要合理组织游览路线，并建议采取单行交通方式，以避免双向密集人流形成冲撞而发生事故。同时，在浮桥、深潭和人为活动的崖壁范围也可安装防护绳网。

7.3 基本策略

"基本策略"是指设计师对场地原置的基本态度及其处理方式的路径选择，这与设计师对于场地潜质，尤其是审美价值的识别有着密切关系。结合不同的改造再利用方向，基于不同的环境背景和条件，采石废弃地的风景园林修复改造实践通常采取以下4种基本策略。

7.3.1 "无为"策略

"无为"策略是指修复改造实践出于特定缘由对所有或部分场地故意采取不加任何人为干预的处理方式，从而获得"无为而治"的修复改造效果。

首先，针对一些具有明显风景、生态与废墟审美价值的矿坑形态与组成要素，风景园林师会采取保留原貌的方式对其加以利用。在风景游憩、艺术创作、文化设施和开发建设方向的改造实践中，风景园林师需要积极发掘场地内具有形态独特和审美潜质的岩壁边坡、孤峰岩柱以及湖体池潭等，并有意识地加以保护和利用，使其尽量与整个场地的功能再造保持协调一致。例如上海辰山植物园矿坑花园项目对矿坑岩壁采取了保留原貌的无为策略，取得事半功倍的效果；又如悉尼奥林匹克森林公园的砖厂环形步道项目为保护绿纹树蛙栖息环境将一整片矿坑维持在隔离人为干扰的荒野状态。

其次，针对一些贫瘠荒芜的矿坑场地，设计方案希望利用自然的自修复能力进行矿坑生态恢复，也会秉承"让自然与时间做功"的理念，采取不加干预的无为策略。这一情况下的矿坑多位于相对偏僻的位置，对于外界人们的视觉干扰较弱，并且没有其他更好的再利用方向。无为策略对于受损场地的生态恢复可谓起到"四两拨千斤"的神奇作用，其对应具体的"封禁"措施修复效果显著[①]。

再次，针对一些具有潜在文物价值的矿坑场地，遗址保护方向的再利用实践同样采取无为策略。其实，在无人干预的情况下，所有采石废弃地的历史文物价值都随着时间增长而增大。为了保存人类不同历史发展阶段的生产生活印记，我们需要有意识地从众多新近形成的采石废弃地中甄选出不同类型的典型矿坑，将其作为记载现代采石文化的历史文物加以保存。

7.3.2 "轻触碰"策略

"轻触碰"策略可理解为较小干预原则，即通过较少的人为干预获得事半功倍的修复改造效果。在大多数实际项目中，"无为"策略因为过于消极被动而不能被人们所接受。在此情况下，轻触碰策略将修复改造措施控制在较为合理的干预范围内，既能够较快改善场地贫瘠散乱的状态，又可以有意识地保留矿坑内有价值的形态特征和要素。

---

① 福建省从20世纪80年代中期开始对中、轻度水土流失区采取封禁治理，取得显著效果。1984年遥感普查水土流失面积为2.13万km²，2000年普查下降至1.31万km²，减少8000多km²，其中2/3是通过封禁后，依靠生态的自然修复能力实现的。据监测，一般对侵蚀劣地封禁3年后，植被覆盖度可由原来的40%左右提高到60%~70%。另一方面，采自然封育比人工造林种草大大节省投资。据调查，一般围栏封禁治理每亩只需15~20元，而人工种树种草每亩需70~150元。据国家"长治"工程统计，10年治理，采取封禁治理面积是小流域综合治理面积的1/3，而投资仅是总投资的7.68%（刘震，2001）。由此可见，"封禁"措施对于我国广大范围的采石废弃地生态修复具有极为重要的参考意义。

大多数成功的采石废弃地修复改造案例都属于这一应对策略类型，例如奥地利罗马矿坑的歌剧院改造项目设置高架步道跨过带有废墟审美价值的古采石遗迹，采取并置的轻触碰方式形成奇妙的游览体验；西班牙米诺卡岛的霍斯特郊野游憩地项目在形成于不同年代、形态各异的凹陷矿坑群基址内营造出各具特色的游憩场所，并保持着整个矿区自然朴素的郊野氛围；同样，浙江新昌大佛风景区般若谷景点充分利用采石留下的宕口空间结构和岩壁形态进行交通组织和风景营造，从而将跌宕起伏的游览序列、蔚为壮观的采石遗迹与三僧造像历史故事巧妙地融合在一起。由此可见，轻触碰策略对于审美价值的保存和利用具有重要意义。

另外，轻触碰策略在采石废弃地生态恢复实践中也有积极作用。对于许多废弃不久生态贫瘠的采石矿坑，如果完全采取无为的自然修复方式需要太长时间，而如果完全利用人工技术恢复植被又成本巨大，且无太大必要。此情况宜采取适当人工干预的轻触碰策略，基于生态恢复知识采取一定措施来促进废弃地的自然恢复进程。例如，通过地形处理使矿坑形成便于动植物群落演替的多种生态环境；选择能够适应极端条件和抗逆性较强的乡土植物种类进行人工撒播培植，从而加快植物群落的丰富完善。在此方面，英国采石废弃地的生态修复实践积累了丰富经验，许多湿地恢复项目都需要在前期进行适当的地形塑造，然后再依靠自然能动性逐渐自我修复。

7.3.3 "事件激发"策略

"事件激发"策略是指利用必需性的功能设置或者极富吸引力的特色活动来赋予场地新的活力和人气，从而促使场地得到更快更好的修复改造与再利用。某些利用采石废弃地进行开发建设、文化设施或艺术创作的再利用实践经常采取此策略，例如将矿坑改造成为高尔夫球场、室外剧场和博物馆甚至大地艺术作品等等，都因为赋予废弃地特定的社会功能而使其重新焕发生机。

该策略的重点是如何选择与特定采石废弃地相契合的合理可行的"事件"类型。一方面，设计师可以从现实生活中留意发现采石废弃地既有的活动，比如攀岩、野炊、跳水、游泳和垂钓等自发行为都可以为废弃地的再利用提供启发。另一方面，可以利用采石废弃地的非常规空间形态营造趣味体验和游戏活动，例如利用斜坡形成滑草和滑梯，利用峡谷空间建设飞索、蹦极活动等。再一方面，设计师还可以通过发掘采石废弃地的独特潜质，创造性地形成一些特色事件将整个场地全盘激

活。例如位于法国普罗旺斯的卢米埃采石场（the Carrières de Lumières）利用开采石灰岩规格石材形成的地下巷道和垂直平整的岩壁来投影艺术大师的绘画作品，从而创造出精彩纷呈的多媒体视听体验。如今这一名为"大教堂映像"的艺术创意项目已成为远近闻名的游览目的地（图7-3）。

改造后的废弃地只有产生强烈而持久的吸引力，才可能重新成为城市的有机组成部分，否则就可能再次面临衰败的命运。采石废弃地作为城市及郊野地区的消极场所，需要通过特定事件激发的改造再利用恢复其潜藏的自然生态、社会经济以及文化审美等价值。

7.3.4 "颠覆改变"策略

"颠覆改变"策略是指对场地原貌进行大刀阔斧的修整改变，重新塑造出新的与其原有形态相差迥异的处理方式。应用这一策略的采石废弃地基址内一般没有特别出众和值得保留的审美对象与景观要素，抑或其审美潜质与改造再利用方向不太契合。由于其新的功能类型与其原有的采石矿坑属性没有紧密联系，该设计策略多会利用回填、遮蔽和重塑等技术方法彻底改变其作为废弃地的外貌形态。

现实当中，土地复垦、开发建设以及基础设施等改造类型主要采取这一策略。此外，国内外许多基于采石废弃地的小型公园和花园建造也多会较多地改变基址原貌，例如加拿大布查特花园、美国德州圣安东尼奥的日本茶园以及中国浙江湖州潜山公园等等。必须指出的是，尽管该策略可以通过强有力的措施改造形成居住区、办公楼、工厂或者垃圾填埋场等新的利用功能，但毕竟割裂了场地曾经作为采石矿场的历史文脉。因此，本书倡导即使改造项目采取高强度干涉的"颠覆改变"策略，也应该尽量保留场地内一些支离破碎的历史痕迹。

7.4　设计方法

设计方法是指针对具体项目场地可采取的具体手段和措施。从设计学角度，风景园林设计可分成"定性""定型"和"定形"3个大的层面或阶段："定性"指判定设计对象的类型属性；"定型"是指选定场地的空间结构型；"定形"是指界定空间的形体及其材质。对应采石废弃地的风景园林修复改造再利用实践，定性首先是确定场地的改造功能类型，而定型与定形是结合新的功能和场地条件进行空间结构安排、交通组织、氛围营造以及细部刻画等等。基于上文案例分析，本小节将设计方法分成功能定位、空间营造、文化表达与生态修复4个方面。

7.4.1　功能定位方法

我国目前采石废弃地改造项目的功能定位有许多途径：或由上位规划主导，或征求相关部门意见，或由领导决定。如此一来，许多改造项目定位带有很大的偶然性，并且类型较为单一。为此，本研究提出一种基于发掘场地潜质的功能定位方法。

通过案例研究发现，人们对于特定采石废弃地进行修复改造再利用的方式选择受到场地自身基址条件与其所处区位环境的共同作用和影响，二者同时也决定了该采石废弃地适合进行哪些方面改造再利用的潜质及其大小。基址条件包括采石废弃地的尺度规模、空间与自然形态特征、审美价值组成以及废弃地的独特性大小等等；环境因素包括场地的区位条件（例如距离集中聚居地远近）、周边环境组成以及功能需求等等。一般而言，废弃地距离集中聚居地越近，场地基址条件品质越突出，人们对其进行风景园林改造再利用的可能性越大；反之，如果场地位置远离聚居地，其自身条件品质又较为普通或无太大特色，那么对其进行改造再利用的可能性便较小，而更多地以自然生态恢复和闲置封育为主。

这一观点可以用如下公式简要说明：

$$Re = \alpha \cdot f(C)/g(L)$$

式中　　　　Re——修复改造再利用指数；

　　$f(C)$——废弃地条件品质指数；

　　$g(L)$——距离集中聚居地远近指数；

　　　α——综合影响系数。

由此可见，对采石废弃地的场地基址条件与区位环境因素进行系统地调查与评价是对场地进行合理功能定位的基础。为此，本书根据采石矿坑形态特征和价值组成，结合案例分析和实践经验，制作完成了一份针对采石废弃地修复改造项目的场地调查与资源评价清单，见表7-2。

表7-2 　　　　　　　　　　　　　　　　　　　　　　　　　　采石废弃地场地调查与资源评价清单

类别	单项内容	描述指标	评价等级	方法
区位环境	到集中聚居地距离	km/m	偏远/远/近/很近	定量比较、交通分析、区位分析
	周边地区功能需求	建设用地/基础设施/农田林地等	有/无	头脑风暴、部门沟通协调、民意征集
	环境视觉干扰程度	干扰系数	强/中/弱/无	场地踏勘、视觉影响评价
物质空间	空间结构与单元组成	图形图示、文字描述	复杂/一般/简单	图示分析、现场体验
	空间层次	图形图示、文字描述	佳/良/中/差	图示分析、现场体验
	空间围合	围合度、开敞度	封闭/半封闭/半开放/开放空间	图示分析、现场体验
	崖壁边坡	坡度、高度、肌理、美景度	佳/良/中/差	图示法、比较法、主观评判、公众调查
	平台迹地	面积、平整度	大/中/小/无	定量比较、现场体验
	深坑浅滩	面积、深度、坡度	大/中/小/无	图示法、定量比较
	土壤水体	面积范围、深度	大/中/小/无	图示法、定量比较
	料石堆体	面积、高度、坡度	大/中/小/无	图示法、定量比较
自然生态	植被	覆盖率、种类	佳/良/中/差	图示法、识别统计
	动物	种类数量、珍稀物种	佳/良/中/差	识别统计
	群落生境	类型数量、尺度规模	佳/良/中/差	图示法、识别统计
	水热条件	年积温、降水量	佳/良/中/差	气象数据比较
	地下水位	水位高低、溢水率	佳/良/中/差	水文测量、竖向分析
	地质构造	岩体类型、裂隙发育、土质成分、稳定性	整体状/块状/层状/碎裂状/散体状、强/中/弱/无	地质数据测量、经验判断
	地质隐患	安全系数	安全/较安全/危险/非常危险	地质数据测量、专家评判
人文历史	开采历史	始采时间	悠久/一般/短暂	数据比较
	开采规模	面积、石材产量	大/中/小/微	数据比较
	应用技术	手工/机械/爆破	—	访谈、形态经验判断
	机械构筑	体量、稀缺性	佳/良/中/差	图示法、文字描述
	社会组织	组织方式、制度规则、风俗习惯等采石文化	—	社会学方法
	石材应用	用以建造重要构筑物，有历史文化价值	重要/普通	访谈、地方志

该清单包括区位环境、物质空间、自然生态与人文历史4个主要部分，其中部分内容对应于采石废弃地外显或潜藏的风景、生态与废墟审美价值的要素组成。区位环境在很大程度上决定了人们对废弃地进行修复改造再利用的基本态度，其中废弃地距离城市乡镇等聚居地的远近以及场地周边概况与可能功能需求发挥着重要作用。由此可以说，采石废弃地的修复改造再利用方向与功能定位很多时候不是由废弃地自身，而是由环境条件所决定的。于是，周围环境的发展时机、功能满足的适宜性和空间形态的契合度决定了废弃地进行特定修复改造再利用的潜质大小。

物质空间调查与资源评价旨在了解采石废弃地的空间形态特征，从而明确其可能的修复改造再利用途径。这是对场地潜在的经济价值、社会价值、游憩及审美价值进行识别和发掘的基本前提，尤其可以作为对废弃地风景审美价值进行识别和评价的依据。一般而言，空间组成越复杂，空间层次越丰富，空间围合度越高，竖向地形起伏越明显，崖壁边坡形态越独特，植被水体越多样，那么采石废弃地的风景审美价值越突出。即便有些矿坑因还在开采抑或废弃不久而显得贫瘠荒废，只要具备上述一些形态特性，仍然可认为其具有潜藏的风景审美价值。空间形态的观赏性、空间体验的独特性以及风景资源的稀缺性是物质空间资源评价的主要依据，而这也决定着采石废弃地风景审美价值的大小。

自然生态调查旨在了解采石废弃地的自然形态特征，从而对场地的生态价值、审美价值以及其他价值评价提供依据，尤其对识别和评价废弃地外显或潜藏的生态审美价值意义重大。对于废弃较长时间并已自然恢复到一定稳定状态的场地，规划设计与决策过程中要充分利用和保护恢复形成的生境群落和可能存在的濒危珍稀物种。对于一些刚刚废弃的矿坑，也可以针对其水热条件、岩土构造和竖向地形等信息，积极识别其可能潜藏的生态审美价值。例如，分布在我国南方的许多采石废弃地因为所处地区较佳的水热条件，往往能够很快实现植被恢复；而对于一些采掘较深的凹陷矿坑，也能够预期地下水浸入形成湖泊水体生境类型。可以说，空间形态的复杂程度、物种的多样性、群落生境的稳定性以及环境支持自然恢复的可能性构成了采石废弃地自然生态资源评价的一般标准。

人文历史调查旨在了解采石废弃地在人类干预下产生的相关人文遗迹与文化现象，对于识别和评价其文化价值、审美价值及其他相关价值意义重大，尤其可用以作为识别和发掘废弃地审美价值的依据。一般而言，采石矿场的开采历史越久，开采规模越大，应用技术越传统，遗留的机械构筑越齐全和稀缺，以及形成的组织方式、制度规则和风俗习惯越独特和完整，那么其人文历史价值越高，同时也就具有更浓郁的废墟审美意蕴。如果某采石矿场生产的石材曾被用于建造某些著名和重要的建筑物和工程设施，那么其人文历史价值也会相应提高，并可能因此具有文化遗产属性。总之，独特性、稀缺性、典型性与完整性构成了采石废弃地人文历史资源评价的一般标准。

通过以上论述可知，识别特定采石废弃地在众多矿坑中较为独特、稀缺和重要的形态属性对其功能定位意义重大。而为了帮助规划设计与决策人员在特定实践项目中更快更好地把握所面对场地的价值大小，本书尝试着手建立起采石矿场及其废弃地景观资源资料库。该资料库几乎包括上述清单中的全部内容，重点以图片形式记录和收集场地内坑体空间、崖壁边坡、机械构筑以及动植物群落等方面的形态特征。伴随资料库内容不断丰富充实，人们可以通过参照比较从而对待改造废弃地景观资源的独特性、稀缺性及观赏性大小进行更加客观地评价。

当然，由于每个人对采石废弃地的审美价值识别和场地特性认知往往不尽相同，因此规划设计和管理决策人员的主观判断对于资源评价结果和功能定位选择有很大影响。毕竟，同一场地绝非仅对应一种改造方向，而往往有多重再利用方式与可能。为此，本书基于案例收集分析，分别对适于八种不同修复改造基本功能的采石废弃地潜质特征进行概述，希望对相关项目实践有所启示。当然这八种功能类型并非相互排斥，而是可以在同一实践项目中满足多项功能。

1. 生态修复

该功能类型是几乎所有采石废弃地修复改造项目需要首先考虑的基本内容，因此常会结合不同利用途径实施。单纯的生态修复直接经济回报较低，因此通常是在开发建设、土地复垦和基础设施等方式之余的选择，其废弃地一般距离聚居地较远。一方面，在采石废弃地中若发现珍稀动植物种类，应尽量通过生态修复加以保护；另一方面，对于临近和包围在人类聚居地的废弃地，如果坑体地形过于复杂不方便用作他用，也可以主要用于生态修复；再一方面，对于一些造成严重视觉干扰的废弃地岩口，可考虑采取边坡绿化等人工修复方式，而对于更多环境影响不严重的废弃地则应尽量采取自然恢复方式。尤其如果特定废弃地具有较佳的水热条件、复杂的地形变化、含土质较高的岩体结构以及较高的地下水位等，它们将更容易通过自然恢复方式形成健康稳定的野生动植物群落。

2. 风景游憩

具有一定审美价值和观赏特性的采石废弃地可进行风景游憩再利用。采石废弃地通常可利用的风景游憩资源包括陡峭优美的崖壁边坡和孤峰岩柱，空间奇特的峡谷堑道和深坑浅滩，生机盎然的岩体植被和湖泊水体，以及与矿体自然融合的炉窑构筑和机械设备等等。这些风景资源的可利用程度由其审美价值大小和距离集中聚居地远近共同作用：距离越近和越方便到达，其利用可能性越大；审美价值越大，稀缺性越强，其可辐射的聚居地范围则越远。风景游憩改造具有极强的灵活性，它几乎可以和其他七种修复改造类型进行自由搭配，尤其与艺术创作、遗址保护、文化设施及开发建设结合最为紧密。

3. 艺术创作

这一再利用方式具有较大的偶然性，更多受到改造主体的创造性发挥。其实，在许多实践项目中，该方式可以同其他修复改造类型结合开展。例如在满足风景游憩、遗产保护、土地复垦甚至基础设施等功能时邀请艺术家结合矿坑场地进行大地艺术和生态艺术创作，可以作为一种"事件激发"策略措施提高场地魅力和引起人们关注。

4. 遗址保护

该功能利用类型主要根据采石废弃地人文历史方面的资源评价进行确定，旨在以工业遗址的形式保护那些在我国矿业发展史上占据重要地位抑或在开采技术和形态类型方面极为典型或稀缺的采石废弃矿场。首先,一些在国家与地方经济建设发展过程中发挥了重要作用的大中型采石矿场应根据其文化遗产价值加以保护。其次,如果某废弃矿场在某采石矿区范围内十分完整地保留了采石生产的一整套工序设施,该矿场可以被选择作为记录当地采石技术的工业遗址加以保护和适度改造再利用。再次,如果某矿场在很大范围地区里都较为稀缺和独特,也可以部分采取遗址保护的方式加以利用。当然,遗址保护功能类型并非局限于整体保留,其同样可以结合其他利用类型。例如在开发建设改造项目中也可以有选择地保留局部开采岩壁和机械构筑等场地采掘历史遗迹。

5. 文化服务

该功能类型通常会利用废弃场地的某些独特的物质空间和自然生态条件进行设计,例如室外剧场基于坑体斜坡建造,宗教场所可利用洞窟和崖壁实施等。我国许多直壁式开拓的山坡露天宕口有着舒适的空间尺度和音响条件,非常适宜开辟作为室外剧场和广场。另外也有许多采石矿坑更好呈现出一些典型或奇特的地质构造和群落生境,抑或具有重要的人文历史价值,可以用于开展地质自然和采石工业科普活动。由此可见,文化服务可以同生态修复、风景游憩、遗址保护和开发建设等多种功能利用方式系统发展。

6. 开发建设

该功能改造类型经济回报最高,也是最为常见的再利用方式,尤其当采石废弃地靠近集中聚居地,其所在土地的经济价值较高,更会优先考虑该方式。一方面,以房屋建造为主的住宅、商业和工业地产开发多需要足够尺度范围的平坦区域,以便于建造施工和保证投资收益。另一方面,一些地形起伏较大的坑体可改造作为高尔夫球场,而诸如峡谷、绝壁和湖区等稀有风景资源还可以进行矿坑主题游乐园等旅游开发建设。虽然开发建设一般会对原有基址做较大改变,但在较为理想的条件下同样能够充分利用采石废弃地原有地形、岩壁和植被、水体资源,并尽量融合生态修复与风景游憩等功能类型。

7. 基础设施

该类改造利用方式在我国的应用较少,需要政府主管机构以更开阔的视野和创新精神来发掘采石矿区的潜在价值。一方面,集中垃圾填埋场改造方式的选址需要远离聚居地,并要求有足够大的坑体容积。但由于填埋可能会掩盖一些绝佳的场地形态特性,因此决策之前需要对废弃地不同资源进行综合评价和多方案比照。另一方面,水库与雨洪调节池需要较为集中的大面积坑体,并能够与周围水系相连通,是一项系统的水利工程。再一方面,尽管墓园墓地利用方式目前国内应用较少,但其有望成为缓解社会丧葬土地压力的可能对策。无论何种利用方式,只要经过合理的规划设计,在它们作为特定基础设施的同时也可以满足生态修复、风景游憩和科普展示等功能需求。

8．土地复垦

常规的农田林地和牧场复垦一般需要足够大的尺度规模和较为平坦的地形条件。然而由于我国采石废弃地单体尺度较小，整体地形过于复杂，因此目前较少出现成规模的土地复垦利用方式。相对而言，一些小型采石废弃地结合小气候条件，会被开辟种植果树药草等经济作物，而一些水潭池塘也多被开辟为鱼塘等。

7.4.2　风景营造方法

风景营造是基于审美价值识别的采石废弃地风景园林修复改造再利用的主要组成内容，是风景园林师参与多专业合作的废弃地修复改造实践项目中所需要承担的核心任务。它可被或多或少地应用在不同功能改造类型中，尤其对于更好地满足风景游憩、生态修复、遗址保护、文化服务与开发建设等功能至关重要。风景营造方法主要基于对风景审美价值的识别、评价与发掘，同时与生态、废墟审美价值也关系密切，具体包括空间处理、视觉干扰弱化与路径设计等方面。

1．空间处理方法

空间营造是采石废弃地风景园林修复改造再利用的重要内容，也是强化场地风景、生态与废墟审美价值的主要技术途径。一般来说，裸露的岩石坑体作为采石废弃地的主要构成要素，其风景园林修复改造实践的"定型"与"定形"设计首先需要考虑如何处理这些岩壁石柱及坑体。通过案例收集与归纳整理，本书将岩石坑体的空间处理方式总结为以下五种类型（图7-4）：

（图7-4）

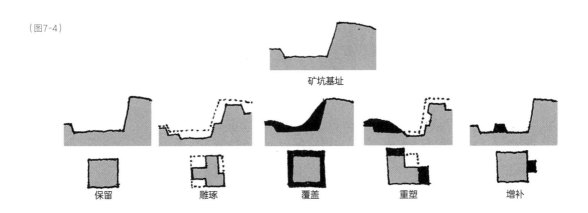

图7-4　采石矿坑的不同空间营造模式图

（1）保留：出于对采石废弃地审美价值的充分肯定，"保留原貌"的处理方式不对场地原有的裸露岩壁石柱与坑体等做任何改动，而是采取的一种"无为"策略。

（2）雕琢：这是一种"减法"的空间处理方式，通过有选择地剥离矿坑局部或全面的表层植被、风化岩以及基岩岩体，对采石坑体进行雕刻塑形。雕刻与雕琢是雕塑家处理物体与空间的常用方式，其强度可大可小。小的可以仅是细微地切割出一条豁口，例如上海辰山植物园矿坑花园项目中的斜钢筒处理；大的可以将整个采石废墟作为一件大地艺术品进行精雕细刻，例如拉絮斯的喀桑采石场高速公路段改造项目。

（3）覆盖：这是一种"加法"的空间处理方式，出于对采石废弃地原有坑体面貌审美价值的无视、怀疑或否定态度，利用植被、水体和建筑等事物将岩石坑体覆盖和遮蔽起来，从而减弱裸露坑体的视觉干扰，并实现新的使用功能。例如加拿大布查特花园、美国圣安东尼奥日本茶园和中国湖州潜山公园等许多改造项目都采取"覆盖"的空间处理方式。

（4）重塑：这是一种"加减"混合的空间处理方式，既包括对岩体的雕琢也包括有选择的覆盖。法国巴黎肖蒙山公园最早采取了该方式，后来的西班牙米诺卡岛的霍斯特郊野游憩地以及上海辰山植物园矿坑花园等项目也使用了"重塑"的空间处理手法，但其强度都不及肖蒙山公园。

（5）增补：这也可称为"加法"方式，但与"覆盖"不同，该处理方式强调在基本暴露岩石坑体原貌的基础上增加点状或线状的空间要素。新增补的事物与废弃地原有岩体一般保持着并置[①]的关系。例如绍兴东湖项目中增加的堤岸、广州番禺莲花山古采石场中的石板桥以及英国约克郡的"冰石之缝"(the Coldstones Cut)观景平台都仅仅通过增加特定要素而使得整个场地得到盘活。

2. 崖壁边坡处理方法

在实际项目中，一些因平削无褶皱和单调无奇而显得形态丑陋的大面积裸露崖壁往往成为采石废弃地风景营造的难点。常规使用的边坡绿化方式投资巨大，而且效果参差不齐，同时也容易造成对野生植被和采石废墟遗迹的破坏，因此在许多时候并非上策。如此便需要一些旨在减弱丑陋岩石界面的方法和技巧，而本书通过案例搜集为之总结了以下几点（图7-5）：①遮蔽：利用地形、植被以及建筑将丑陋界面与主要游览视线相隔离，这一点将在下一节工程技术中做详细介绍；②倒映：在丑陋界面前增加镜面水体，水面形成崖壁倒影可极大减弱其原有的丑陋

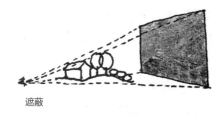

遮蔽

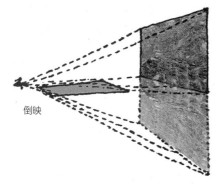

倒映

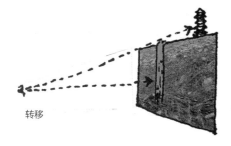

转移

（图7-5）

程度，该方法利用了两个镜像画面可减弱对单个物体注意力的视觉原理；③转移：在丑陋界面旁边增加特定吸引视线的因素可以有效分散人们对崖壁的注意，例如利用悬崖形成瀑布抑或在崖壁山顶建造观景塔等。

3. 路径设计方法

此外，本书从众多优秀的改造案例中还归纳了一些利用采石矿坑景观要素形成丰富体验的游览路径设计方法（图7-6）：

（1）隧道：穿凿山体形成快捷连通两个不同宕口的密闭隧道，对于丰富空间体验和控制游览节奏大有裨益。该手法被成功应用在辰山植物园矿坑花园和新昌大佛风景区般若谷景点等富有东方风景游览意蕴的项目中。

（2）索桥：利用索桥进行高空连接，可联系一定距离内的两处高位场地，从而形成交错的立体交通，其经典案例是巴黎肖蒙山公园中连接湖心岛屿和南部斜坡的"死亡之桥"。

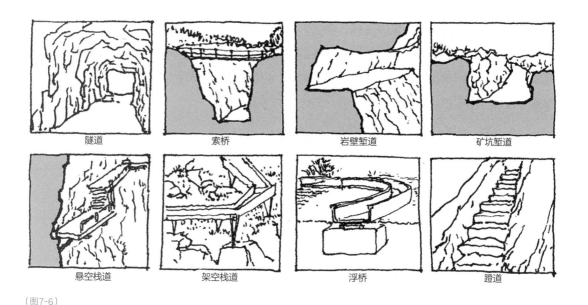

| 隧道 | 索桥 | 岩壁堑道 | 矿坑堑道 |
| 悬空栈道 | 架空栈道 | 浮桥 | 蹬道 |

（图7-6）

---

① 根据朱育帆的风景园林设计"三置论"，并置是指将新置与原置并列放置在一起，新旧不予混淆（朱育帆，2007）。

图7-5 大面积丑陋崖壁处理方式
图7-6 游览路径设计方法

第 7 章
基于审美价值识别的风景园林修复改造再利用方法体系

（3）堑道：基于矿坑坚硬致密的岩体基础可以开凿形成内嵌在岩壁或坑体内的狭长堑道。我国南方深山古道中有许多开凿于山间崖壁的案例，而拉絮斯的喀桑采石场高速公路改造项目则可认为是一条机动车穿行的岩石堑道。

（4）架空步道：在岩石废墟或荒野湿地之上利用架空方式布置游览路径，能够形成自由舒展的步道风景，同时也可减少人的进入破坏场地内蕴含着生态美与废墟美的景观要素，奥地利的罗马采石场室外剧场项目以及巴西库里巴蒂市的矿坑歌剧院都采用了这一交通组织方式。

（5）悬空栈道：依托结构稳定的岩石峭壁安置悬挂的金属或木质栈道，可以很容易地营造出惊险刺激的游览体验，而安全性是此类设计最为关键的因素。虽然不及华山风景区中的险径那样令人胆战心惊，辰山植物园矿坑花园利用三维曲面的钢筒栈道成功地使其设计与真山真水的风景区尺度相契合。

（6）浮桥：一些采石矿坑会积水形成深度很大的池潭湖体，如果通过浮桥使人徜徉水中不失为一种不错的路径选择。

（7）蹬道：在处理一些较为陡峻的高差交通问题时可采取台阶蹬道处理方式，尤其面对质地坚硬致密的岩体还可通过人工开凿形成蹬道，使其与矿坑浑然一体、自然天成。新昌大佛风景区般若谷景点以及西班牙霍斯特矿坑郊野游憩地项目都利用矿坑基址开凿形成游览通道，效果斐然。

采石废弃地的场地条件如此丰富多样，其风景营造方式异常丰富。通过对场地潜质和审美价值进行识别和发掘，人们能够对其进行更富创造性的风景园林修复改造与再利用。

7.4.3　文化表达方法

采石废弃地作为典型的第四自然，因受到人类生产活动的干预而具有了文化属性。与其他单纯用于土地复垦、生态修复、开发建设以及基础设施等改造方向不同，采石废弃地的风景园林修复改造再利用实践往往需要适当的文化表达，以寄寓场地特殊的历史文化价值。通过案例搜集与整理，本书总结出以下几类常见的文化表达方法：

1．基于废墟审美价值识别和遗迹保存的文化表达方法

这是一种秉承"无为"策略，对采石废墟进行原貌保存的文化表达方式。具有考古与文物价值的所有古采石遗址在修复改造再利用过程中都应该遵循这一方式。例如埃及阿斯旺古采石遗址中的方尖碑巨石横亘矿坑中数千年，其本身已蕴含着太多的文化内涵，而无需任何多余的修饰。

2．基于宗教语言和民族形式的文化表达方法

采石废弃地所在国家和所属民族的宗教文化属性及其形式符号语言等对其修复改造中的文化表达起到根本性作用。例如无论是日本的大谷资料馆和千叶县锯山采石遗迹，还是中国的莲花山古采石场和绍兴柯岩风景区，抑或泰国佛像山等亚洲国家的采石废弃地改造项目都大同小

异地使用着佛教文化主题，充分体现着宗教文化的深远影响（图7-7）。而又例如无论绍兴东湖还是西班牙霍斯特郊野游憩地，其对于采石宕口的风景营造方式都采取了体现当地民族文化特色的园林形式语言，这均是受不同文化基因作用的结果。

3．基于场所特质与地域文脉的文化表达方法

采石废弃地修复改造实践的文化表达可以借助于对其所在场地及附近地域历史文脉的重新唤醒和表达。例如辰山植物园矿坑花园设计便尝试结合新的风景营造对历史上"辰山八景"中的五处景致进行恢复（崔庆伟、孟凡玉，2013）。又例如，杜顺宝教授设计的般若谷景点中的采石宕口由于属于新昌大佛风景区的一部分，因此便以佛教文化作为废弃地改造的游览主题，并将新昌大佛"三僧造像"的历史典故融合在风景营造中。

（图7-7）

图7-7 日本大谷资料馆外平和观音雕像
（图片来源：www.blog.trippiece.com）

4．基于文字符号传情达意的文化表达方法

利用文字、图案与符号传达作者思想主旨与场地历史底蕴是风景园林设计常用的文化表达方法。这也同样适用于采石废弃地改造项目中，尤其矿坑岩体的硕大岩壁为摩崖石刻、浮雕等常见表现形式提供了绝佳的发挥空间。中国山水风景内的摩崖石刻文化可追溯到秦刻石[①]，如今已成为常见的造景方式之一。在我国许多古采石遗址中存在着不同朝代文人墨客的诗词笔迹。例如东莞燕岭古采石场的石壁上保留有光绪十六年（1890年）孙爽题书的"咸钦燕岭"四个楷书大字，便具有很高的书法艺术价值（图7-8）。

（图7-8）

7.4.4　生态修复方法

生态修复到一个较为理想的健康自然状态是采石废弃地修复改造项目的基本要求。如何将土壤贫瘠、植被匮乏的采石矿坑恢复成山青水绿、生机盎然的动植物群落生境通常成为评价生态恢复是否成功的关键。通过文献收集和案例分析，本书将采石废弃地的生态恢复方法总结为以下几种途径：

1．自然恢复方法

自然恢复方式是本书多次提及的一种生态恢复方式。该方式基于让自然与时间做功的思想理念，采取一种"无为"的策略，主张利用自然的自我修复能力，不加任何人为干预地形成稳定健康的生态系统。该方法最常应用的是"封育"措施，其优点是成本投入极小，所形成的系统能够保持更好的自我稳定；其缺点是恢复时间较长，见效很慢。在对水土保持与边坡绿化工程专家的访谈中，他们认为该方法只有在我国长江以南地区具有实际应用价值。但本书通过一

些调研发现，北方一些废弃时间较长的采石矿坑确实能够形成理想的群落生境（见附录），而对于一些偏僻位置并无特别利用价值的废弃地，完全可以采取封育方式进行生态修复。

2. 适度干预的人工修复方法

这属于应用"轻触碰"策略的一种生态修复方法。由于完全利用自然自我恢复需要太长时间，该方法则希望通过适当的人工干预措施来加速自然恢复的进程，而非完全取代其自我演替能力。很多时候，一些点到为止的措施都将发挥事半功倍的效果。例如，针对矿坑废弃之初缺少种植土壤的困境，可以选择回填一部分发育成熟或者半风化母质土壤；针对植被自然演替的初始时间过久，可以人工培植一些草本、灌木类先锋物种；针对岩壁边坡表面土壤难以固着积聚以及缺少水分的问题，可以采取局部爆破增加表面凹槽，也可通过增加瀑布水景来促进植被生长，等等。国外在处理矿坑地质安全和生态修复问题时，还常使用"爆破式修复"（explosive restoration）方法，即将陡崖上端的危岩破碎并使其塌落在坡脚，不仅可以增强崖壁牢固性，其碎石堆体还有利于形成独特的动植物生境条件。除此之外，诸如生态岛、湿地浮筏等人工修复方法和措施对促进采石废弃地生态恢复都发挥了很大作用。而较之国外生态修复实践，目前我国对于适度干预的人工修复方法的应用还十分单调和欠缺。

3. 完全人为控制的生态修复方法

该方法更多体现一种"颠覆改变"的修复策略，旨在对采石场地全面采取人工干预的方式，利用各种工程措施快速改变采石废弃地的贫瘠面貌。下文所述的诸如挂网喷播等人工复绿技术以及恢复原貌地形的措施都属于此类修复方法，而这也是目前我国最常见的采石废弃地生态修复实践内容。其优点是绿化见效快，视觉风景改善明显；其缺点是投资巨大，需要长时间人工维护，而且物种较为单一，稳定性稍差。通过对国内外采石废弃地自然形态特征的调查，本书发现，绿化工程并不等同于生态修复，甚至有时会和提高生物多样性以及建立稳定健康的群落生境原则相悖。因为丰富多样的采石废弃地生态系统也常包括裸岩崖壁、碎石堆等环境类型。对此，本书希望生态修复实践能够谨慎使用完全人为控制的生态修复方法。

---

① 秦统一中国后，秦始皇于公元前219年，亲登岱顶封泰山，下山禅梁父，并命丞相李斯篆书刻石以纪功德。秦始皇还曾南巡会稽山，东临碣石山、琅琊山，都有刻石。秦刻石是我国名山石刻的始篇和先导，对后世风景区摩崖石刻产生了巨大影响（谢凝高，1991）。

7.5 工程技术

工程技术是指一些具体的工程做法与技术措施，是保证上述思想策略方法得以落实的基本保证。在采石废弃地的风景园林修复改造再利用实践中，通常应用广泛的工程技术包括视线屏蔽、人工复绿与爆破塑形等。

7.5.1 视线屏蔽技术

尽管采石废弃地有着一定的风景审美价值，但必须承认从区域风景资源管理的角度考虑，面向人类活动区大面积蔓延的裸露岩壁依然会给人们造成严重的视觉干扰。视线屏蔽技术对于减弱采石生产的风景实践污染意义重大，而它不能够仅被看作采石活动结束后的补救措施，而应将其贯穿在整个采石生产的全过程中。为了定量评价废弃采石场的视觉污染程度，有研究提出"景观污染指数"概念对常州市太湖湾地区道路沿线的采石场影响进行了比较分析，以用于指导修复策略的选择（王向华等，2006）。

通过参考国外相关文献，结合我国实际情况，本书将视线屏蔽技术细分为矿坑选址，开采时序、地形与植被防护等方面。

1．矿坑选址

采石矿场的最初选址需要首先考虑将来是否会造成风景视觉污染，尤其我国以山坡露天开采为主，采石矿场的选址对于周边人们的视线干扰影响更为明显。矿坑选址首先需要尽量远离人口集中聚居区；其次，在山地区，山谷和山顶位置要比山坡（尤其朝向平地一侧的山坡）位置的矿坑视觉影响更弱。然而现实当中，由于交通便利和生产成本较低，我国山地丘陵地区那些包围集中聚居平原和谷地的浅山孤山山体与视线开敞一侧的山坡却已成为采石矿场及其废弃地分布的主要区域。这与矿场选址审批过程中的视觉环境影响评价缺失以及监管不力密切相关。

2．开采时序

对于同一选址的采石矿坑，合理安排开采的方向和时序能够有效减弱采石生产给临近聚居区带来的噪声灰尘干扰和视线影响。图7-9所示，同样开采左侧住宅区旁的山体，方案a的开采面始终朝向住宅，生产干扰持续不断，视觉污染逐渐增强；而改良之后的方案b采取相反的掘进方向，既可以减弱采石过程中的噪声和灰尘污染，还因其主开采面背向住宅区而将岩壁视线进行很好地遮蔽。

3．地形与植被防护

对于采石导致既成事实的风景视觉污染问题，最常见的工程措施是利用地形与植被进行视

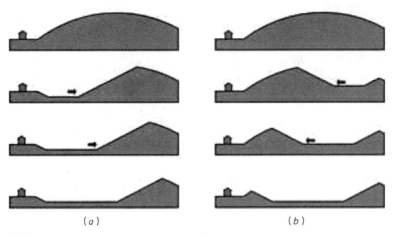

(a) (b)

（图7-9）

线屏蔽。例如，在靠近诸如道路等人眼视线的位置设置高起的视线屏蔽堤坝（screening bunds），并在上面栽植乔灌木可以很好地遮挡远处风景价值较低的丑陋矿坑崖壁。矿场靠近道路的出入口使用曲折迂回的咬合地形（interlocking landform），以显著减弱矿区对外界的各类干扰。此外，植被防护还包括将视觉效果不佳的裸露岩壁恢复植被覆盖，从污染源层面减轻负面影响。

7.5.2　人工复绿技术

植被恢复技术吸收水土保持专业主导的边坡绿化实践经验，目前已发展形成许多成熟的治理技术。通过文献总结和访谈，本书将目前应用于采石矿场边坡崖壁植被恢复技术归纳为以下五种主要类型：

1. 挂网喷播技术

与此类型相关的技术称谓名目繁多，包括种子喷播法、植生吹附工法、厚层基材喷射绿化法、植生基质喷射技术（PMS[①]）、挂网液压喷播技术、喷混植生技术、三维网客土喷播技术等等，但这些技术方法内容大同小异，本书将其统称为挂网喷播技术。

---

① 植生基质喷射技术（PMS）是利用活性植物材料即植生基质（PGM），结合土工合成网等工程材料，在岩石坡面构建一个具有自生长能力的功能系统，将植生基质按设计厚度喷射到岩石坡面上，通过植物的生长活动和其他辅助工程措施进行边坡加固的一门高新技术。

图7-9　同一矿坑不同开采时序方案比较
（图片来源：DJA，2006）

该技术类型的基本工作原理是利用覆盖在岩壁边坡上的织物网固着住含有活性植物材料的生长基，从而为草本植物的稳定生长提供可能（图7-10）。该技术主要适用于70°以下坡度的斜坡绿化，其基本步骤是：首先将岩壁边坡表面清理整修平整，布置排水系统；其次通过钻孔、打锚杆将特定织物网（如土工网、麻网、铁丝网等）固定到石壁上；再次利用液压技术等向网内喷射一定厚度（10cm左右）的植物生长基，生长基一般包括可分解的胶粘剂、有机和无机肥料、保水剂等；最后，将优选和处理过的草籽混合一定浓度的凝土液喷射到生长基上。

喷播技术具有绿化见效快、效果明显的特点，适用于造成严重视觉干扰且需要短期内快速复绿的裸露岩壁边坡，也是目前常用的采石岩壁绿化技术（图7-11）。其弊端是工程量大、投资成本较高，而且对岩壁表面的野生植被发育具有抑制和破坏作用。另外，由于施工质量参差不齐，工程实践中时常出现两三年后生长基脱落、原播草种生长衰退等问题。

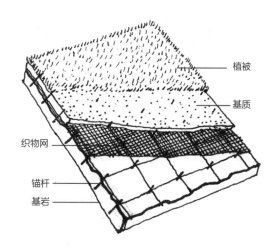

（图7-10）

废弃采石矿山：
形态、审美与修复再生　　　　　　　　　　（图7-11）

2．筑巢栽植技术

　　该技术的基本原理是在岩壁边坡上建造一定构筑设施作为种植池，从而为植物栽植创造条件。常见的方法包括飘台法、鱼鳞穴法、燕巢法、石壁挂笼法以及钢筋混凝土框格悬梁技术[1]等，而常见于高速路旁的土工格室也大致可归为此类型（图7-12）。

　　上述方法的工程做法不尽相同，但最终都是为了形成稳定的种植池以进行培土栽植：飘台法是在崖壁上通过钻洞灌浆安装支撑结构，例如钢架支撑或混凝土梁架，然后在支撑结构上放置飘台并在其中填土种植；鱼鳞穴法是利用石缝进行定向爆破形成鱼鳞状洞穴，洞穴内置栽种了植物的填土竹筐；燕巢法是利用岩壁上的凸出或凹陷部位形成的石台砌筑种植池，并在其中种植植物；石壁挂笼法是在陡峭岩壁上安装行李箱大小的钢筋笼，并在其中装载土壤有机质进行植被栽植；土工格室或框格法是利用倾斜的混凝土框架填土栽植植被。

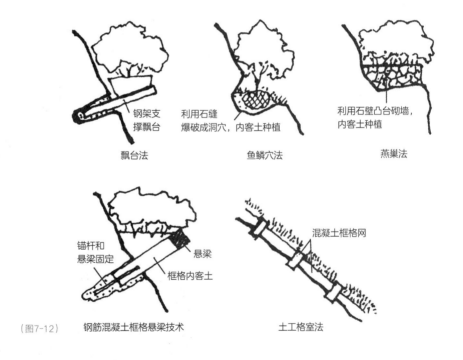

（图7-12）

飘台法　　　　鱼鳞穴法　　　　燕巢法

钢筋混凝土框格悬梁技术　　　土工格室法

---

① 框格法是一种工程防护措施与生态防护措施相结合的方法，它采取在边坡上砌筑或装配一定形状的混凝土（或其他具有一定强度的工程材料）框格，然后在框格内堆填土体来进行绿化，适合于坡度较陡的土质和易风化的岩质边坡。（王向华等，2006）

图7-10　挂网喷播技术图解
图7-11　喷播技术边坡绿化施工实景
（图片来源：申新山 摄）
图7-12　筑巢边坡绿化技术类型图解

筑巢技术能够形成一定体量的种植池，可以进行草、灌甚至乔木的栽植，植物种类更为丰富，而且定植后植株的成活率相对较高，能够最终达到较好的绿化效果，且后期养护简单。其弊端是施工难度较大，投资成本高，而且植物生长初期的水肥条件较为恶劣，复绿见效的速度较慢。调研中还发现，一些工程实践设置的鱼鳞穴和飘台纷杂混乱，不但没有减弱原有岩壁的视觉影响，反而使得岩壁更加杂乱和丑陋。

3. 堆袋植生技术

堆袋植生技术最为常见的是生态袋植生方法，其基本原理是将装有植物种籽、肥料和土壤基质的生态袋堆砌在岩壁边坡表层，并依靠袋中植物生长达到绿化效果（图7-13）。生态袋一般由特殊纤维材料制成，能够保证在草本植物扎根生长之后不会轻易破裂和腐烂，从而对种植基质起到固着支撑作用。

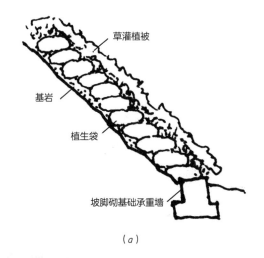

（a）

（图7-13）

（b）

该技术的主要步骤为：首先清理岩壁斜坡，其次在坡脚夯实基础并砌筑排水沟渠和挡墙，再次将生态袋堆叠到边坡表面，最后通过浇水等养护措施使袋中的草种扎根生长。与前两种相比，生态袋技术操作简单，成本较低，见效较快，目前实践应用十分普遍。但由于生态袋自身荷载较大，不太适宜高度与坡度过大的岩壁边坡绿化。

4．爬藤攀附技术

爬藤攀附技术是指通过种植攀缘与爬藤类植物对裸露岩壁进行覆盖的垂直绿化方法。例如以爬山虎为代表的多种藤本植物具有耐旱、耐寒、耐贫瘠的特点，栽培管理简单，生长较快（年生长可达5m）且成活率高，并可搭配不同植物混交种植[①]，更快地实现绿化效果。

爬藤技术的施工简便，且投资较少，适宜面积规模较多、坡度较大的岩壁边坡复绿实践。不过，由于一般藤本植物的攀升距离不超过20m，而岩壁高度往往高达数十米甚至近百米，因此多结合筑巢技术以接力的方式进行绿化，抑或注意上爬与下垂品种的搭配使用。

5．台阶绿化技术

该技术多应用于一些台阶状开采的采石矿坑，利用阶梯平台进行覆土并种植乔灌木，当树木长大之后，利用茂盛的树冠将开采界面进行遮蔽（图7-14）。

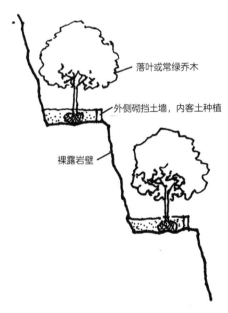

落叶或常绿乔木

外侧砌挡土墙，内客土种植

裸露岩壁

（图7-14）

---

① 例如爬山虎攀缘能力强，是石壁绿化的先锋植物；凌霄萌蘖性强，但是落叶植物；常春藤是常绿木质藤本，但攀缘光滑石坡的能力较差。因此，将这三种植物混交种植，使常绿与落叶相结合，主动攀缘与被动攀缘相结合，能够达到更好的效果（陆志敏等，2006）。

图7-13　堆袋边坡绿化技术图解与实景
（图片来源：a 崔庆伟 绘；b 申新山 摄）

图7-14　台阶式绿化技术图解

该技术存在的问题是：由于土层薄，加之底层岩石基质坚硬，植被因缺肥少水会长势渐弱，很难维持自我稳定。同时高大乔木由于自身荷载较大，在大风作用下会加重边坡的负担。

7.5.3 安全防护技术

采石废弃地竖向变化剧烈，岩石矿体遭到扰动之后可能存在结构失稳，加之坑体汇积较深的地下水和地表径流，这些都给吸引人们来此活动的风景园林修复改造再利用实践造成安全隐患。对此，本书基于案例分析着重强调以下几个方面的安全防护技术：

1. 边坡防护

崩塌、滑坡甚至泥石流是采矿矿坑崖壁边坡最大的安全隐患，因此在现场踏勘阶段便需要地质和水土保持专业人员协助划定岩体结构失稳范围和等级，并据此指导功能分区和交通路线组织等规划设计内容。对于结构严重失稳或审美价值较低的岩壁边坡，可以利用削坡或在岩壁坡脚增加堆体作为扶壁（buttress）的措施以避免出现岩体结构失稳。

2. 组织排水

岩体不稳定的平台与边坡内部节理裂隙会因积水和滞水而加剧结构失稳，因此采石矿坑需要谨慎合理地进行排水组织。一般需要在崖壁坡顶设置导洪沟，并需要根据地形引导地面径流，应避免水流在碎石堆体和砂土边坡位置进行汇集和形成冲刷。

3. 隔离防护

对于存在较大安全隐患的崖壁边坡和深潭水体，设计师需要设置有效隔离防护措施阻止人们靠近这些区域。石砌挡墙、灌木丛、篱笆以及沟渠等都是常见的防护设施。

7.5.4 爆破塑形技术

采石废弃地修复改造实践较之一般项目需要处理更多的岩体形态塑造。对于一些质地较软的岩石坑体，人们可以采取手工方式开凿雕琢[①]，而对于大多数岩石类型都需要使用钻凿与爆破技术进行形体塑造。

辰山植物园矿坑花园项目依靠专业爆破团队完成了镜湖水体、倾斜的钢筒裂缝、"一线天"岩体以及150m长隧道的开凿工作（图7-15）。这些实际工程经验发现，相比于开山采石的大规模爆破，这种精确到米甚至分米的小尺度爆破难度更大。

（图7-15）

---

① 例如在浙江新昌大佛风景区般若谷项目中，根据杜顺宝教授介绍，连接主宕口与观音雕像宕口的地下岩石隧道是完全使用手工开凿形成的，这是因为凝灰岩石地相比花岗岩材质要软很多。

图7-15　辰山矿坑花园隧道施工
（图片来源：孟凡玉 摄）

第 8 章

结语

2000年以来，我国采矿废弃地土地复垦工作取得快速发展，并正从单纯的农林复垦向生态修复、建设开发等更多途径的改造再利用方向转变。一些针对社会公众户外运动、风景游憩与旅游观光等需求的修复改造项目越来越多。在此背景下，本书基于风景园林学视角对采石废弃地的独特形态特征与潜在的审美价值组成进行解读，并通过案例解析形成一套基于价值识别的采石废弃地风景园林修复改造再利用方法具有其现实意义。

任何事物都具有两面性。采石生产虽然造成了严重的自然环境破坏，但同时也形成了独特的采石废弃地景观。废弃矿场极为复杂的地形条件创造出变化丰富的地貌景观和空间体验，并易于恢复形成更加多样的自然生境群落类型，从而使其具有了潜在的自然保育、风景审美与公众游憩价值。我国目前普遍采取的地形平整与人工复绿工程虽然复垦成效显著，却也因人工过度干预而破坏了场地内一些可资利用的景观资源，并导致了生态系统的单一化问题。为此，本书主张在矿区土地复垦与生态修复实践过程中充分识别、保护与发掘废弃矿场在风景游憩、休闲活动、科普展示以及生物多样性保护等方面的潜在价值，通过更加多样的生态修复与景观再生途径，促进采石废弃地修复治理实践向着更加综合全面、科学合理和经济高效的可持续方向发展。

最后，本书将从研究、管理和实践三个领域针对我国采石废弃地的修复改造再利用问题提出如下一些建议：

首先，在学术研究领域，虽然我国针对采石废弃地修复再生问题已积累了丰硕研究成果，但涉及的广度和深度仍有待提高，尤其需要开展一些揭示采石废弃地规律特征的基础性研究以及一些指导修复治理实践的应用性研究。

（1）生态学、恢复生态学以及野生动植物保护专业可以在采石废弃地生态修复领域开展更多的研究工作：调查废弃不同时间矿区的生境群落组成和生物多样性状况，尤其研究复杂地形对于不同生境条件形成的影响；调查不同地区废弃矿场进行自我恢复的群落演替规律，尤其对其生态系统服务功能进行评价；研究如何利用适度干预措施进行小尺度的自然保育地和野生动植物栖息地营建，等等。

（2）岩土工程、环境工程与地灾防治专业可以在地质安全防护领域开展更多的实践应用性研究：针对不同类型采石干扰土地的污染状况与安全隐患开展调查与评价；研究如何针对不同再利用强度的修复治理项目制定不同层级的安全防护措施，等等。

（3）地理学、风景园林、城乡规划与国土资源管理等专业可以针对采石干扰土地的现状特征及修复治理方向开展更多维度的研究工作：研究我国采石景观的类型组成、形成机制与景观形态特征；研究其作为特殊的土地资源类型在风景游憩、土地复垦与开发建设等方面所具有的再利用价值，以及如何进行价值识别与评价；研究如何针对特定的采石干扰土地开展更为全面的场地分析，选择更为合理的功能定位以及制定更为科学的修复治理策略与措施，等等。

其次，在行政管理领域，如今我国的采石干扰土地修复治理实践主要由各级政府及相关部门主持实施，这与西方以企业为主有所不同。因此，管理机构所秉持的思想理念和采取的策略方法直接决定了实践的基本走向。

（1）开展综合全面的摸底调查，建立采石采矿干扰土地数据库。通过系统整理所有开采矿场的地理位置、矿种类型、尺度规模、扰动状况以及环境影响等基本信息，建立修复治理工作的全局观，从而做到有条不紊与有所取舍。

（2）加强部门合作与专业协作，积极开展针对所有干扰土地的总体景观规划，并结合矿区区位条件、城乡发展阶段与社会公众需求等制定不同干预强度的多层次、多方向修复治理策略。作为公众游憩方向的改造实践需要风景园林师的参与，而生态修复类项目则应更充分地听取生态学家和野生动植物学家的意见。

（3）加强关于采石生产和采石遗迹的公众科普宣传，引导人们更为全面地认识采石干扰土地，发现其潜在的价值效益并建立自然审美认知，从而促进诸如地质科普、郊野远足与风景游憩等更多途径的公众使用方式。

最后，在行业实践领域，目前我国各地的采石废弃地修复治理项目正在如火如荼地开展，如何利用有限的修复治理成本创造更大的社会经济生态综合价值，需要行业领域拥有更加开放包容的心态和锐意创新的精神。

（1）加强多学科跨专业合作，尤其需要引入风景园林师的参与。目前修复治理实践更多局限于边坡防护与人工复绿等各种工程技术层面的问题，而风景园林专业的实践介入能够帮助决策者从景观格局、产业发展与社会服务等更加综合宏观的层面思考问题，从而扫除专业盲点，完善景观认知以及创造更大的综合价值。

（2）加强废弃地场地分析，开展景观综合评价。针对任何采石废弃地修复项目，首先应该开展细致全面的场地调研，除了分析采矿造成的环境危害，更要识别评价其可资利用的资源条件，进而形成合理的功能定位。诸如农田林地、自然栖息地、公园游憩地、工厂居住区、墓园和垃圾场都是常见的改造再利用类型。

（3）开展矿区总体规划，基于现状评价综合考虑不同区域的修复治理、开发建设与保护再利用问题。尤其针对目前我国矿区复垦简单粗暴的工程做法，本书建议管理部门有意识地采取自我恢复策略，将一些废弃矿山保留作为自然荒地、野生动植物保育地、地质遗迹保护地，也可同时作为郊野游憩地，从而利用矿区废弃地建立绿色基础设施（GI），更好地发挥其生态系统服务与科研科普功能。

（4）慎重进行人工干预，倡导精细化设计施工，保护利用景观资源。采石矿场通常地处偏僻，造成的环境干扰一般较少，因此没必要针对所有矿场采取完全人为控制的工程修复方式，而应秉持让自然和时间做功的理念，或顺应自然演替规律进行适度的干预和引导。无论何种再利用方向，尤其在公园游憩地类型的改造项目中，应杜绝简单粗暴的大面积地形修整和对生境多样性的无谓破坏，也应避免不加取舍地对所有岩壁边坡及坑潭峡谷空间进行清除、遮蔽和填埋，而应有意识地识别、保护和利用有价值的风景资源，最大程度地保护场地特质，而这便需要精细化的场地设计与施工配合。

附录 采石废弃地修复改造实践案例列表

本书共收集171个国内外的采石废弃地修复改造实践项目，整理如下。根据本书总结的8种修复改造再利用基本方式与功能单元，该表中"修复改造内容"一栏将以字母形式归类这些实践项目所对应的一种或数种类型：A—土地复垦、B—生态修复、C—风景游憩、D—艺术创作、E—遗址保护、F—文化设施、G—开发建设、H—基础设施 。

序号	名称	地点	修复改造内容	矿坑类型	面积	修复改造时间
1	璞然生态园	中国河北省三河市	A农业生态观光园		660hm²	
2	增城矿坑鱼塘养殖项目	中国广东省广州市	A鱼塘养殖	凹陷砂石矿坑		2003年前后
3	Årdal矿区农田复垦	挪威Rogaland	A农田复垦以及部分牧场	凹陷开采的天然砂石矿坑	35hm²	1980年代至今
4	Alicante-El Clotet quarry果园复垦	西班牙El Clotet	A水果生产基地	凹陷开采的天然砂石矿坑	138hm²	1985年至今
5	Vohenbronnen矿区混合森林复垦	德国Blaubeuren	A山毛榉、枫树、橡树等经济树种复垦	山坡露天矿		
6	妙峰山龙凤岭生态修复示范区	中国北京市门头沟区	BF生态农场	山坡露天碎石骨料矿坑	1.2km²	2005年
7	永定河大砂坑生态修复工程	中国北京市门头沟区	BC永定河森林公园	干枯河道凹陷露天砂石矿坑	1.8km²	2007~2009年
8	桃花谷生态实验基地	中国北京市门头沟区	BCF绿化栽植	山坡露天矿坑		2006~2009年
9	千灵山风景区入口山谷矿坑修复	中国北京市丰台区	BC绿化栽植	山坡露天砂石矿坑		
10	温村长石矿山体地质环境修复工程	中国山东省蒙阴县	B边坡绿化	山坡露天矿	1hm²	2011年
11	云雾山被毁山体绿化雕刻政治工程	中国山东省蒙阴县	B园林绿化种植与边坡绿化	山坡露天矿	19hm²	2008年之后
12	芙蓉石场生态绿化工程	中国广东省深圳市	B人工复绿	山坡露天矿	15hm²	2009~2011年
13	香港石澳采石场鹰隼栖息地	中国香港	B生物栖息地	山坡露天砂石矿坑	45hm²	
14	The Minowa Quarry	日本秩序市	BF珍稀植物保育地	台阶式山坡露天		1972年至今
15	Halle Cement Quarry Rehabilitation	韩国	BF植物修复基地		17hm²	
16	Hadfields采石场自然保护地	英国德比郡希望峡谷地区	B自然保护地、生物栖息地	山坡露天开采的石灰岩碎石骨料矿坑	约30hm²	
17	Swineham Quarry Restoration	英国多赛特	B自然保护地	凹陷开采的天然砂石矿坑		2001~2006年
18	Parkfield Road Quarry Restoration	英国沃里克郡拉格比	B自然保护地	凹陷露天矿		2011年前后
19	Bellmoor and Lound Quarry Restoration	英国诺丁汉郡Retford以北的Idle河谷	BF自然保护地，鸟类栖息地，SSSI场地，科普中心	凹陷露天开采的天然砂石矿坑	600hm²	2004~2009年
20	Brockhoes Wood	英国德比郡北部	B自然保护地	山坡露天矿坑	9hm²	

废弃采石矿山：
形态、审美与修复再生

序号	名称	地点	修复改造内容	矿坑类型	面积	修复改造时间
21	Gang Mine Nature Reserve	英国德比郡	BF野生林地，SSSI场地	古老矿区的尾矿堆	3.7hm²	
22	Hopton Quarry Nature Reserve	英国德比郡	B野生林地，兰花	山坡露天石灰岩碎石矿坑	8hm²	
23	Miller's Dale Quarry	英国德比郡	B岩壁、林地等自然保护地	凹陷露天石灰岩碎石矿坑	24hm²	1930年代至今
24	College Lake Environmental Education Center	英国白金汉郡	BF超过千种生物在此生存	凹陷露天开采白垩岩砂石坑	约60hm²	
25	Huntley Quarry Geology Reserve	英国格洛斯特郡	BF地质自然保护地	山坡开采碎石坑	0.87hm²	2007年开放
26	Attenborough Nature Reserve	英国诺丁汉郡	BF自然保育地，SSSI场地	凹陷露天砂石矿坑	约240hm²	
27	Austerfield Quarry Restoration	英国南约克郡	B旱生自然保育地	凹陷露天砂石矿坑	29hm²	2000年开始
28	Forfar Quarry Nature Reserve	英国苏格兰福弗尔	B湿生自然保育地	凹陷露天砂石矿坑		
29	Willington Gravel Pits Nature Reserve	英国德比郡Trent谷地	B湖泊、湿地类型自然保护地	凹陷露天开采的天然砂石坑	44hm²	
30	Carrowdore Quarry	爱尔兰	B鹰隼栖息地			
31	Vohnenbronnen quarry	德国	B鹧鸪栖息地	山坡露天矿坑	28.4hm²	2010年
32	Weisenau Quarry Nature Reserve	德国	BC沙地群落自然保护地			2004年
33	The Heidelberg Cement AG Schelklingen cement plant quarry	德国	BFC自然保护地与科普中心			
34	Hinterplag Quarry Nature Reserve	德国	B珍稀动物栖息地	山坡露天矿坑		
35	Rekultivierung von Steinbrüchen	德国	B人工生态营造	山坡加凹陷露天矿坑	7hm²	
36	Der naturnahe Steinbruch im Botanischen Garten der Universität Osnabrück	德国	BFC奥斯纳布鲁克大学植物园	山坡露天矿坑	8hm²	1985~2011年
37	Meurthe & Moselle Quarry Nature Reserve	法国	B珍稀动物栖息地与自然保护地	凹陷露天矿坑		
38	Chambeon quarry Nature reserve	法国卢瓦尔河流域	BF湿地自然保护地与科教中心	凹陷砂石矿坑	150hm²	
39	ENCI Maastricht Limestone Quarry Restoration	荷兰	BF生态恢复，科普研究		60hm²	2018年
40	The Kraaijenbergse Plassen	荷兰	B动物栖息地			
41	The Loën quarry Nature Reserve	比利时	B自然保护地			
42	Gralex Quarry Nature Reserve	比利时	B自然保护地		35hm²	
43	Cava Cavone di S. Angelo	意大利	BC郊野游憩地			
44	La Martinenca Ecological Rehabilitation	西班牙	B生态修复	大型山坡露天矿坑		2007年

序号	名称	地点	修复改造内容	矿坑类型	面积	修复改造时间
45	Yepes Quarry Rehabilitation	西班牙	BF生态修复		200hm²	
46	Alcanar Quarry Rehabilitation	西班牙	B生态修复	山坡露天矿坑		
47	Los Arenales Quarry Rehabilitation	西班牙	B植被恢复	凹陷露天矿坑		
48	Croscat Volcanic Quarry Restoration	西班牙	BE生态修复与遗址保护	山坡露天矿坑	1hm²	1993年
49	Bom Jesus Quarry	葡萄牙	B生物多样性恢复			
50	The Dálka Quarry Restoration	捷克Čebín	BC自然保护地	石灰石矿坑		
51	Cep II Quarry Restoration	捷克	B自然保护地	砂石矿坑		
52	Ramla Quarry Nature Reserve	以色列	B珍稀动物栖息地			
53	悉尼奥林匹克公园Award-winning circular Ring Walk	澳大利亚悉尼	BC绿纹树蛙栖息地	凹陷露天矿坑		1990年代末
54	Glasshouse Quarry	澳大利亚北部	BH生物栖息地，雨洪调节			
55	Quincy Quarries Reservation	美国波士顿	B地形恢复	凹陷露天矿坑	8.9hm²	1985年
56	Quarry Cove in Yaquina Head Outstanding Natural Area	美国俄勒冈州	BCF自然保护地	海岸山坡采石场		
57	Kelso Quarry Park	加拿大大多伦多地区	BC自然保护地，风景游憩地			1990年代之后
58	The Uxbridge Property	加拿大多伦多北部	B自然保护地	凹陷砂石矿坑	200hm²	
59	The Glenridge Quarry Naturalization Site	加拿大尼亚加拉地区	BCF自然保护区，科普			
60	Bamburi Cement Quarry Rehabilitation	肯尼亚	B自然保护区，濒危生物栖息地			
61	Haller Park	肯尼亚Mombasa	B F自然保护区	石灰石矿场	300hm²	
62	东湖风景区	中国浙江省绍兴市	CEFG别业、书院，现为风景名胜	古代露天手工宕口群	33.5hm²	1896~1899年至近代
63	柯岩风景区	中国浙江省绍兴市	CEG风景名胜	古代露天手工开采宕口群		历代均有开发，1990年代后集中开发
64	吼山风景区	中国浙江省绍兴市	CEG风景名胜	古代露天手工开采宕口群	约4hm²	
65	羊山石佛风景区	中国浙江省绍兴市	CEG风景名胜	古代露天手工开采宕口群	88.5hm²	
66	龙游石窟	中国浙江省衢州市	CEFG风景名胜	古代手工地下开采宕口群		开采于西汉，1992年发现，1998年开发
67	长屿洞天风景区	中国浙江省温岭市	CEG风景名胜	古代露天手工开采宕口群		历代有开发，1990年代中期后集中开发

序号	名称	地点	修复改造内容	矿坑类型	面积	修复改造时间
68	黄岩石窟	中国浙江省黄岩市	CEG风景名胜	古代露天手工开采宕口群		
69	伍山石窟	中国浙江省宁波市	CEG风景名胜	古代露天手工开采宕口群		
70	三门蛇蟠岛	中国浙江省台州市	CEG风景名胜	古代露天手工开采宕口群		
71	岱山双合石壁	中国浙江省舟山市	CEG风景名胜	古代露天手工开采宕口群		
72	新昌大佛寺风景区般若谷景点	中国浙江省绍兴市	CBEG风景名胜	现代开采山坡与凹陷露天矿		2001年
73	新昌大佛寺风景区双林石窟	中国浙江省绍兴市	CEG风景名胜	古代露天手工开采宕口群		2004~2007年
74	仙居石仓古洞	中国浙江省台州市	CG电影拍摄地	古代露天手工开采宕口群		
75	番禺莲花山风景区	中国广东省广州市	CEG风景名胜	古代露天手工开采宕口群		
76	燕岭古采石场	中国广东省东莞市	CE风景名胜	古代露天手工开采宕口群		
77	昆明1999世纪园艺博览会世纪广场	中国云南省昆明市	CB广场	现代开采山坡露天矿		1999年
78	日照银河公园	中国山东省日照市	CB城市公园	凹陷露天开采		2001~2004年
79	缝山针公园	中国河南省焦作市	CB城市公园	露天山坡露天矿	0.9km²	1999~2005年
80	盱眙象山国家矿山公园	中国江苏省淮安市	CBE矿山公园	凹陷露天采矿	3km²	2002~2008年
81	珠山宕口遗址公园	中国江苏省徐州市	CBE遗址公园	山坡露天矿坑	10hm²	
82	湖州潜山公园	中国浙江省湖州市	CB城市公园	山坡露天矿坑	12hm²	2005~2006年
83	上海辰山植物园矿坑花园	中国上海市	CBF植物园园中园	山坡-凹陷露天矿	5hm²	2007~2010年
84	十二届南宁国际园林博览会园博园采石场花园	中国广西省南宁市	CB城市公园	山坡-凹陷露天矿	35hm²	2016~2019年
85	南京汤山矿坑公园	中国江苏省南京市	CB城市公园	山坡露天矿坑	40hm²	2018年
86	天平山风景区寿桃湖	中国江苏省苏州市	CB风景区	露天开采矿区	1.5km²	2013年至今
87	六大连湖主题公园	中国广州市番禺区	CBG主题公园	露天开采矿区	200hm²	2010年至今
88	大山鸡公园	中国广州市南沙新城	CB城市公园		6.05km²	
89	长岗山森林公园入口采石崖壁改造	中国浙江省舟山市	CB城市公园	山坡露天矿		
90	深圳小南山公园	中国广东省深圳市	CB城市公园	山坡露天采石宕口		2010~2011年
91	深圳安托山公园	中国广东省深圳市	CB城市公园	露天开采宕口群	57hm²	2013~2015年
92	大谷资料馆	日本	CEF遗址公园	地下矿坑		
93	札幌石山绿地公园	日本	CBD艺术公园	山坡露天矿坑	7.9hm²	1990年代
94	肖蒙山公园 Parc des Buttes-Chaumont	法国巴黎	CB城市公园	山坡露天矿坑	24.7hm²	1864~1867年
95	Park Quarry of Biville	法国莱枫丹谷地	CB郊野游憩地	山坡露天砂石矿坑	9hm²	1989~1990年

序号	名称	地点	修复改造内容	矿坑类型	面积	修复改造时间
96	Crazannes Quarry on Autoroute A.837 highway	法国罗什福尔	CH高速公路旁景观改造	山坡露天规格石材矿坑	3km	1994~1996年
97	Bruoux Mine, Deso-Defrain Souquet	法国普罗旺斯	CEF采石遗址旅游参观	地下矿坑，部分山坡露天	4.2hm²	
98	Cathedrale d'images	法国普罗旺斯	CF地下矿坑光影艺术展览馆			
99	Quarry Garden in Belsay Castle	英国诺森伯兰郡	CB私人植物园	凹陷露天开采规格料石		1807年前后开始
100	Highdown Gardens	英国西苏塞克斯郡	CB私人植物园	白垩岩矿坑	3.45hm²	1909年开始
101	Auchinstarry Quarry	英国苏格兰基尔塞斯	CB城市公园	山坡露天开采辉绿岩矿		
102	The Avon Gorge Cave and the Downs Park	英国布里斯托尔	CB游憩地，游隼猎鹰栖息地	山坡露天开采石灰岩碎石骨料	2.4km	
103	Bayston Hill Quarry Southeastern Extension	英国什鲁斯伯里	C矿坑及设施视线屏蔽	凹陷露天砂石矿坑	57hm²	
104	Stoney Cove Diving Center	英国莱斯特郡	CG潜水中心	凹陷露天花岗岩矿坑	11hm²	1960年代开始
105	Nussloch Quarry Nature Adventure Trail	德国	CBF游憩步道系统、生态修复	山坡露天矿坑	238hm²，2.7km	
106	Parc de la Creueta del Coll	西班牙巴塞罗那	CB城市公园	山坡露天矿坑	3.16hm²	1987年
107	Pedreres de s'Hostal	西班牙米诺卡市	CBE郊野游憩地	凹陷露天矿坑	8hm²	1994年之后
108	The Karmiel Quarries Park	以色列Avital Valley地区	CB城市公园		5hm²	
109	火山公园	以色列	C主题公园	山坡露天矿坑		
110	Japanese Tea Garden at San Antonio	美国德州圣安东尼奥	CB城市公园	山坡露天矿坑		1917~1920年
111	Henry C. Palmisano Quarry Park	美国芝加哥市	CB城市公园	凹陷露天矿坑	11hm²	2004~2009年
112	Berkshires Limestone Quarry Pool	美国马萨诸塞州谢菲尔德	C家庭泳池	凹陷露天矿坑	75m²	2010年前后
113	Tanguá Park	巴西库里蒂巴市	CB城市公园	山坡露天矿坑	23.5hm²	1996年开放
114	澳大利亚花园 Asustralian Garden	澳大利亚墨尔本	CB植物园	凹陷露天砂石矿坑	40hm²	2012年完全建成
115	Waitakaruru Arboretum & Sculpture Park	新西兰怀卡托	私人植物与雕塑公园	山坡露天矿坑	17.5hm²	1991~2004年
116	Iron Ridge Quarry Sculpture Park	新西兰	CD私人雕塑花园	山坡露天矿坑		
117	Te Puna Park	新西兰Tauranga	CD雕塑公园	山坡露天矿坑	32hm²	2000年
118	布查特花园	加拿大温哥华	CB私人植物园	凹陷露天矿坑		1904年之后
119	Broken Circle/Spiral Hill	荷兰Emmen	D大地艺术	砂石矿坑		1971年
120	Opus 40	美国纽约州	D大地艺术	蓝石矿坑	2.8hm²	1939~1976年

序号	名称	地点	修复改造内容	矿坑类型	面积	修复改造时间
121	Johnson Pit #30	美国华盛顿州肯特市	D大地艺术	凹陷露天矿坑		1979年
122	Effigy Tumuli Sculptures	美国伊利诺伊州水牛石州立公园	D大地艺术			1983~1985年
123	Die gelbe Rampe（Yellow Ramp）	德国Cottbus	D生态艺术			1993年
124	Der verschwundene Fluss- die Erdwelle（Lost river- earth wave）	德国Bitterfeld	D生态艺术			1998~1999年
125	Old Quarry of Dionyssos	希腊Attica	D环境雕塑	山坡露天矿坑	3.5hm²	1995年
126	阿斯旺采石场遗迹	埃及	ECF遗址保护	凹陷露天矿坑		
127	Dysart Harbour at Fife	英国苏格兰法夫郡	EC海岸港湾码头	海岸边坡露天开采		
128	Rubislaw采石场观光中心建筑方案	英国苏格兰亚伯丁	EC采矿遗址游览	凹陷开采花岗岩规格料石矿坑	1.5hm²	2010年后，方案阶段
129	The Coldstones Cut	英国约克郡	ECD艺术构筑观景平台	凹陷露天矿坑		2006~2010年
130	Kriemhildenstuhl古采石遗迹	德国莱茵兰-普法尔茨州	E古罗马采石遗址保护区	山坡露天矿坑		
131	纳粹Kraków-Płaszow集中营采石场遗址	波兰	EF历史遗址保护			
132	Museu Del Ciment Asland	西班牙加泰罗尼亚地区	EFC水泥厂与矿坑遗址博物馆	山坡露天矿坑		
133	Latomìe	意大利锡拉库扎	ECF古希腊采石遗迹	山坡露天与地下开采矿坑		
134	Parque Cretacico	玻利维亚苏克雷市	EFG恐龙足迹遗址与主题乐园	山坡露天矿坑		1998年之后
135	Buddha Mountain	泰国芭提雅	FCG贴金佛像			1996年
136	Dalhalla露天剧场	瑞典Dalarna省	F大型露天剧场	大型凹陷矿坑	6hm²	
137	St. Margarethen Quarry	奥地利	FG户外宗教歌剧院	凹陷露天矿坑		2005~2008年
138	Le Cave di Fantiano	意大利塔兰托	FC文艺演出中心	山坡露天矿坑		2006年
139	戈兰高地露天剧场	以色列	FC室外剧场	山坡露天矿坑		
140	Cavae Romane- Revitalizacija Kamenoloma u Vinkuranu	克罗地亚	FC文化旅游设施改造方案	山坡露天矿坑		2005年
141	Ópera de Arame	巴西库里蒂巴市	FCG歌剧院	山坡+凹陷露天	约2.5hm²	
142	Paulo Leminski Quarry	巴西库里蒂巴市	F室外音乐广场	山坡露天矿坑	约4hm²	
143	天马山矿坑宾馆	中国上海	GB特色酒店	凹陷露天矿坑		2010年以来
144	大王山旅游度假区深坑冰雪世界方案	中国长沙	GC主题游乐场	凹陷露天矿坑	13hm²	
145	香港南丫采石场综合开发	中国香港	GB生态修复基础上进行综合开发	山坡凹陷露天砂石矿坑	45hm²	1985年至今
146	香港安达臣道采石场改造再利用规划	中国香港	GBC住宅、商业、公园综合开发	山坡露天砂石矿坑	86hm²	2011年至今

序号	名称	地点	修复改造内容	矿坑类型	面积	修复改造时间
147	大黄楼石场住宅小区项目	中国广州白云区	G高档住宅小区			2003年前后
148	将军山石场物流园区	中国广州黄埔区	G物流园区		100hm²	2003年前后
149	The Eden Project	英国康沃尔郡	GCF植物园	凹陷露天矿坑	15hm²	2000年完成
150	La Base de Loisir De Desnes代斯内娱乐基地	法国拉汝省	GC娱乐基地	凹陷开采砂石坑		
151	Philippe Jonathan洞穴住宅改造	法国吕贝隆	G私人住宅	地下洞窟开采石灰岩		
152	The Penrith Lakes Scheme综合开发	澳大利亚彭里斯市	GBC地产开发	凹陷开采砂石矿坑	2000hm²	1980年代至今
153	Linwood Quarry Golf	澳大利亚	G高尔夫球场	山坡露天矿坑		1979年建成
154	Oak Quarry Golf Club	美国加州	G高尔夫球场	山坡露天矿坑		2000年前后
155	Hidden Lake Housing Marina	美国密歇根州	GC地产开发	凹陷砂石矿坑		
156	St James's Cemetery	英国利物浦	HC英国最早矿坑墓园	凹陷花岗岩料石矿坑	近4hm²	1827~1829年
157	Key Hill Cemetery	英国伯明翰	HC墓园	砂岩矿坑	近3hm²	1836年
158	Highgate Cemetery	英国伦敦	HC墓园			1839年
159	London Road Cemetery	英国考文垂	HC墓园		17hm²	1846~1847年
160	Church Cemetery	英国诺丁汉	HC墓园		12hm²	1851~1856年
161	Quarry Cemetery in Vermelles	法国韦尔梅勒	H一战骑兵墓园	凹陷露天白垩岩矿坑	2hm²	1915~1916年
162	the Fossar de la Pedrera	西班牙巴塞罗那	H战争遇难者纪念墓园	直壁式山坡露天矿坑		1980年代
163	Southam Quarry水泥工业垃圾填埋	英国英格兰沃里克郡	H填埋水泥生产工业粉尘垃圾，并开展生产修复	凹陷砂石矿坑	10hm²	2007~2032年
164	the Bristol Landfill	英国布里斯托尔	垃圾填埋场	凹陷骨料石材矿坑		1996~1998年
165	Crown Quarry Ardleigh水库改造	英国科尔切斯特	H城市水库	凹陷砂石矿坑	56hm²	
166	Glasshouse采石场水库	澳大利亚	H雨洪调节池	凹陷矿坑		
167	Morrison Quarry Reservoir No.1	美国丹佛	H城市水库	凹陷骨料石材矿坑	2.8hm²	
168	Thornton Quarry as part of Chicargo Deep Tunnel Project	美国伊利诺伊州桑顿	H区域性雨洪调节池	凹陷骨料石材矿坑	约2.5km²	2014年至今
169	Part of Mount Auburn Cemetery	美国马萨诸塞州	HC墓园			1831年
170	Braga Stadium	葡萄牙	HG球场	山坡露天矿坑		2003年
171	The Sitapuram Limestone Quarry Reservoir	印度	H引用水库	凹陷露天矿坑		

参考文献

[1] Adolphe Alphand. Les Promenades De Paris [M]. Princeton Architectural Press, 1984.

[2] Alan Thompson. Aggregates Levy Sustainability Fund: Science Coordinator's Review of Land-Based ALSF Research in England, 2002~2005 [R]. Guesta Consulting Limited, 2006-01-30.

[3] Aldo Leopold. A Sand County Almanac with Essays on Conservation from Round River [M]. Oxford: Oxford University Press, 1966.

[4] Allen Carlson. On the Possibility of Quantifying Scenic Beauty [J]. Landscape Planning, 1977, 4 (2) : 131-172.

[5] Allen Carlson. Appreciation and the Natural Environment [J]. The Journal of Aesthetics and Art Criticism, 1979 Vol. 37, No.3: 267-275.

[6] American Institute of Mining, Metallurgical, and Petroleum Engineers. Open Pit Mine Planning and Design [M]. Society of Mining Engineers of the American Institute of Mining, Metallurgical, and Petroleum Engineers, 1979.

[7] Ann E. Komara. Concrete and the Engineered Picturesque: The Parc des Buttes Chaumont (Paris, 1867) [J]. Journal of Architectural Education, 2004 Vol. 58 Issue 1: 5-12.

[8] Ann E. Komara. Measure and Map: Alphand's Contours of construction at the parc des buttes chaumont, paris 1867 [J]. Landscape Journal, 2009 vol. 28 no. 1: 22-39.

[9] Anthony Bradshaw. Restoration of mined lands—using natural processes [J]. Ecological Engineering, 1997 Vol.8 Issue 4: 255-269.

[10] Arnold Berleant. Re-thinking Aesthetics [M]. Burlington: Ashgate, 2004.

[11] Belinda F. Arbogast, Daniel H. Knepper Jr., William H. Langer. The Human Factors in Mining Reclamation [R]. U.S. Department of the Interior, U.S. Geological Survey, 2000.

[12] Beneš J, Kepka P, Konvička M. Limestone Quarries as Refuge for European Xerophilous Butterflies [J]. Conservation Biology, 2003 Vol. 17 Issue 4: 1058-1069.

[13] Bjørnar Olsen and Þóra Pétursdóttir. Ruin Memories: Materialities, Aesthetics and the Archaeology of the Recent Past (Archaeological Orientations) [M]. Routledge, 2014.

[14] Charles D. Hockensmith.The Millstone Industry: A Summary of Research on Quarries and Producers in the United States, Europe and Elsewhere [M]. McFarland, 2009.

[15] Conan M. The Crazannes Quarries by Bernard Lassus: An Essay Analyzing the Creation of a Landscape [M]. Dumbarton Oaks, 2004.

[16] David Peacock, Valerie A. Maxfield. The Roman Imperial Quarries: Survey and Excavation at Mons Porphyrites 1994-1998. The excavations [M]. Egypt Exploration Society, 2007.

[17] Dietrich Klemm, Rosemarie Klemm. The Stones of the Pyramids: Provenance of the Building Stones of the Old Kingdom Pyramids of Egypt [M]. Walter De Gruyter Incorporated, 2010.

[18] DJA (David Jarvis Associates Limited) . A Guide to the Visual Screening of Quarries [R]. MIST, DJA & MIRO, 2006.

[19] Du Pont de Nemours and Company. Explosives Products Division. Blasters' Handbook [M]. Du Pont, 1977.

[20] E.A. Nephew. Surface Mining and Land Reclamation in Germany [R]. Oak Ridge National Laboratory, National Science Foundation, Environmental Program, 1972.

[21] Emanuela Schir. Extraction landscapes—From the active quarry to the disused sites: methodological approaches and future scenarios of the porphyry territory in Trentino [D]. Trento, Italy: University of Trento, 2010.

[22] Emily Brady. Aesthetic of the Natural Environment [M]. Tuscaloosa: The University of Alabama Press, 2003.

[23] Ervin H. Zube, James L. Sell, Jonathan G. Taylor. Landscape Perception: Research, Application and Theory [J]. Landscape Planning, 1982 (9) : 1-33.

[24] Fodor, D. Dumitru. Re-arrangement of the Zones Impacted by the Quarry and Gravel Pit Exploitation [J]. Revista Minelor/ Mining Revue, Nov. 2010, vol.16 Issue 11: 6-14.

[25] Francois Bétard. Patch-Scale Relationships Between Geodiversity and Biodiversity in Hard Rock Quarries-Case Study from from a Disused Quartzite Quarry in NW France [J]. Geoheritage, 2013 (5) : 59-71.

[26] Gerhard Darmer, Norman L Dietrich ed. Marianne Elflein-Capito transl. Landscape and Surface Mining: Ecological Guidelines for Reclamation [M] Van Nost. Reinhold, U.S., 1992.

[27] Herman Prigann, Heike Strelow and Vera David. Ecological Aesthetics—Art in Environmental Design: Theory and Practice [M]. Birkhäuser—Publishers for Architecture, 2004.

[28] J. Baird Callicott. Leopold's Land Aesthetic [A]. Allen Carlson and Sheila Lintott ed. Nature, Aesthetics, and Environmentalism: From Beauty to Duty [C] Columbia University Press, 2008: 105-118.

[29] John Dixon Hunt. Gardens and the Picturesque: Studies in the History of Landscape Architecture [M]. Cambridge: Mass., MIT Press, 1992.

[30] Jusuck Koh. An Ecological Aesthetic [J]. Landscape Journal, 1988, 7 (2) : 177-191.

[31] Langer, W. H., Environmental impacts of mining natural aggregate, in Bon, R. L., Riordan, R. F., Tripp, B. T., and Krukowski, S. T., eds., Proc. 35th Forum on the Geology of Industrial Minerals – The Intermountain West Forum [A] Utah Geol. Survey Misc. Publ.2001, 01-2: 127-138.

[32] Lawrence J. Drew., William H. Langer, Janet S. Sachs.

Environmentalism and Natural Aggregate Mining [J]. Natural Resources Research, Vol. 11, No.1, March 2002: 19-28.

[33] Marcia Muelder Eaton. The Beauty That Requires Health [A]. Allen Carlson, Sheila Lintott edt. Nature, Aesthetics, and Environmentalism: From Beauty to Duty [C]. New York, Chichester, West Sussex: Columbia University Press, 2008: 339-362.

[34] Michael F.P. Michalski, Daniel R. Gregory, and Anthony J. Usher. Rehabilitation of Pits and Quarries for Fish and Wildlife [R]. Ontario Ministry of Natural Resources, 1987.

[35] Michael Redclift and Graham Woodgate. Sustainable Development and Nature: The Social and The Material [J]. Sustainable Development, 2013 (21) : 92-100.

[36] Michael S. Roth, Claire Lyons, Charles Merewether. Irresistible Decay: Ruins Reclaimed [M] Los Angeles: Getty Research Institute, 1997.

[37] Michel Baridon. Ruins as a Mental Construct [J]. Studies in the history of gardens and designed landscape, 1985, Vol. 5 (1) : 84-96.

[38] Michel Conan, Dumbarton Oaks. The Crazannes Quarries by Bernard Lassus: An Essay Analyzing the Creation of a Landscape [M]. Spacemaker Press, LLC, 2004.

[39] N.J. Coppin & A.D. Bradshaw. Quarry Reclamation: The Establishment of Vegetation in Quarries and Open Pit Non-metal Mines [M]. Mining Journal Books, 1982.

[40] Norman L. Dietrich. Landscape planning with wildlife corridors to increase the habitat value of mined land [D] Texas, US: Texas A &M University, 1993.

[41] Peter Austin. Unlimited Restoration [J]. Landscape Design, 1995 (3) , no. 238: 26-28.

[42] Robert C. Corry, Raffaele Lafortezza, Robert D. Brown, Natasha Kenny, PI Jill Robertson. Using Landscape Context to Guide Ecological Restoration: An Approach for Pits and Quarries in Ontario [J]. Ecological Restoration, 2008, Vol.26 (2) : 120-127.

[43] Sanja Gašparović, Ana Mrda, Lea Petrovi. landscape models of reclamation and conversion of quarries [J]. Prostor, 2009 (17) , 2 (38) : 372-385.

[44] Sheila M. Haywood. Quarries and the Landscape [M]. The British Quarrying & Federation LTD , 1974.

[45] Terry C. Daniel, Ron S. Boster. Measuring Landscape Esthetics: The Scenic Beauty Method [R]. USDA Forest Service. Research Paper RM-167, 1976.

[46] Thomas Heyd. Reflections on Reclamation through Art [J]. Ethics, Place & Environment: A Journal of Philosophy & Geography, 2007 (10.3) : 339-345.

[47] Thomas, L.J. An Introduction to Mining [M]. Methuen, Australia 2nd edn. 1978.

[48] Tom Turner. Landscape Planning [M]. Hutchinson, 1987.

[49] Udo Weilacher. Between Landscape Architecture and Land Art [M]. Birkhauser,1999.

[50] Ursic K A, Kenkel N C, Larson D W. Revegetation Dynamics of Cliff Faces in Abandoned Limestone Quarries [J]. Journal of Applied Ecology, 1997 v. 34: 289-303.

[51] William H. Langer, Lawrence J. Drew, Janet Somerville Sachs, American Geological Institute. Aggregate and the Environment [M]. American Geological Institute in cooperation with U.S. Geological Survey, 2004.

[52] Yi Fu Tuan. Topophilia [M]. Englewood Cliffs, New Jersey, Prentice-Hall. Inc. 1974.

[53] Yuriko Saito. Appreciating Nature on Its Own Terms [J]. Environmental Ethics (20) , 1998a.

[54] Yuriko Saito. The Aesthetics of Unscenic Nature [J]. The Journal of Aesthetics and Art Criticism, 1998b Spring 56: 2: 101-111.

[55] Zsuzsi I. Kovacs, Carri J. Leroy, Dylan G. Fischer, Sandra Lubarsky and William Burke. How do Aesthetics Affects our Ecology? [J]. Journal of Ecological Anthropology, 2006 Vol. 10: 61-65.

[56] Zube, E.H., Shell, J.L. and Taylor, J.G. Landscape perception: research, application and theory [J]. Landscape Planning, 1982 (9) : 1-33.

[57] [美] 阿诺德·柏林特. 美学与环境——一个主题的多重变奏 [M]. 程相占, 宋艳霞 译. 郑州: 河南大学出版社, 2013.

[58] [加] 艾伦·卡尔松. 当代环境美学与环境保护论的要求 [A]. 曾繁仁, 阿诺德·伯林特 主编. 全球视野中的生态美学与环境美学 [C]. 长春: 长春出版社, 2011: 24-48.

[59] [加] 艾伦·卡尔松. 环境美学: 自然、艺术与建筑的鉴赏 [M]. 杨平译. 成都: 四川人民出版社, 2006.

[60] [美] 保罗·戈比斯特. 西方生态美学的进展: 从景观感知与评估的视角看 [J]. 杭迪 译. 学术研究, 2010 (4): 2-14.

[61] CSI水泥可持续发展倡议行动组织. 矿山恢复指南: 生物多样性和土地综合利用 [R] 世界经济可持续发展委员会 (WBCSD), 2011年12月.

[62] 陈春红, 王蔚. 解读英国园林废墟建筑 [J].哈尔滨工业大学学报, 2008, 10卷 (4): 28-32.

[63] 陈法扬. 城市化过程中的废弃采石场治理技术探讨 [J]. 中国水土保持, 2002 (5): 39-40.

[64] 陈国山. 主编 露天采矿技术 [M]. 北京: 冶金工业出版社, 2008.

[65] 陈丽娟, 谢杨. 一座山60多个废弃矿坑4000万元改造成美丽公园 [EB/OL]. 东南网泉州频道: http://qz.fjsen.com/2014-02/27/content_13583166_3.htm.

[66] 陈诗才. 地学美学 [M]. 天津: 南开大学出版社, 2012.

[67] 陈望衡. 环境美学的当代使命 [A]. 曾繁仁, 阿诺德·伯林特 主编. 全球视野中的生态美学与环境美学 [C]. 长春: 长春出版社, 2011: 53-61.

[68] 陈望衡. 将工程做成景观——米歇尔·柯南和贝尔纳·拉絮斯的当代景观美学思想 [J]. 艺术百家, 2012 (02): 76-82.

[69] 程虹. 寻归荒野 [M]. 北京: 生活·读书·新知三联书店, 2001.

[70] 程相占. 美国生态美学的思想基础与理论进展 [J]. 文学评论, 2009 (01): 69-74.

[71] 程相占. 论生态审美的四个要点 [A]. 曾繁仁, [美] 大卫·格里芬 主编. 建设性后现代思想与生态美学 [C]. 济南: 山东大学出版社, 2013: 232-241.

[72] 程勇真. 废墟美学研究 [J]. 郑州: 河南社会科学, 2014, 22 (9): 70-73.

[73] 崔庆伟, 孟凡玉. 从岩口深潭到 "世外桃源" ——上海辰山植物园矿坑花园的采石工业遗址景观再生之路 [J]. 景观设计, 2013 (01): 26-33.

[74] 东南大学建筑学院. 东南大学教师风景园林作品集 [M]. 北京: 中国建筑工业出版社, 2012.

[75] 方晓风. 建筑还是机器？——现代建筑中的机器美学 [J]. 北京: 装饰, 2010 (4): 13-20.

[76] 房明惠. 环境水文学 [M]. 合肥: 中国科学技术大学出版社, 2009.

[77] 冯纪忠. 组景刍议 [J]. 上海: 同济大学学报, 1979 (04): 1-5.

[78] 冯纪忠. 风景开拓议 [J]. 建筑学报, 1984 (08): 52-55.

[79] 冯纾苨. 基于"潜质"的废弃采石场景观重构: 辰山植物园西矿坑景区实验性景观设计与研究 [D]. 北京: 清华大学, 2008.

[80] 冯潇. 现代风景园林中自然过程的引入与引导研究 [D]. 北京: 北京林业大学, 2009.

[81] 傅丽莉. 安塞尔姆·基弗与废墟文化 [J]. 艺术学界, 2010 (1): 217-228.

[82] 谷志孟, 白世伟. 利用城市垃圾充填废弃采矿空场的环境综合治理建议 [J]. 武汉: 科技进步与对策, 2000 (1): 25-26.

[83] [俄] H.B.曼科夫斯卡娅. 国外生态美学 (下) [J]. 由之, 译. 国外社会科学, 1992 (12): 21-24.

[84] 胡安林, 黎人忠. 手工采石 [M]. 成都: 四川人民出版社, 1980.

[85] 涧峰, 编译. 世界石材业在竞争与不稳定中发展——1995~2009年世界石材经济状况分析与评述 [J]. 石材, 2011 (07): 30-38.

[86] 孔少凯. 石风景环境思索 [J]. 建筑学报, 1987 (05): 12-16.

[87] 李辰. 浙江地区石宕遗迹景观开发研究——以温岭长屿硐天为例 [D]. 北京: 北京林业大学, 2010.

[88] 李猛. 采石场环境问题的法律思考 [A]. 2007年全国环境资源法学研讨会论文集 [C]. 兰州: 兰州大学法学院, 2007: 1048-1052.

[89] 李庆本. 关于国外生态美学研究中的几个问题 [A]. 曾繁仁, 阿诺德·伯林特 主编. 全球视野中的生态美学与环境美学 [C]. 长春: 长春出版社, 2011: 119-126.

[90] [美] 李欧纳·科仁Leonard Koren. Wabi-Sabi侘寂之美 [M]. 蔡美淑 译. 中国友谊出版公司, 2013.

[91] 李淑慧, 白中科, 付薇. 矿区土地复垦中的地形地貌研究综述 [J]. 煤炭技术, 2008.2 第27卷第2期: 1-3.

[92] 李兴伟, 王振师, 李小川. 采石场复绿经济价值评估 [J]. 广州: 广东林业科技, 2006 (22卷03期): 36-39.

[93] 李泽厚. 美学四讲 [M]. 天津: 天津社会科学院出版社, 2001.

[94] 廖原时. 石材矿山开采技术及设备 [M]. 郑州: 黄河水利出版社, 2009.

[95] 林霖. 废墟与美——大卫·林奇美学风格谈 [J]. 颂雅风·艺术月刊, 2014 (4): 110-113.

[96] 林箐, 王向荣. 风景园林与文化 [J]. 中国园林, 2009 (9): 19-23.

[97] 刘滨谊. 风景旷奥度——电子计算机、航测辅助风景规划设计 [J]. 新建筑, 1988 (3): 53-63.

[98] 刘海龙. 采矿废弃地的生态恢复与可持续景观设计 [J]. 生态学报, 2004: 323-329.

[99] 刘晓明. 风景过程主义之父——美国风景园林大师乔治·哈格里夫斯 [J]. 中国园林, 2003 (7): 56-58.

[100] 龙艳. 走进壮美荒野——美国生态文学对生态审美和生态旅游的启示 [J]. 北京: 北京林业大学学报 (社会科学版), 2014年3月, 13卷1期: 33-39.

[101] 陆志敏, 吴鹏敏, 汤社平, 袁东明, 沈立铭, 刘元明. 废弃采石场绿化树种选择及其配套技术研究 [J]. 浙江林业科技, 2006 (3): 59-65.

[102] 孟兆祯. 继往开来, 与时俱进——浅谈城市生态 [J]. 风景园林, 2004 (54): 9-11.

[103] 孟兆祯. 山水城市知性合一浅论 [J]. 中国园林, 2012 (01): 44-48.

[104] [法] 米歇尔·柯南. 穿越岩石景观——贝尔纳·拉絮斯的景观言说方式 [M]. 赵红梅, 李悦盈 译. 长沙: 湖南科学技术出版社, 2006.

[105] 逄红. 门头沟区采石场废弃地植被分布规律研究 [D]. 北京: 北京林业大学, 2008.

[106] 彭燕. 本雅明与《拱廊计划》[J]. 知识经济, 2010 (09): 140-141.

[107] 彭一刚. 建筑空间组合论 [M]. 北京: 中国建筑工业出版社, 1998.

[108] [美] 普里莫兹克. 梅洛-庞蒂 [M]. 关群德, 译. 北京: 中华书局, 2003.

[109] 钱静. 技术美学的嬗变与工业之后的景观再生 [J]. 规划师, 2003 (12): 36-39.

[110] 秦嘉远. 景观与生态美学——探索符合生态美之景观综合概念 [D]. 南京: 东南大学, 2006.

[111] R.P.格默尔. 工业废弃地上的植物定居 [M]. 倪彭年, 李玲英 译. 北京: 科学出版社, 1987.

[112] 桑浚. 采石与轧石 [M]. 上海: 上海科学技术出版社, 1959.

[113] 商志坤, 张国民. 中国砂石行业改革开放三十年的巨大变迁 [EB/OL]. 中国石材协会: http://info.bm.hc360.com/2009/03/03112085347-3.shtml.

[114] 申新山. 岩石边坡植生基质生态防护工程技术的研究与应用 [J]. 中国水土保持科学, 2003 (10): 26-28.

[115] 盛卉. 矿山废弃地景观再生设计研究——以幕府山白云石矿为例 [D]. 南京: 南京林业大学, 2009.

[116] [美] 史蒂文·布拉萨. 景观美学 [M]. 彭锋 译. 北京: 北京大学出版社, 2008.

[117] 宋柏敏. 北京西山废弃采石场生态恢复研究: 自然恢复的过程、特征与机制 [D]. 济南: 山东大学, 2008.

[118] 谭春辉. 生态美学影响下的建筑审美思考 [D]. 上海: 同济大学, 2007.

[119] 汤姆·特纳. 世界园林史 [M]. 林箐, 等译. 北京: 中国林业出版社, 2011.

[120] 唐虹. 生态哲学背景下的美学理论与艺术理论 [J]. 广西师范学院学报 (哲学社会科学版), 2014年3月, 35卷第2期: 54-58.

[121] 陶楠, 金云峰. "废墟"原型的表征——探究英国自然风景园林中的浪漫主义审美的内涵 [J]. 上海: 2012国际风景园林师联合会 (IFLA) 亚太区会议暨中国风景园林学会2012年会论文集 (下册): 467-470.

[122] 佟涵. 丹东咬定青山不放松 [N] 沈阳: 辽宁日报, http://www.zhxf.cn/info/1578/88144.htm.

[123] 王建国, 韦峰. 重新理解自然, 重新定义景观——彼得·拉兹和他的产业景观作品 [J]. 规划师, 2004 (2): 8-12.

[124] 王琼. 华东地区采石场自然恢复特征及人工生态恢复研究 [D]. 北京: 北京林业大学, 2009.

[125] 王向华, 朱晓东, 李杨帆, 蔡邦成, 陈克亮. 常州市太湖湾地区采石场景观污染评价与生态恢复研究 [J]. 水土保持通报, 2006年10月, 第26卷第5期: 89-94.

[126] 王向荣. 德国因地制宜, 废砖厂变公园 [N]. 中国花卉报, 2002-06-25 (8).

[127] 王向荣. 生态与艺术的结合——德国景观设计师彼得·拉兹的景观设计理论与实践 [J]. 中国园林, 2001 (4): 50-52.

[128] 王向荣, 林箐. 西方现代景观设计的理论与实践 [M]. 北京: 中国建筑工业出版社, 2002.

[129] 王向荣, 林箐. 自然的含义 [J]. 中国园林, 2007 (01): 6-17.

[130] 王向荣, 任京燕. 从工业废弃地到绿色公园——景观设计与工业废弃地的更新 [J]. 中国园林, 2003 (3): 11-18.

[131] 王欣, 陈明明, 张斌. 绍兴东湖造园历史及园林艺术研究 [J]. 中国园林, 2013 (03): 109-114.

[132] 王昕皓, 程相占, 周方舟. 生态美学在城市规划与设计中的意义 [A]. 曾繁仁, 阿诺德·伯林特 主编. 全球视野中的生态美学与环境美学 [C]. 长春: 长春出版社, 2011: 24-48.

[133] 王旭晓 编. 自然审美基础 [M]. 长沙: 中南大学出版社, 2008.

[134] 王英宇, 宋桂龙, 韩烈保, 孟强. 高速公路不同结构岩石边坡生态防护对策与制备恢复技术选择 [J]. 中国水土保持, 2012 (10): 29-32.

[135] [意] 翁贝托·艾柯. 丑的历史 [M] 彭准栋译, 北京: 中央编译出版社, 2010.

[136] 吴海波, 容婷, 程龙. 巢北地区废弃采石场的利用与发展 [J]. 科技传播, 2009 (11下): 12-13.

[137] 巫鸿. 废墟的故事: 中国美术和视觉文化中的"在场"与"缺席" [M]. 肖铁 译, 上海: 世纪出版集团, 上海人民出版社, 2012.

[138] 吴家骅. 景观形态学: 景观美学比较研究 [M]. 叶南 译, 北京: 中国建筑工业出版社, 1999.

[139] [美] 希尔贝利. 铅笔素描肌理 [M]. 程姝 译, 上海: 上海人民美术出版社, 2006.

[140] 谢凝高. 山水审美: 人与自然的交响曲 [M]. 北京: 北京大学出版社, 1991.

[141] 谢凝高. 风景审美的和谐性 [J]. 风景名胜, 1994 (04): 10-11.

[142] 徐恒醇. 生态美放谈——生态美学论纲 [J]. 理论与现代化, 2000 (10): 21-25.

[143] 徐恒力. 环境地质学 [M]. 北京: 地质出版社, 2009.

[144] 许晓岗, 张晓露, 杜顺宝, 童丽丽. 采石宕口石壁植被自然恢复初期特征 [J]. 安徽农业科学, 2009, 37 (1): 332-335, 345.

[145] 阳承胜, 束文圣. 采石场复垦技术 [J]. 中山大学研究生学刊自然科学版, 1998 第19卷第1期: 19-25.

[146] 杨锐. 境其地——风景园林学范畴论 [A]. 清华大学建筑学院景观学系. 明日的风景园林学国际学术会议论文集 [C]. 北京: 清华大学, 中国风景园林学会, 2013: 59-68.

[147] 杨文臣. 从环境美学到生态美学——试论现代西方环境美学的未来走向 [A]. 曾繁仁, 阿诺德·伯林特 主编. 全球视野中的生态美学与环境美学 [C]. 长春: 长春出版社, 2011: 226-234.

[148] 叶廷芳. 废墟文化与废墟美学 [J]. 北京: 圆明园, 2012, 学刊第13期: 4-8.

[149] 俞孔坚. 观光旅游资源美学评价信息方法探讨 [J]. 北京: 地理学与国土研究, 1989 (04): 34-40.

[150] 俞孔坚. 论风景美学质量评价的认知学派 [J]. 北京: 中国园林, 1988 (04): 16-19.

[151] 余新晓, 牛健植, 关文彬, 冯仲科. 景观生态学 [M]. 北京: 高等教育出版社, 2008.

[152] 袁剑刚, 周先叶, 陈彦, 凡玲, 杨中艺. 采石场悬崖生态系统自然演替初期土壤和植被特征 [J]. 生态学报, 2005年第25卷第6期: 1517-1522.

[153] [芬] 约·瑟帕玛. 环境之美 [M]. 陈望衡 译, 长沙: 湖南科技出版社, 2006.

[154] [芬] 约·瑟帕玛. 文化遗产, 或人的足迹——从美学观点来谈 [A]. 曾繁仁, 阿诺德·伯林特 主编. 全球视野中的生态美学与环境美学 [C]. 长春: 长春出版社, 2011: 49-52.

[155] 曾繁仁. 发现人的生态审美本性与新的生态审美观建设 [J]. 社会科学辑刊, 2008a (06): 160-164.

[156] 曾繁仁. 生态美学导论 [M]. 北京: 商务印书馆, 2010.

[157] 增设风景园林学为一级学科论证报告 [J]. 中国园林, 2011 (05).

[158] 张进生, 张政梅, 王志, 毕研鑫. 石材矿山开采技术 [M]. 北京: 化学工业出版社, 2007.

[159] 张静. 城市后工业公园剖析 [D]. 南京: 南京林业大学, 2007.

[160] 张世雄. 中国非金属矿采矿的技术进步 [J]. 中国矿业, 2012 (08): 20-31.

[161] 张振威. 风景公共利益及保护 [D]. 北京: 清华大学, 2014.

[162] 张哲, 杜顺宝. 融合中的超越——江浙山地景观地段内废弃地石宕口的改造与利用 [J]. 中国园林, 2003 (01): 20-24.

[163] 赵静蓉. 想象的文化记忆——论怀旧的审美心理 [J]. 山西师大学报, 2005, 32 (2): 54-57.

[164] 郑伟忠. 浙江采石文化及其与地理环境的关系研究 [D]. 杭州: 浙江师范大学, 2010.

[165] 郑晓笛. 关注棕地再生的英文博士论文及规划设计类著作综述 [J]. 中国园林, 2013 (02): 5-10.

[166] 中国社会科学院语言研究所词典编辑室编. 现代汉语词典 (第5版) [M]. 北京: 商务印书馆, 2008.

[167] 中华人民共和国国土资源部. 2011年中国矿产资源公报 [Z]. 北京: 地质出版社.

[168] 周晓玲. 废墟上的理想——本雅明寓言理论研究 [D]. 汕头: 汕头大学, 2007.

[169] 朱建宁. 法国现代风景园林设计先驱雅克·西蒙 [J]. 中国园林, 2002 (02): 44-48.

[170] 朱建宁, 郑光霞. 采石场上的记忆——日照市银河公园改建设计 [J]. 中国园林, 2007 (01): 18-24.

[171] 朱有玠. 关于园林概念的形成、发展、性质及对美学的特殊功能问题的思考 [J]. 中国园林, 1991 (3): 28-32.

[172] 朱育帆. 文化传承与"三置论"——尊重传统面向未来的风景园林设计方法论 [J]. 中国园林, 2007 (11): 33-40.

[173] 朱育帆, 姚玉君. 为了那片青杨 (中)——清华原子城国家级爱国主义教育示范基地纪念园景观设计解读 [J]. 中国园林, 2011 (10): 21-29.

[174] 朱育帆, 郭湧. 设计介质论——风景园林学研究方法论的新进路 [J]. 中国园林, 2014 (07): 5-10.

致
谢

自2011年开始研究采石废弃地的生态修复与景观再生问题，不觉之间已有9个年头。如今将2015年完成的博士论文整理出版，心存忐忑之余更想衷心感谢一直以来帮助自己成长、前行的师长、朋友与亲人。

衷心感谢我的导师朱育帆教授在笔者攻读硕士与博士学位期间对自己的精心指导和谆谆教诲，他的言传身教对我产生了巨大影响。感谢清华大学建筑学院景观学系全体老师和同学们在我求学期间的教导和帮助，感谢北京林业大学园林学院的全体领导和同事们在我工作以来给予的关心和支持。2011年11月~2012年5月在美国德克萨斯大学奥斯汀分校进行6个月的交流访学期间，承蒙弗兰德里克·R·斯坦纳（Frederick R. Steiner）教授、斯蒂汶·摩尔（Steven Moore）教授以及米尔卡·贝奈斯（Mirka Benes）教授等老师的热心指导与帮助，对其不胜感激。

感谢自然资源部法规司法制协调处刘仕君处长、东南大学建筑学院杜顺宝教授、德国勃兰登堡自然风景基金会主席汉斯-约阿希姆·马德尔（Hans-Joachim Mader）博士、清华同衡规划设计研究院风景园林中心安友丰老师、北京华夏绿洲生态环境工程有限公司申新山总经理、北京地质研究所李巧刚总工程师和申健主任、北京景观园林设计有限公司吴忆明总经理、北京铁汉生态环境科学研究院有限公司郑光霞运营管理总监、北京矿业研究总院环评师吴亮亮以及河北曲阳县德泰矿产品有限公司张世龙总经理在本人调研过程中给予的帮助与支持。感谢其他一些不知姓名的地方政府官员、采石场老板与工人接受本人的访谈。没有他们无私地提供来自不同专业的观察经验和资料，我的研究工作很难推进下去。

感谢求学途中一路同行的郭湧、郑晓笛、赵智聪、张振威、于长明、曹凯中、王应临、薛飞、许晓青、梁尚宇、郑红彬、魏方、许愿、孟瑶、杨希、边思敏、吕回等同学、朋友对本书写作过程中给予的指导和帮助。感谢彭晨晖、蒋景华、朱莹、李鑫和李昕等同学、亲友帮助从国外收集和翻译资料。

感谢我的父母与亲人所给予我的最无私的爱与支持，感谢我的妻子吴乐女士一直以来的陪伴，尤其在博士期间最为艰难的那段岁月给予我的坚定信念。没有他们默默的付出，难以想象我能最终完成这项研究。

最后要感谢云南云投生态环境科技股份有限公司为"废弃灰岩矿山野生动植物群落调查与生境营建模式研究"课题提供的出版经费。

图书在版编目（CIP）数据

废弃采石矿山：形态、审美与修复再生＝Derelict
Quarries: Morphology, Aesthetic and Restoration /
崔庆伟著. —北京：中国建筑工业出版社，2020.11
（清华大学风景园林设计研究理论丛书）
ISBN 978-7-112-25718-8

Ⅰ.①废… Ⅱ.①崔… Ⅲ.①采石场－园林设计
Ⅳ.①TU986.2

中国版本图书馆CIP数据核字（2020）第247339号

责任编辑：兰丽婷　杨　琪
书籍设计：韩蒙恩
责任校对：赵　菲

清华大学风景园林设计研究理论丛书

废弃采石矿山：形态、审美与修复再生
Derelict Quarries: Morphology, Aesthetic and Restoration

崔庆伟　著
*
中国建筑工业出版社出版、发行（北京海淀三里河路9号）
各地新华书店、建筑书店经销
北京锋尚制版有限公司制版
北京中科印刷有限公司印刷
*
开本：787毫米×1092毫米　1/16　印张：18¼　字数：431千字
2020年12月第一版　2020年12月第一次印刷
定价：80.00元
ISBN 978-7-112-25718-8
　　（36403）
版权所有　翻印必究
如有印装质量问题，可寄本社图书出版中心退换
（邮政编码100037）